9大策略，翻轉你的事業與人生

像火箭科學家一樣思考

Think Like A Rocket Scientist

Simple Strategies for Giant Leaps
in Work and Life

歐贊・瓦羅 Ozan Varol／著
Geraldine LEE／譯

獻給凱西，我宇宙中的恆定

各界推薦

這不僅是一本引人入勝的書，而且充滿了實際見解。這本令人眼花瞭亂的作品，可以改變你解決問題的方式。休斯頓，這本書有解決方案！

——亞當．格蘭特，華頓商學院教授

閱讀歐贊．瓦羅的作品，就像一次吸收納西姆．塔雷伯的《黑天鵝效應》和丹尼爾．康納曼的《快思慢想》。

——史宗瑋，二〇一〇年度世界最強女企業家之一，星巴克董事

充滿機智的文字、深刻的建議，和令人振奮的故事，這本必讀的書將改變您看待世界的方式，並賦予您改變世界本身的力量。

——蘇珊．坎恩，《安靜，就是力量》作者

當賭注很高，未知數正在威脅，問題似乎無法克服時，您需要一個超級英雄：歐贊．瓦羅。他將向您展示如何掌握火箭科學家的認知能力。讀完他那無比有趣的書後，您的想法就會變得更大、更好、更勇敢。

——丹尼爾．品克，《未來，在等待的人才》作者

你比自己想像得更聰明。這本書爲大家提供了令人信服的理由，以提升我們的水準。

——賽斯．高汀，國際行銷大師

這是一本引人入勝、實用而且能擴展思考的書，內容涉及到我們如何從思維中受益。將使您以不同的眼光看待世界，並幫助您實現看似瘋狂的夢想。

——茱莉安．格思理，新聞工作者

我愛歐贊．瓦羅！他的頭腦聰明、熱情善良，更擁有我們現在需要注入世界的超強適應力。

——尼爾．帕斯瑞查，「全球快樂」機構創辦人

瓦羅聰明又機智地爲讀者精湛分析、解釋複雜的科學原理，並將這些知識與主流大眾的日常生活聯繫在一起。

——《出版者周刊》

瓦羅爾的多學科背景——火箭科學家、法學教授、公共演講者——讓這本書變爲引人入勝的指南。不僅巧妙地結合了回憶錄、流行科學和自我成長手冊……著實是本迷人又有見地的創新讀物。

——《科克斯書評》

觀察、發展假設、檢驗假設，並根據需要進行修改。這樣的科學方法已經留存應用了幾個世紀，原因就是行之有效！而且，正如真正的火箭科學家歐贊·瓦羅在本書所表明的那樣，不管你是要設計火星漫遊者，還是想弄清楚晚餐吃些什麼，這種方法加上無限的好奇心就是最好的人生工具。

——《發現》科學雜誌

閱讀這本鼓舞人心的書，是幫助我們抵抗沉淪、豐富心態的方法之一。今天，世界渴望人們能擁有這樣的態度，而瓦羅對過去的樂觀看法，可以幫助我們的現在和未來。

——《大紀元時報》

歷史學家哈拉瑞說：「我們花在嘗試控制世界的時間與精力，比花在理解世界還多。」人們習慣尋找著步驟清楚的公式、捷徑、解方，卻逐漸失去了應對不確定性的能力，殊不知在不確定環境下的決策與思考才是真正獲得最大利益與價值之道。或許我們可嘗試此書指引的方式，學習改良我們的思維模式！

——安納金，暢銷財經作家

人生哪怕只聽到一個真實的、具有啓發性的案例故事，便能足以讓一個人反思自身作爲、徹底改變思維，一輩子受用。本書從古往今來的科學科技史中，搜羅了許多力道十足的案例，讓我在閱讀過程中不斷反思，某些段落常常令我起了滿身雞皮疙瘩，然後重看一遍。不管你在哪個領域努力著，這本書都適合你隨時拿起，重複閱讀。

——鄭國威，泛科知識股份有限公司共同創辦人暨知識長

James Liu（最佳青少年讀物《爲夢想點火》作者、HASSE太空學校創辦人）
王怡人（JC財經觀點版主）
吳宗信（ARRC前瞻火箭研究中心主任）
孫維新（國立自然科學博物館館長）
曾耀寰（科學月刊理事長、中研院天文及天文物理研究所研究副技師）
詹宏志（網路家庭董事長）
蘇書平（爲你而讀執行長）

——誠摯推薦

推薦序

哪有不可能？火箭科學家就是這樣做到的！

林俊良

Driving isn't rocket science……開車又不是火箭科學，哪有那麼難啦！……相信熟諳英文俗話的讀者，很容易就字面理解它的含意。

二〇二〇年六月二十五日，由國家太空中心（NSPO）、美國海洋大氣總署（NOAA）團隊和英國SSTL公司共同研製的福衛七號（FORMOSAT-7）衛星，搭載於美國SpaceX超級獵鷹重型火箭（Falcon Heavy），伴隨著熊熊烈焰呼嘯直上太空的場景，不管是在卡納維爾角火箭發射現場的群眾，或透過網路觀看的民眾，無不深受震撼。

發射後九十一分鐘，國家太空中心獲得由獵鷹重型火箭傳回的衛星與火箭分離時刻狀態向量，隨即進行軌道計算，做為地面站追蹤衛星的依據，同時將結果傳至澳洲達爾文海外站及其他地面站。發射後一百六十五分鐘，中心先與其中兩枚衛星通聯，後續再聯上另外三枚。最後，於當天下午八時四十八分，於歸仁衛星信號接收站聯絡上最後一枚。至此，六枚衛星全部與地面完成通聯，確定第一階段任務成功。衛星在七百二十公里高的軌道，依序且順利地彈離火箭艙體的畫面，讓國人雀躍不已。這到底怎麼做到的？

福衛七號是臺灣與美國有史以來最大型的科研合作計畫，始於二〇一〇年。臺灣負責六枚衛星的本體設計及地面操控系統建置、美國提供三個科學儀器，包含全球衛星導航系統訊號接收器的主酬載（該儀器透過掩星訊號接收，再轉化成氣象預報使用的觀測數值）。此外，美國空軍負責發射事宜；英國SSTL公司則承包衛星製造。光從以上的描述，就可想像整個系統的完成，包含複雜的人與人和機器與儀器間的界面溝通和協調。

臺灣團隊繼二〇一七年發射福衛五號後，蓄積了豐富的系統整合經驗；美國團隊握有先進的科學酬載技術；英國團隊則對衛星本體的硬體技術非常在行。總計畫主持人朱崇惠每天得周遊於不同性格的工作團隊，統管大小事，我笑稱她是福衛七號六枚衛星的媽無誤，因為人的管理其實難度不亞於火箭科學。

要發展，該像火箭科學家一樣思考

凡塵俗事和火箭科學相較，還真是微不足道啊。「It's not rocket science」，這句口頭禪帶出了這個事實。火箭科技眞不簡單，幾已超乎常人所能理解的範疇。其實不只火箭，太空科技領域、由太空船內的零組件到次系統，以至於系統、衛星軌道動力學、天文萬象，每個環節都很不簡單。相較於民生科技，火箭科學的技術含量特別高，幾乎把人們由小學乃至追求博士學位歷程中，學到的數學、物理、化學、地球科學及研究所課程裡的工程學理一網打盡了。

更進一步看，怎麼將人類由地表送到離海平面三百六十公里高，而且要在那兒搭建一個長達七十三公尺、寬度一百一十公尺、高二十公尺、重達四百二十噸，漂浮於電離層的國際太空站，這怎麼做到的啊？想想，光爬到101大樓樓頂，就令人兩腳顫抖，往下看頭皮發麻。那麼要在太空中建構這個龐然大物，怎不令衆生對太空科學家肅然起敬？

太空產業目前正夯，自從馬斯克的SpaceX自二〇一八年二月，在美國加州范登堡空軍基地成功發射一枚獵鷹9號（Falcon 9）火箭，並將兩枚小型實驗通信衛星送入近地球軌道，星鏈（Starlink）計畫自此開啓。SpaceX計畫通過近地軌道衛星群，提供覆蓋全球的高速網際網路。該公司將在未來幾年發射數量高達四萬餘枚的小型通信衛星，宣示太空科技發展已由早期政府主導的機構太空（institutional space）轉型爲產業化的太空新紀元。

太空系統，舉凡火箭或太空船（包含人造衛星），其內部零件或組件都須具備抗輻射、抗溫差、耐強振、高效率、備援和自啓動能力等，把所有商用或工業級產品的最高規格全用上了。這也造就人們覺得太空科技砸大錢，是經濟富裕或第三世界窮兵犢武之國才能獲得入場券的僵化印象。

雖然如此，歷史腳步、人類進化、時代洪流還是會往前邁進，不會因爲這些阻礙而停頓。因而國家太空發展策略就要有像火箭科學家一樣的思考，要有扎實的科技基礎，勇於嘗試、接受失敗、反省改進和堅持創新。

要成功，得模仿火箭科學家的特質

我想起美國甘迺迪總統一九六二年在萊斯大學發表演講時說道：「我們選擇在這十年內登陸月球並完成其他事，不是因爲它很簡單，而是因爲它很困難……我們願意接受這挑戰，不願延期，且要戰勝……」。這番話豪氣干雲，相當符合美國政治家常掛在口中的「Make America Great」。在人類太空發展歷程，雖是蘇聯拔得頭籌，於一九五七年發射了史普尼克（Spunik）人造衛星，但美國終能占領主導地位，從火箭、人造衛星、太空梭到登陸外太空星球。

見賢思齊，國內太空發展自福衛五號發射後，雖有快速成長，衛星元件自製率高達九五％，但國人仍欠缺的是面對高科技失敗後的容忍度。國家對前瞻太空科技的投入太保守，也欠缺宏遠的太空政策，這或許和我們民族性基因少了冒險犯難的DNA有關。然而，當先進國家都已經往外太空領域開疆闢土去了，我們還能不急起直追嗎？

本書由太空科學發展歷程思索問題的解決模式，由科學介紹引發哲學思維，啓動批判性的思考。有人性的具體描繪，更有問題解決的創造性策略。對從事決策的管理階層亦或想對自己人生帶來改變的人，本書提供的思維都能讓您獲益良多。

最後，以下幾個特質，是我親身由火箭科學家身上觀察到的，送給讀者做參考：

- 相信知識的力量
- 勇於嘗試的好奇心和實踐的勇氣
- 堅定且不懼失敗的意志
- 扎實的學理基礎
- 樂觀而強健的個性

這些，您可以在書裡看見、參透這些特質，將能帶領您我從此不再害怕面對挑戰。

（本文作者爲國家太空中心主任）

目錄

第三階段　成功

引言

火箭科學思維，讓日常難題迎刃而解

一九六二年九月，約翰·甘迺迪總統站在萊斯大學人山人海的體育場裡，信誓旦旦地對著臺下群眾說，他將會在六〇年代結束之前，把人類送上月球，並且安全地帶回地球。這個人類史上最早的登月計畫可說是膽大包天。

當甘迺迪發表這份演說時，許多登月所需要的科技與儀器根本還沒開發出來。當時沒有任何一名美國太空人，曾經在太空艙以外的環境進行過任務操作，也未曾有兩艘飛行器在外太空對接；美國國家航空暨太空總署（The National Aeronautics and Space Administration, NASA）對於月球表面是否夠堅硬、夠承載登陸器的重量，或者通信系統在月球上是否能如常運作等問題都一無所知。套句當時NASA一位執行官的話，「我們連環繞地球軌道運行都不知道能否做到，更何況要繞著月球運行。」

要讓飛行器環繞月球的軌道運行——更別說是要登陸月球表面——需要非比尋常的精準計算。這就像是對著離我們八．五公尺遠的一顆桃子丟飛鏢，並且要求只能輕輕地擦落一點桃子表面的絨毛，而不能碰到桃子本體一樣。更複雜的是，這顆桃子（也就是月球本人）一直以極快的速度在宇宙中移動。而要從月球回到地球的挑戰同等艱難，飛行器必須要以分毫不差的角度切入地球大氣層（這件事困難的程度，就像是必須在一枚硬幣側邊的一百八十條紋路中，迅速精準指出某一條），以避免飛行器與大氣層過於激烈的摩擦造成艙體焚毀，或者不小心像打水漂一樣，變成一顆擦邊球彈飛出去。

以一名政治人物而言，甘迺迪對這件事的困難程度算是坦承相告。「載著登陸月球太空艙的這架火箭，」他解釋道，「將會以前所未見的合金製成，這種尚未發明的合金將可以承受高於已知合金數倍的高溫與壓力，並且能精準地形塑與組合，比最精緻的手錶還要準確。而這架火箭將會被派出去執行一起從未有人膽敢嘗試的任務，去探索一個未知的天體。」

你沒看錯，那時連要打造火箭的合金都還沒被發明出來。

我們就這樣頭也不回地往虛無縹緲的宇宙中一跳，暗暗希望自己可以一邊往上飄，一邊抓緊時間趕快長出翅膀。

結果如奇蹟一般，翅膀真的長出來了。在一九六九年，也就是甘迺迪發表慷慨激昂的演說之後不到七年，尼爾·阿姆斯壯爲人類邁開了這飛躍性的一大步。在萊特兄弟成功讓第一架動力飛行器起飛（僅支撐了十二秒、前進了三十六公尺）的短短六十六年後，人類的動力飛行器已經足以載人登上月球，還把人給載回來。

相較於人類的生命長度，這樣的飛躍式進步，常常被認爲是科技的大獲全勝，但實際上並非如此。**眞正的勝利，來自於一套讓火箭科學家們能把不可能變成可能的思維步驟**。也正是這一套思維步驟，讓科學家們成功地在太陽系裡進行十幾次一桿進洞的超音速飛行，把飛行器送到幾百萬公里遠的外太空去，並降落在一個預設的準確地點上。這套思維步驟讓人類越來越接近殖民其他星球、成爲跨星球物種的目標，將會使商業化的太空旅遊成爲人類生活的新常態。

做爲一位火箭科學家，意味著透過一副截然不同的濾鏡看待事情。火箭科學家經常思考人們一般想像不到的事情、解決人們一般處理不了的問題，把失敗翻轉爲勝利、讓限制成爲優勢。對他們而言，不幸與意外是可以解開的謎團，而非不可跨越的路障。火箭科學家並非受盲目的信念驅使，而是一直在自我懷疑中前進；他們的目標不是短期的成果，而是長期的突破；他們知道世上沒有什麼牢不可破的金科玉律，預設的一切都可以被更改，而新的道路會在其中成型。

我即將在本書中分享的部分洞見，看似在所有科學領域中一體共通，然而火箭科學思考的範圍更廣、更大，因爲這門科學所處理的風險非比尋常。每一次火箭升起，都是投入幾億美元做爲賭注，如果是載人飛行器的話，上面更有無數珍貴的生命。

基本上，火箭升空的過程就是點燃一顆小型的核彈，只是這個爆炸必須經過非常精準的計算與控制。火箭點燃時釋放出超乎想像的狂暴能量，只要一個錯誤的步驟或一點點失準的計算，就可能造成最壞的後果。「在你點燃一具火箭引擎時，可能會發生一千種不同的情況，」太空探索技術公司（Space Exploration Technologies, SpaceX）的引擎推進工程師湯姆・穆勒（Tom Mueller）解釋，「而其中只有一種狀況是你想要的。」

所有我們在地球上習以爲常的事情，在太空中都上下顚倒，不管實際或譬喻都是如此。當我們把一艘精細的飛行器送入艱苦卓絕的外太空環境時，有太多潛在的失敗點了。不僅有數以百萬個零件，還有綿延幾百公里長的電線，當有零件故障時——故障不可避免地會發生——火箭科學家必須在幾千種不同的雜音中，分辨出故障零件所發出的信號。而讓情況更加困難的是，通常這時候火箭都已經不在人類可以到達的範圍內，我們無法單純地掀開機器的蓋子，看看裡面發生了什麼事。

在現代社會中，以火箭科學家的方式思考是不可或缺的。我們眼前的這個世界正用一種令人目眩神迷的速度變化著，而我們也必須因應著做出變化，跟上世界的腳步。雖然並非每個人都對計算燃燒係數或者公轉軌道抱有熱情，但是**我們每天都必須面對不熟悉且複雜的問題。如果能在缺乏明確的指導原則又有時間壓力的狀況下處理這些問題，我們就比其他人更占有優勢。**

先不談火箭科學思維的好處。大家常認爲像火箭科學家一樣思考，需要一些特殊天分（所以美國諺語常說「這又不是火箭科學」，來指這並非什麼高深的學問）。因此，艾爾頓．強的《火箭人》（*Rocket Man*）這首歌裡，歌詞寫著即使被選中參與火星任務，太空人還是感歎：「這些火箭科學，我實在不懂。」我們也挺同情以色列的第一任總統哈伊姆．魏茨曼，他曾經與愛因斯坦一起航行，橫越了大西洋。他們每天早上會一起在甲板上坐兩個小時，而這段時間，愛因斯坦會對魏茨曼解釋相對論。旅程結束時，魏茨曼說：「我相信愛因斯坦應該是懂得相對論的。」

這本書並不會教你相對論或其他任何複雜難懂的火箭推進技術。也就是說，我們要談的不是火箭科學背後的科學。你不會在這本書的任何一頁裡看到圖表，也不需要對眼花撩亂的數字有天分。不需要跑去念天體物理學博士，任何人都能經由本書一窺難解的火箭科學背後祕密，並從其中領悟到能改變人生的創造力和批判性思維。

簡單來說，看完這本書之後，你並不會成為一位火箭科學家，但是你會知道如何像火箭科學家一樣思考。

所有領域都通用的思考法

事實上，「火箭科學」是個大眾之間以訛傳訛的詞彙。大學裡並沒有「火箭科學」這個系所，也沒有一種職業的正式職稱叫做「火箭科學家」。「火箭科學」這個名詞，實際上是大家口頭上泛稱在太空旅行背後所須的一切科學理論與工程技術，而這也是我在本書中會使用的定義。這本書中，我將討論到科學家（充滿理想的宇宙研究者）以及工程師（讓太空旅行成眞的硬體設計師）。

我曾經也是「火箭科學家」，在火星探測漫遊者計畫（Mars Exploration Rovers mission）的營運團隊裡工作過，曾經在二〇〇三年送出兩部漫遊者火星車到那個紅色的星球上。我規畫了不同的運作場景、幫助團隊選擇降落地點，並且寫出讓漫遊者拍攝火星照片的程式。時至今日，我的火箭科學經歷仍是我履歷中最有趣的篇章。有時我受邀發表演說，主持人在介紹我時一定會提到：「最令人津津樂道的是，歐贊曾經是位火箭科學家！」這通常會引起臺下聽衆的一陣驚呼，然後大家瞬間就忘記我的演講主題。我可以看得出來大部分聽衆的腦袋裡在想什麼：別管你的演講主題了，談談火箭科學家吧。

我們就不拐彎抹角了：大家都愛火箭科學家。

我們鄙視政治人物、嘲笑律師，但是熱愛那些在實驗室裡鍍過金的天才們，因爲他們設計出火箭，並且讓它和諧地升空，航行在宇宙裡。每週四晚上，喜劇《宅男行不行》經常占據美國電視收視榜。劇中呈現的是一群性格古怪的天文物理宅生活。當李奧納德因爲比較喜歡弦論而不是迴圈量子重力論而遭女友雷斯莉甩掉時，數以百萬的觀衆在電視機前大笑出聲。

有整整三個月的時間，在星期天晚上，超過三百萬名美國視聽大眾選擇收看紀錄片《宇宙大探索》，而非真人實境秀《鑽石求千金》。也就是說，大家選擇了黑洞而不是粉紅玫瑰泡泡。而關於火箭科學的電影——從《阿波羅13號》到《絕地救援》，從《星際效應》到《關鍵少數》——持續占據票房冠軍，並且收穫了一座接一座的小金人。

不過，儘管火箭科學家如此受到崇拜，世界卻沒有跟著他們的腳步走。創造力以及批判性思考並不是我們與生俱來的特質，我們天生對於大膽的想法會猶疑、拒絕與不確定性打交道，並且害怕失敗。這些特質在舊石器時代非常有用，曾經讓我們的祖先遠離有毒的食物以及凶猛的獵食者，但在資訊時代，這就是你程式裡的一隻蠕蟲。

企業往往盯著過去，一再重複已經上演過的戲碼，最終導致失敗。他們沒有勇氣冒險，只能一直沉浸在現狀裡。在我們個人的生活中，常常不願意使用自己批判思考的能力，把做結論的機會推給別人。久而久之，我們批判思考的能力就萎縮了。如果群眾沒有得到充分的資訊，並且對於看似可信的消息保持懷疑的態度，那麼民主制度就會衰退，假消息滿天飛、似是而非的假科學變得真偽難辨。

藉由這本書，我想要培養一個群體，他們並非火箭科學家，卻能用火箭科學家的思維方式去面對日常生活的問題。這些人將能掌握自己的生活，會開始質疑「假設、刻板印象、習慣成自然」的思維方式：會在別人只看到路障時，看到能將現實條件扳向自己的機會；會用理性的方式處理問題，並想出充滿創意的方法以重新定義現狀；會有合適的裝備，讓自己可以隨時發現假消息與假科學：將能開創出新的道路，並找出解決人類未來問題的辦法。

做為企業領導者，將會提出正確的問題，並且使用合適的工具解答；不會追逐流行、吹捧最新時尚；不會因為競爭對手都在使用某一些策略而不得不勉強跟隨；會探索一切事物的可能性，並達成其他人認為不可能的目標；將能躋身那些採用「火箭科學家思考法」的菁英管理階層。

華爾街的大企業們現在聘雇了所謂的「財務火箭學家」，把投資從一門藝術變成一門科學，而火箭科學思考法也幫助了零售業的龍頭們，在變動多端的市場中，決定把什麼產品放在貨架上。

無論你正站在發射臺上、在董事會議中、還是在你家客廳裡，這本書將一直保有實用的價值，不會用傳教式口吻來告訴你火箭科學思維法的好處，而是提出具體可行的策略，讓你把火箭思維應用在生活中的每一件事情上。為了讓本書提出的觀點淺顯易懂，我將火箭科學中的趣聞軼事與歷史、商業、政治、法律等實際事件結合，更生動地闡述應用火箭科學思維法所須具備的心態。

即使我的名字被大大地寫在封面上，但這本書其實是在站在許多巨人肩膀上完成的。這裡面包含了我在火星探測漫遊者計畫團隊裡的工作經驗、與火箭科學家們做過的無數訪談，以及長久以來，對科學及商業管理等不同領域所做的深入研究。我經常四處演講，向不同領域的專業人士分享自己做為火箭科學家的經驗——這些領域包括法律、零售、藥品、金融等等，並且在這個過程中一步步精雕細琢，將我的經驗更好地應用到不同產業中。

在這本書中，我選擇的九個火箭科學重要原則，也都可以廣泛應用於其他領域。我將逐一介紹火箭科學家們怎麼產生這些構想，以及這些構想的缺點又在哪裡。你將會讀到火箭科學的光榮與痛點、最輝煌的時刻及最災難的瞬間。

就像火箭一樣，本書也是分節進行、循序漸進的。

第一個階段：發射，將用於點燃你的思考力。突破性的思維總是充滿不確定性，所以我們從這裡開始。我會跟你分享：火箭科學家們怎麼與不確定性共舞，並且把風險轉換成優勢。我會談談在革命性創新背後的幾條原則。

首先，你會發現：企業在提出構想時常犯的巨大錯誤；一些看不見的規則如何限制你的思維；為什麼減法才是通往原創性的關鍵步驟。之後，我會談到思想實驗及登月思維——這是火箭科學家、新創企業、世界級優秀人才所採用的策略，讓他們在現實世界中從被動的觀察者轉變為主動的干預者。在閱讀的過程中，你會學到：為什麼靠近太陽飛行反而是安全的；如何用一個簡單的字讓創造力瞬間爆棚；挑戰一個大膽的目標時該採取的第一步驟是什麼。

第二階段：加速，將用來推動在第一階段中提出的構想，探索如何精準定義問題。事實上，要找到對的答案，得先學會問對的問題。接下來，我們會進行反轉思考，藉由證明自己的構想有誤（而非說服他人自己的正確性），來找出你的想法中可能存在的謬誤。我會揭露火箭科學家怎麼進行測試與驗證，讓你的構想可以在著陸時站得最穩。在這個階段中，你將會學到銳不可擋的太空人訓練策略，讓你能在下一次的簡報或產品發表中大展身手。

你會發現：希特勒掌權的過程，與一九九九年火星極地著陸者號（Mars Polar Lander）墜毀事件，有著同類型的設計謬誤；曾經拯救成千上百名嬰兒與幼童生命的策略，如何成功挽救被取消的火星探測漫遊者計畫。在本階段的最後一部分，我將告訴你如何藉由一則最被誤解的科學概念，學會解釋人類的行爲。

第三個階段，也是最後一個階段：成功。你將學到成功與失敗都是能解鎖終極潛力的重要因素，同時也將發現爲什麼「放手做、勇敢錯」這句格言，可能是一份通往災難的祕笈。我將會展示：產業巨人的崩壞與太空梭的爆炸有何相似之處；爲什麼企業常說會從失敗中學習，現實中卻無法實現；能用相同心態對待成功與失敗，將帶來什麼益處；以及爲什麼表現最優秀的人，往往視連續的成功爲不可忽視的警訊。

通過這三個階段，你將脫胎換骨。你的想法不再被世界所形塑，而是反過來形塑世界；你不再是簡單跳出框架，而將能隨心所欲改變框架的形狀。

擁有天文夢的土耳其男孩

按照劇本，我好像應該要在這個時間點介紹一下自己寫這本書的心路歷程，以及我的成長故事。通常這種類型的書背後都會有個感人的故事：童年時候得到一支望遠鏡，從此愛上星空，決定花一生的時間研究火箭科學，並且在寫這本書時達到事業高峰——這種直線進行的美好故事。

但是我的故事跟這一點也不相像，而且我絕對不會想辦法把它拗成一個完美但遠離事實的形狀。

我小時候的確得到一支望遠鏡，說得精確點，其實是一副快散架的雙筒望遠鏡，而我從來沒有成功使用過它（這應該是個徵兆吧）。我的確從事過火箭科學的研究，而你將會在接下來的幾頁中，讀到我最後如何走到現在這一步。其實，這是一系列元素彼此激盪的結果：好運氣、一位優秀的導師、幾個良好的決定，以及或許一、兩個行政錯誤。

我來到美國的原因完全是陳腔濫調。我在伊斯坦堡長大，美國對我來說充滿了夢想，我對於美國的想像，是那些翻譯成土耳其文的美國電視節目綜合體。對我來說：美國是《活寶兄弟》裡面的賴瑞，他把自己從東歐來的表弟巴爾奇納入羽翼，一起在他們位於芝加哥的住所跳著「快樂舞」，來慶祝他們的好運氣；美國是《家有阿福》裡面的譚納一家人，提供庇護給一直嘗試著要吃掉他們家貓咪的毛茸茸外星人。

我以為，如果美國能給予巴爾奇或者外星人阿福一席之地，那裡一定也有我的位置。

我出生在一個環境清簡的家庭，而我一直希望能在人生中得到更好的機會。我父親六歲就開始工作，為他的公車司機父親與家庭主婦母親分擔家計。他必須在清晨之前起床，去領取剛從印刷機上噴出來的熱騰騰報紙，並且在學校開始上課前派送完。我的母親在土耳其鄉間長大，我的外公是由牧羊人轉職而成的公立學校教師，他與同是教師的外祖母一起，一磚一瓦建造他們教書的那間學校。

在我的成長過程中，家裡的電力供應一直是不穩定的，而頻繁停電對一個小男孩來說是個恐怖而難熬的經歷。為了轉移我的注意力，我父親發明了一項遊戲：他會點燃一根蠟燭，拿著我的足球模擬地球如何繞著太陽（蠟燭）公轉。

這是我的第一堂天文課，而我從此不可自拔。

夜裡，我夢遊在充滿洩氣破足球的宇宙；白天，我深陷在高權威的教育系統。在小學課堂上，老師並不叫我們的名字。每個學生會分配到一個號碼，就像為了方便辨認牲口而標明編號一樣。我們總共大概有一百五十四人還是三百五十九人吧（我不會說出自己的編號，那是我此生設定唯一的銀行PIN，去他的「請經常更換您的PIN」）。我們穿著一樣的衣服去學校，亮藍色的制服上縫著俐落的白領子，而且每個男孩都剪著一樣的小平頭。

每天上學時，我們都必須唱國歌，並且複誦一遍制式的學生誓言，發誓將自己貢獻給祖國。這些動作傳遞了很明顯的訊息：克制你自己、壓抑你的個人特質，必須學會服從以換取整體更大的利益。

「灌輸服從性」這項任務，甚至凌駕於其他教育目標之上。四年級的時候，我有次逃避剪髮，馬上引起當時校長的憤怒。他是個像推土機一樣的男人，比起學校校長，更適合當監獄管理員。他在一次服儀檢查中遠遠瞧見我比一般標準要長一些的頭髮，馬上像頭發火的犀牛一樣喘氣，接著從一個女孩頭上抓了一隻髮夾，插進我的頭髮中間，把這種公開羞辱當做對於不服從的懲罰。

教育系統認爲，服從性高的孩子不會變壞，所以我們最好放棄那些討人厭的個人主義野心、遠大的夢想，以及替複雜問題找到有趣解方的能力。在這樣的教育系統中，出頭的不是那些反其道而行者、不是那些有創意的人、也不是新路途的開創者，而是那些能取悅權威的學生。他們那種低眉順眼、做人手下的態度，可以讓他們在需要勞動力的工業社會裡看起來比較有用。

遵守規則、尊敬長者、塡鴨學習的文化，把想像力與創造力的空間壓縮得很小。我必須要自己想辦法培養這些能力，而我主要是從書本中學習。書本是我的避難所，我把自己的每一分錢拿去買書，並且小心溫柔地閱讀，很注意不要折到書頁或者拗到書背。我可以沉浸在雷·布萊伯利、以撒·艾西莫夫、亞瑟·克拉克的科幻小說中，並且眞切地想像自己過著他們筆下人物的生活。我貪婪地狼吞虎嚥著每一本可以拿到手的天文學書籍，並且把像是愛因斯坦之類的科學家海報貼滿房間牆壁。在老式Betamax錄影帶上，卡爾·薩根在他的《宇宙：個人遊記》節目中對著我講話，我不太確定他到底在說些什麼，不過反正我聽了。

我成功自學如何寫程式，並且架了一個叫做太空實驗室（Space Labs）的網站。這是一封對天文學的電子情書，我在網站上用瘸腳的小學程度英文，書寫所有一切我知道的太空知識。即使會寫程式這件事情並沒有讓我得到和女孩約會的機會，但在我之後的生涯中，這件事卻無比重要。

對我來說，火箭科學成了「逃離討厭事物」的同義詞。在土耳其，我的人生軌跡已經被預先規畫好了；但是在美國，在那個火箭科學的先鋒國家，我將擁有無窮的可能性。

十七歲時，我的逃逸速度[1]達標：我收到康乃爾大學的入學通知書，我童年時期的英雄人物薩根就曾是這所學校的天文學教授。開學時，我出現在康乃爾校園裡，帶著濃濃的腔調、穿著瘦瘦的歐版牛仔褲，並且過時地鍾愛著邦喬飛。

在我到達康乃爾不久，我就開始積極地了解學校的天文學系都在做些什麼。我打聽到有位天文學教授史蒂夫·斯奎爾（Steve Squyres）接了一個NASA的案子，要送一部漫遊者探測車上火星。斯奎爾教授於研究生時期，曾經在薩根手下工作，這一切對我來說簡直就是不可置信的美好巧合。

斯奎爾教授的實驗室並沒有開出職缺，但我還是把自己的履歷寄給他，並且闡述自己有多麼渴望在他手下工作。我並沒有抱著很高的期望，事實上，我幾乎是帶著祈禱的心情在做這件事。但是我一直記得父親給過我最棒的忠告：你如果不去買彩券，就永遠不會有中獎的一天。

所以我就去買了那張彩券，但是對於自己即將面臨的好運一無所知。我很驚訝斯奎爾教授竟然回信給我，並且邀請我到他的實驗室面談。而多虧了我在高中時代自學的程式語言，我得到這份「美夢成真，快捏我一下」的工作，得以參與火星任務的營運團隊，把兩部分別叫做精神號與機會號的探測車送上火星。我認真地讀了三遍我的聘僱合約，好確定上面真的寫著自己的名字，而不是什麼離譜的行政錯誤。

幾個星期之前，我人還在土耳其，在白日夢裡漫遊宇宙，現在我竟然得到搖滾區的座位，實際參與行動。我叫出內心的巴爾奇，好好地跳了支快樂舞。對我來說，充滿希望與機會的美國夢，不再是口耳相傳的陳腔濫調。

至今，我都還記得第一次走進康乃爾宇宙科學大樓四樓那間所謂的「火星室」，牆上貼

---

❶ escape velocity，脫離星球引力所須速度。

滿圖表及火星表面的各種照片。那間教室雜亂無章、沒有窗戶，並且裝了令人頭痛暈眩的日光燈，但是我立刻愛上了它。

首先，我必須快速學會如何像火箭科學家那樣思考。我花了幾個月的時間，專注聆聽各種對話、閱讀像山一樣高的各種文件，然後想辦法找出一整套我不認識的縮寫分別代表什麼。在空餘的時間裡，我同時也參與了卡西尼—惠更司任務（Cassini-Huygens mission），在這個任務中，一艘飛行器被送去研究土星及其周圍的環境。

但隨著時間流逝，我對於天文物理學的熱情慢慢減退，開始察覺到在課堂上所學的理論與現實上的應用離得很遠，而我事實上一直都對實做比較有興趣，對理論建構反倒沒有那麼熱衷。我喜歡學習火箭科學背後的思考模式，但並不眞的喜愛爲了支撐起火箭科學運作，而必須學習的物理理論與數學模型。我就像是個喜歡擀麵糰但不愛做餅乾的烘焙師。我身邊有許多比我更擅長這些數學物理的同學，而我也認爲把自己從太空任務裡學到的批判性思考應用在其他地方，會比機械式地重新證明 $E = mc^2$ 要有趣得多。

雖然我依舊參與著火星與土星的計畫，但也同時開始探索其他可能性。我發覺自己對於社會上的動態更有興趣，所以決定攻讀法律。我母親對此非常高興，因爲這表示：她不再需要糾正朋友一直找她不是占星學家的兒子看星座運勢了。

即使我改變了自己的軌道，但是依然帶著四年來在天文物理學研究中所得到的工具。火箭科學裡的批判性思考，讓我以第一名的成績從法律系畢業，並且創下學校有史以來最高的平均成績。畢業之後，我得到一份夢寐以求的合約，在聯邦第九巡迴上訴法院裡工作，因此待在法律的領域中做了兩年。

在此之後，我決定進入學術界，想把自己從火箭科學中學到的批判性思考與創造力帶進教育界。幼年時期在土耳其所受到的服從式教育，把我推向這條路。我希望讓自己的學生們敢擁有偉大的夢想、挑戰性的假設，並且主動去形塑這個快速變化的世界。

意識到自己在教室裡傳授的課程聽眾有限後，我創立了一個線上平臺，將我的洞見分享給全世界。我每週撰寫文章，談論如何挑戰既有的慣性思維、對現狀進行新的想像，成功吸引了成千上萬的讀者。

而事實是，我在到達這一步之前，一直不知道自己正朝著什麼方向走去。然而現在回頭看，我終於理解到自己的終點早在一開始就決定了。

一條貫穿所有的緯線，串連起我生命中種種多元的追求與經歷。我從火箭科學漫步到法律，最終走到寫作、對各式各樣的觀眾進行演講。我五花八門的目標最終指向一件事：開發一套火箭科學般的思維工具，並且將自己所學分享給他人。要把艱澀的概念轉換爲平易近人的語言，需要客觀的觀點，也就是需要一個人既懂得火箭科學家的思維方式、可以剖析他們工作的程序，但是實際上又離火箭科學有一段距離。

我發覺自己正站在火箭科學的內行與外行之間，而我意外地爲了寫出這一本書，努力了一輩子。

改變思考，進一步改變世界

在我寫這本書的期間，世界上的敵對與分裂似乎達到白熱化。撇開世俗利益上的衝突，從火箭科學家的觀點來看，將發現人類的共同點比起相異點要多。從外太空看向地球，會發現那是顆宇宙黑幕上點綴著白色絲帶的燦藍光點，所有世俗上的分界都不再可見。每一個在地球上存活的生命都帶著宇宙大爆炸的遺痕，就像古羅馬詩人盧克萊修所寫：「我們都是自從天降落的種子發芽的。」美國科學教育家比爾．奈也說：「從重力的角度而言，每個在地球上的人都抱著同一顆直徑一萬兩千七百四十二公里的濕潤球體，在宇宙裡轉來轉去。沒有人可以獨挑大梁，我們所有人都在同一條船上。」

宇宙的浩瀚，把我們世俗的顧慮放進了合理的脈絡中，並且將全人類以共同分享的經驗連結起來——我們在幾千年裡，都曾經抬頭仰望過同一片星空，看見數兆公里之外的星球，看見數千年前發出的光線，並且提出同樣的問題：我們是誰？我們從哪裡來？我們將往哪裡去？

航海家1號（Voyager 1）於一九七七年升空，爲我們首次描繪出外太陽系的形貌，拍到了木星、土星以及更遠之處的照片。當它最終完成了它的旅行，航行到太陽系的邊緣時，薩根想到要讓它回過頭來，面對著地球拍攝它任務中的最後一張照片。現在，這張被稱爲「暗淡藍點」（Pale Blue Dot）的經典照片中，地球只占了小小的幾個像素。用薩根那句令人難忘的話來說，那是一粒幾乎不可見的「微小塵埃懸掛在陽光之中」。

我們總是傾向把自己放在一切的中心，但是從外太空的角度俯視，地球就只是「宇宙廣袤黑暗中一顆孤獨的光斑」。薩根對於暗淡藍點有進一步的評論：「想想那些讓地球血流成河的將軍與皇帝們，在光輝與勝利中暫時成爲這顆小點上一塊碎片的主人；想想那些無止盡的殘酷行爲，被這小點上某一角落的居民，加諸在另一個幾乎無法分辨的角落居民身上。」火箭科學教導我們如何認識自己在無垠宇宙中有限的角色，並且提醒我們要溫柔善良地對待他人。我們的生命不過是宇宙裡一閃而逝的一個光點，但我們要讓這個光點具有意義。

學習怎麼成爲火箭科學家，並不僅僅是改變你觀看世界的方式，你將會得到力量，去改變世界本身。

第一階段

發射

在本書的第一階段中，你會學習到：
如何駕馭未知；
如何從不能省略的基本假設出發，進行思考；
如何利用思想實驗在困難中突圍；
如何應用登月思維，對你的生活與事業進行轉型。

1 在未知面前展翅高飛
——懷疑的巨大力量

天才皆猶豫。

——羅維理，義大利量子物理學家

大約一千六百萬年前，有顆巨大的小行星撞上火星表面。這次碰撞使一塊岩石脫離火星，並且展開從火星到地球的一段旅程。這塊岩石一千三百萬年前在南極洲的阿倫山落地，於一趟雪地車之旅中被人類發現。因爲這是第一塊在一九八四年從阿倫山收集的岩石，因而命名爲**ALH84001**。按照常理，這塊石頭應該很快就會被登記、被研究，然後被遺忘，但科學家發現了它身上所隱含的驚人祕密。

千百年來，人類一直在思索同樣的問題：我們在宇宙中是孤獨的嗎？我們的祖先曾經仰望星空，思索他們在宇宙中究竟是普遍的存在，或者是特異的局外人。而隨著科技進步，我們聽取從宇宙彼端傳來的種種信號，希望可以從中獲得另一個文明的訊息。我們送出太空船在太陽系裡搜索，希望可以找到生命的徵象。但無論是哪一種方式，都並未成功。

直到一九九六年八月七日。

這一天，科學家們揭示，在ALH84001裡找到源自生物的有機分子。許多媒體很快就把這個發現當做「其他星球上有生命存在」的事實發表：哥倫比亞廣播公司報導爲「科學家在隕石中偵測到單細胞結構，可能是微型化石或過去生物活動所留下的化學證據。也就是說，他們發現了火星上的生命」。有線電視新聞網的快報中，引用了NASA的消息來源，表示這些生物結構看起來像「小型的蛆」，並指出這可能是一些複雜有機體的遺留物。氾濫而至的媒體報導讓全球都陷入歇斯底里的狂熱，促使時任總統的柯林頓針對這項科學發現，發表一次重要的公眾演說。

這件事存在一個小小的問題：我們找到的並非決定性的證據。事實上，那篇催生出無數頭條的科學論文中，坦承地表示這項發現中的不確定性，論文的部分標題是〈火星隕石ALH84001中「可能的」生物活動遺跡〉。論文摘要中特別寫出，在隕石中發現的物質「可能是」某種火星動植物所遺留的化石痕跡，並同時強調了此物亦「可能是」經由無機過程形成。換言之，這些分子「有可能」並非由火星細菌產生，而是由非生物性的活動所造成（例如侵蝕之類的地質活動）。那篇論文的結論是，這些分子「有可能」曾經與生命共存。

但這些具有不確定性的細微差異經過翻譯改寫後，卻在對大眾發表的媒體新聞中被不著痕跡地抹去了。這個事件後來鬧得臭名昭彰，並啓發丹．布朗動筆寫下《大騙局》，書中描述環繞著火星隕石中發現的外星生命而設下的一樁陰謀。

二十多年後，不確定性依然在我們身邊徘徊，研究者們繼續針對到底是「火星細菌」還是「無機活動」造成隕石中的分子一事爭論不休。

直接責怪媒體搞錯了，是個吸引人的解決辦法。但如果眞的這麼做，我們就犯了跟當初那些隕石報導一樣的錯誤——誇大事實。更準確地說，我們可以認爲大家在這個案例裡犯了一個經典錯誤：嘗試讓事情看起來充滿確定性，即便事實並非如此。

本章節將談論如何停止在不確定性之中掙扎，並且能駕馭它的力量。你將會發現，我們對確定性的追求會使自己偏離目標，而所有的進步實際上都是在不確定的狀態下發生的。我會揭露愛因斯坦對於不確定性所犯下的最大錯誤，並討論你能從一個百年數學題的解答中學到什麼。

你會發現：爲什麼火箭科學像極了一場賭注極高的遊戲；爲什麼可以從冥王星的降格中學到東西；爲什麼NASA的工程師們在關鍵場合中，會像是宗教儀式般嚼起花生。在這一章的結尾，我將介紹火箭科學家與太空人用來管理不確定性的策略，以及如何將這些方法應用到你的生活中。

盲目崇拜確定性

噴氣推進實驗室（Jet Propulsion Laboratory，JPL）是一個由科學家與工程師組成的小型城市，位於加州的帕薩迪納，就在好萊塢東邊。JPL數十年來都負責跨行星太空飛行器的運行。如果你看過登陸火星的影片，就一定看過JPL內部的任務支援區。

在典型的火星登陸任務中，這個支援區裡塞滿一排又一排過度攝取咖啡因的科學家與工程師。他們一邊嚼著一袋袋的花生米，一邊緊盯著操作臺上不斷接收進來的各種數據。他們看起來一副萬事盡在掌控中、老神在在的模樣，但這僅僅是種幻象，事情可一點都不在他們的掌控中。即便他們的術語聽起來酷得多，比如說「分離飛行段」或者「部署防熱遮罩」，實際上他們做的事跟體育臺主播差不了多少，就只是把正在發生的所有事情報導出來而已。他們充其量就是賽事觀眾，而這場比賽早在十二分鐘前就於火星上結束了，而他們連分數都還不知道呢。

從火星上以光速將訊號傳回地球，平均大約需要十二分鐘，如果有什麼事情不對勁，並且假設地球上的科學家可以秒見秒回，從地球上發出的指令也同樣需要十二分鐘才能傳到火星上，來回將耗上二十四分鐘。然而一艘飛行器從火星大氣層降落到火星表面，只需要六分鐘。所以我們唯一能做的就是：在事前規畫好所有指令，想好想滿，然後把牛頓請到駕駛座上❶。此刻就是花生發揮作用的時候啦！一九六〇年代，ＪＰＬ負責進行一系列使用無人太空船的游騎兵計畫（The Ranger program），蒐集月球資料，以便爲接下來的阿波羅太空人登月計畫做準備。游騎兵太空船們會向月球飛去，近距離拍攝月球表面的照片，然後趕在自己一頭撞上月球前，把這些照片傳回地球。最初的六次游騎兵任務都是失敗的，以至於ＪＰＬ的高層官員受輿論責難是「發射後再來祈禱」。不過，第七次就成功了，而這次有位工程師正好帶了包花生米到任務支援區裡。自此以後，花生米就成爲ＪＰＬ裡的登陸任務必備良伴。

到了關鍵時刻，這些平常很理性、不會亂來的火箭科學家們——把生命貢獻給探索未知的人們——在花生米的袋子底部搜刮著確定性。更甚者，他們之中有許多人會穿上已經洗到發白的幸運牛仔褲，或帶著上次成功任務裡留下來的物品當護身符。他們做盡一切狂熱運動粉絲會做的事情，就是爲了創造一點自己握有確定性與控制權的幻象。

如果登陸任務成功，整個控制中心會瞬間轉型成馬戲團，再也看不到任何一絲傳說中的沉著冷靜。在征服了不確定性這頭巨獸之後，工程師們會開始上竄下跳、擊掌慶祝、握拳大喊、互相熊抱，然後大家一起沐浴在喜悅的眼淚中。

---

❶ 出自阿波羅13號對話記錄，指全部靠手動操作。

我們對於不確定性都帶有相同的恐懼，雖然並不會害怕自己成爲劍齒虎的食物，但對我們的祖先們而言，不確定性是致命的。曾有很長一段時間，他們過著這樣的生活，並且把恐懼基因傳給了我們。

在現代社會中，我們在不確定裡尋找確定；在混亂中搜索秩序；在模稜兩可中追求正確答案；在複雜情況中探求信念。歷史學家哈拉瑞說：「我們花在嘗試控制世界的時間與精力，比花在理解世界還多。」我們尋找著步驟清楚的公式、捷徑、解方——也就是那包對的花生米。因此，隨著時間推移，我們漸漸喪失了與不確定性互動的能力。

我們處理事情的方法，讓我想到那個經典的故事：一名醉漢在路燈下方搜尋他弄丟的鑰匙，他清楚知道自己的鑰匙掉在街上某個陰暗的角落，不過他還是決定要走到燈下尋找，因爲那裡才有亮光。

我們對於確定性的渴望，促使我們追求看起來安全的解決方案——在路燈下找鑰匙。與其冒點風險走進黑暗裡，我們寧可維持現狀，即便所謂的現狀中，我們一點優勢也沒有。行銷界一遍又一遍使用同樣的招數，然後期待它們產生不同的效果；有抱負的企業家困在沒前途的工作裡，只因爲似乎能從薪資條上看到所謂的穩定性；藥廠不斷研發出與競爭者效果相差無幾的新藥，卻無法開發出可以治療阿茲海默症的藥物。

只有當我們能犧牲確定性，大膽砍掉過往的訓練、敢於走出路燈的範圍，眞正的突破才

會發生。如果執著於熟悉的事物，不會找到意料之外的東西。那些勇往直前的人將與未知共舞，並且在所謂的現狀中看到危險而非安逸。

偉大的未知

十七世紀時，法國數學家費馬在一本教科書的頁緣匆匆寫下一句話，困擾了之後的數學家長達三世紀之久。

費馬有個理論：他提出 $a^n + b^n = c^n$ 這個等式在 n 大於2時無解。「針對這個命題，我有一份非常棒的證明，」他這麼寫道，「不過這本書空白的地方寫不下啦。」這就是他留下的所有東西。

費馬在他能提出證明前就過世了，而他這段預告片式的留言，吊足了數學家們的胃口（也讓數學家們扼腕費馬怎麼沒找一本頁緣寬一點的書）。一代接一代的數學家們嘗試要證明費馬的最後定理，然而都失敗了。

直到安德魯·懷爾斯的出現。

對大部分的十歲男孩而言，美好時光並不包含花時間研讀數學書籍。不過懷爾斯不是一般的十歲男孩，他會在自家附近的圖書館裡閒晃，在書架上尋找談論數學的書。

有一天，他發現一本專門談論費馬最後定理的書，便完全被這個定理的神祕性給擄獲。這條定理陳列起來如此簡單，卻如此難以證明。當時，他還缺乏合適的數學知識去證明這條定理，於是他把這件事暫時放著，長達二十年之久。

稍後，他以數學教授的身分，花了七年去解開這條定理的祕密。在一九九三年某場沒有明確主題的演講中，懷爾斯公開表示，他解決了這個與眾數學家糾纏幾世紀的費馬最後定理。這項宣言讓數學界騷動不已。「這可以說是數學史上最讓人興奮的一件事了。」圖靈獎的得主，也是南加大電腦科學系教授的倫納德．阿德曼如此說。甚至連《紐約時報》都給出頭版來宣布這項發現：「總算像可以阿基米德那樣，對這道數學題大喊一聲『尤里卡』❷啦！」

但是這些慶祝都來得太早。懷爾斯在證明過程中，有個關鍵部分犯了錯，並在他交給期刊出版後，於同僚審查時被發現。他後來多花了一年與另一位數學家通力合作，才解決這個證明中的錯誤。

懷爾斯回想起自己最終怎麼證明這個定理時，把過程比喻為在一幢黑漆漆的大宅裡摸索前進：從第一個房間開始，花上好幾個月不停四處瞎摸、戳來戳去、一直撞到東西。在巨大的迷失感與困惑中，最終或許能摸到電燈開關，然後走到下一間漆黑的房裡重新來過一遍。懷爾斯解釋：「這些突破，是幾個月來在黑暗中跌跌撞撞——而且別無他法——之後所達到的頂點。」

愛因斯坦也用類似的語言描述種種發現背後的過程：「我們最後得到的答案幾乎是不證自明的，但在那之前，是經年累月在黑暗中搜索可以感覺卻無法描述的眞相。在終於勘破謎團，得到清楚答案之前，那些強烈的渴望、自信與擔憂焦慮交替出現，只有走過這段路的人才能理解。」

在某些情況下，科學家會不停在黑暗的房間裡跌跌撞撞，而他們追求目標所須花費的時間甚至超過他們的生命長度。有時即便摸索到電燈開關，開燈之後卻只照亮一隅，反而讓剩下的黑暗顯得更深、更沉。不過對他們來說，在黑暗中跌撞摸索，比在外面明亮走道坐著有趣多了。

在學校中，我們以爲科學家都是直接走到電燈開關前按下去，因爲我們看到的是一門規畫好的課程、一種正確學習科學的方法，以及一些被證明過的公式，讓我們可以在標準化的實驗中，每次都得到一樣的結果。教科書裡充滿各種像是「物理學原理」的崇高標題，像變魔術一樣，用三百頁平鋪直敘地解釋這些偉大的「原理」，然後一個經過官方認可的人物站上講臺，把「眞相」餵給我們。

❷ Eureka。阿基米德頓悟浮力論時大喊的詞語，也指「我發現啦！」。

教科書這樣解釋理論物理學家大衛．葛羅斯得到諾貝爾獎時發表的演說：「他經常無視於其他人採取的替代道路、無視其他人跟隨的錯誤線索及錯誤觀念。」我們學習牛頓的種種「法則」，好像那是某種上帝的神聖探訪或天才的神來一筆，而不是牛頓日日夜夜潛心探索、修改、煩惱的產物。而那些牛頓沒有成功建立的法則，卻完全沒有剪輯進我們在物理教室聽到的扁平故事中，尤其是他曾經嘗試把鉛變成金子且華麗失敗的經過。而我們的教育系統卻把這些科學家的生命故事，從鉛變成了黃金。

身為成人，我們無法擺脫這種制約。我們相信（或假裝相信）每個問題都有一個正確的答案，我們相信這個所謂正確的答案，必然已經被某個比我們聰明的人發現了，我們相信這個答案可以在Google上搜尋到、在最新版的〈幸福三捷徑〉文章中讀到，或在某個自稱是生命教練的人身上找到。

問題就在這裡：答案不再是稀有商品，知識前所未有地便宜。當我們花時間找出答案——當Google、Alexa或Siri可以直接吐出答案時——這個世界又往前邁進了一步。

當然，眾多答案彼此之間是有關係的，你必須先知道一部分的答案，以問出正確的問題。不過，你能得到的這些答案只是通往發現大道上的發射器而已，答案帶給我們的是開始，不是結束。

如果你走向正確答案時，採取的是一條直直通往電燈開關的路，就要當心了。如果你開發的藥物一定會成功、如果你的客戶一定會被當庭釋放，或你的火星漫遊者一定可以安全登陸，那你所做的事情根本沒有價值。

我們把握不確定性的能力，可以創造出最大的潛在價值。我們不應該因為渴望迅速找到解方而行動，而是應該享受複雜的問題。確定性的尾端，就是進步的開端。

我們對確定性的執著還有另一個副作用。它會像哈哈鏡一樣扭曲我們看世界的方式，我們稱這面鏡子為：「未知的已知」。

未知的已知

二〇〇二年二月十二日，在美國與伊拉克日漸緊繃的情勢中，美國國防部長唐納德·倫斯斐出席了一場簡短的記者發表會。有位記者問倫斯斐，是否掌握任何關於伊拉克持有毀滅性武器的證據——也就是後來美國入侵伊拉克的基礎。這個問題的典型答覆，通常會是一系列被預先批准的政治託辭，比如說正在調查中、必須以國防安全為重等等。然而倫斯斐從他的口條百寶袋裡摸出火箭科學家式的回答：「這個世界上存在著已知的已知，也就是我們知道自己了解的事情；也有已知的未知，也就是我們知道有些事情自己還不明白。但是，也有未知的未知——那些我們還不知道自己一無所知的事情。」

他的這些言詞隨後遭到了許多嘲弄（一部分是因爲其爭議性的來源），但是以政治聲明來說，這些言論是驚人地精準。在倫斯斐的自傳《已知與未知》（*Known and Unknown*）中，承認他是從NASA署長威廉．葛拉漢（William Graham）那裡聽到這句話的。不過在倫斯斐的發言裡，很明顯地漏掉了一種分類：未知的已知。

病感失認（Anosognosic）指的是某些病人無法意識到自己因爲疾病所苦。比如說，如果你把一枝鉛筆放在具有病感失認症的癱瘓病人面前，並請對方把鉛筆撿起來，他們是做不到的。而當你問他們爲什麼做不到，他們會回答：「嗯，我累了。」「我不需要一枝鉛筆啊！」根據心理學家大衛．鄧寧（David Dunning）的解釋，「這些病人對於自己癱瘓的這件事情，眞的沒有一點意識」。

「未知的已知」就像是病感失認，屬於自我欺騙的範疇。在這個分類中，我們認爲自己清楚已知的狀況，但實情並非如此。我們假設自己與眞相緊緊相連，自己所立足的基礎是堅實的，殊不知我們實際上是站在一個脆弱的平臺上，隨時一陣歪風吹來都可以讓我們翻車。

我們比自己以爲的更常站在這樣一個脆弱的平臺上。在那些對確定性無比執著的公開演說中，我們拒絕承認事情可能存在一些微妙的差異，隨之而來的公衆討論也缺乏嚴格的系統，去區分「已獲證明的事實」及所謂「最好的猜測」。很多我們知道的事情並不準確，而要辨認出哪些缺乏眞實證據，往往不是件簡單的事情。我們必須非常擅長假裝有個人意見——微笑、點頭、虛張聲勢地提出一點僅屬權宜之計的答案。我們被教導要「弄假直到成眞」，因而磨練我們成了造假的專家。我們自豪於心如擂鼓的同時，給出聽來很有說服力的答案，即便只是在事前花兩分鐘把維基百科看過一遍，我們還是勇往直前，假裝知道自己懂些什麼，卻健忘地無視那些與我們相信版本矛盾的狀況。

歷史學家丹尼爾．布爾斯廷說：「發現的最大阻礙並非無知，而是幻想自己已經知道。」**對知識的虛假造作把我們的耳朵遮了起來，並且關掉從外在世界傳來的知識訊息，讓我們對於自己癱瘓的事實盲目不見。**我們越是熱情洋溢、手舞足蹈地訴說自己版本的眞相，我們膨脹的自尊心就像摩天樓越蓋越高，遮掩住底下藏起來的東西。

自尊與驕傲是問題的一部分，另一部分則是人類對於不確定性的厭惡。就像亞里斯多德說的，自然裡不存在眞空。眞空一旦形成，就會馬上被周圍密集的物質塡滿。而亞里斯多德的這番論點，在物理之外的領域也適用。當我們在認知上有眞空（也就是處於未知與充滿不確定性的領土），各種神話與故事就紛紛跳進來塡滿這個空白。「我們不能永久保持懷疑，」諾貝爾獎得主暨心理學家丹尼爾．康納曼解釋，「所以我們編出最好的故事，並且讓自己生活在其中，好像故事是眞的一樣。」

故事是治療我們害怕不確定性的最好方法，它們塡滿了我們認知中的空隙，並且在混亂中創造秩序、在複雜中理出明晰、在巧合中拼湊出因果關係。

你的孩子表現出自閉傾向？怪罪於他兩個禮拜前打的那針疫苗吧；你在火星上看到一張人臉？那一定正好就是曾幫埃及人建造吉薩大金字塔的那些外星人做的；人們成群染病後死亡，其中一些屍體甚至抽搐起來並發出噪音？那一定是吸血鬼（在認識病毒與屍僵之前，我們的祖先們曾如此下了結論）。

當我們喜歡看似穩固的故事更甚於混亂的眞相時，事實就變得可有可無，錯誤的資訊開始瘋長蔓延。假新聞可不是現代的產物！在好故事及原始資料間選擇時，故事總是勝出，而其中那些鮮明的環節會在我們心中留下很深刻的印象，這就是我們所說的「敘述謬誤」（narrative fallacy）。我們記得某人說自己的雄性禿是因爲太陽曬太多，於是聽了故事後便選擇相信，把邏輯與懷疑的態度都拋諸腦後。

然後當權機關就把這些荒謬的故事，轉變成駭人的事實。只要能一直注入虛僞的確定感到本身就帶有不確定性的社會中，那就沒有任何其他事情可以阻止民主投票選出來的仇恨機器掌權了。那些自豪地拒絕批判性思考的大嘴巴政客們，其所主張的種種論點很快就開始支配整個公衆輿論的走向。

缺乏知識的時候，政客們就用滿滿的魄力補足；當人們陷落在黑暗的困惑中，努力理解眞相時，政客們就提供一個舒適圈。他們不會拿各種朦朧模糊的事情來煩我們，更不會讓口號式的標語裡有任何微妙的解釋空間。我們只須張開嘴，那些看似條理清楚的言論就會像打開水龍頭一樣從我們嘴裡傾瀉而出，開開心心地移除我們肩膀上的批判思考責任。

而現代社會的問題，就像英國哲學家伯特蘭．羅素所說：「愚者總是充滿自信，智者則充滿懷疑。」物理學家理查．費曼即使在得到諾貝爾獎之後，依然認爲自己是「一頭困惑的人猿」，並且對身邊所有事物都展現出同等的好奇心。這讓他可以看見其他人疏漏的細微之處。他說：「我認爲，比起擁有可能錯誤的答案，體驗疑惑有趣多了。」

要擁有費曼的這種心態，我們需要能謙遜坦然地承認自己的無知。當我們吐出那令人恐懼的「我不知道」，膨脹的自尊心瞬間就消了下去，但心胸卻打開了，耳朵也豎了起來。**承認自己的無知，並不表示自己對事實不屑一顧，相反地，你必須清楚意識到不確定性的存在，才能知道自己不明白的事情，並由此成長學習。**

是的，踏上不確定的這條路可能會讓你看到不想看的東西，但是「難受的不確定」，總是比「舒服的錯誤」要好上許多。畢竟到頭來，是那些困惑的人猿（那些不確定性的鑑賞家們）改變了世界。

不確定性的鑑賞家

「有某種我不認識的東西，在做一些我們不知道的事情——這就是我們的理論要談的東西。」

這是天文物理學家阿瑟·愛丁頓爵士在一九二九年，描述量子理論的研究進展時所說的話。他的這句話，其實也可以拿來解釋我們對整體宇宙的理解。

天文學家們正是在一間巨大且漆黑的房屋裡工作，其中只有五%的地方已經被照亮，剩下九五%的宇宙，則是由聽起來挺不祥的暗物質與暗能量所組成。它們無法與光產生作用，所以我們無法看見或偵測到它們。我們對其本質一無所知，但知道它們在那裡，因為它們會對其他物質產生重力場。

物理學家詹姆斯·馬克士威說：「充分意識到自己的無知，是通向任何眞正知識進展的前奏。」天文學家摸到了知識的邊界，並且進行了一次量子式的跳躍，投身進入廣大的未知之海中。他們知道宇宙就像顆巨大無比的洋蔥，剝掉一層謎團後，只會呈現出另一層謎團。而科學，就像文豪蕭伯納所說，「無法在解決一個問題時不提出另外十個」。當塡滿某些知識空隙後，其他空隙就又出現了。

愛因斯坦描述，與謎團共舞是「世界上最美的經驗」。物理學家艾倫·萊特曼寫道：「科學家們站在已知與未知的邊界上，望向深邃黝黑的山洞，感到無比興奮而非恐懼。」**科學家並不會因爲集體的無知而驚恐發狂，他們以此無知爲基礎，進而蓬勃發展，不確定性成了奮起行動的號角。**

史蒂夫・斯奎爾正是一名不確定性的鑑賞家。當我在火星探測漫遊者計畫的團隊裡工作時，他是首席研究員。斯奎爾對於未知的高度熱忱非常具有感染力。只要他在辦公室裡，整幢康乃爾大學太空科學大樓四樓就會充滿活力。當話題轉到火星上（事實上我們的話題經常圍繞著火星），他的眼睛裡會閃動著像火焰一樣的熱情光芒。斯奎爾是天生的領導者，只要一行動，其他人就會跟隨，而就像所有領導者一樣，他勇於承擔責任並分享成果。曾有一次，他在某項任務得到的獎牌上畫掉自己的名字，寫上做了最繁重工作的組員名字，並且把獎牌授予這些組員。

斯奎爾出生於紐澤西州南部，從他的科學家父母那裡繼承了探索世界的熱情。沒有什麼事情比未知更能激起他的想像力了。「我小時候，」他回憶道，「家裡有一本十五年還是二十年前的地圖集，其中有些地方在當時因爲尚未探索而沒有被填滿，我一直覺得一張有待補空白的地圖實在是太酷了。」而他一生都致力於尋找並補足這些空白。

當他在康乃爾大學念書時，修了研究所的天文學課程。當時的授課教授曾經在維京號計畫（Viking program）的科學團隊裡工作，送兩部探測車上火星。這門課要求學生寫一份具有原創性的報告，而爲了尋找靈感，斯奎爾走進一間教室，去翻看一些由維京號軌道器拍下的照片。他原本只打算花個十五、二十分鐘。「沒想到我四個小時後才走出那間教室。」斯奎爾說，「然後我就清楚知道，我該把餘生拿來做什麼。」

他找到了自己想要尋找的空白畫布。在他離開那幢大樓很久之後，那些火星表面的影像還是不斷盤旋在他心裡。斯奎爾說：「我並不曉得自己在照片中看到的究竟是什麼，但美妙的地方就在於，沒有任何人知道，而這正是這件事吸引我的地方。」

未知所展現的吸引力，讓斯奎爾成為一位康乃爾大學的天文學教授。而即使在探索未知領域三十年之後，他仍然保有那種怦然心動的感覺，並說那是一種期待可以看到無人知曉事物的興奮感。

但能品味未知的不僅僅是天文學家，來看看另一個例子。

每一段電影場景開拍時，史蒂芬·史匹柏都覺得自己被重重的未知所環繞著。「每次我看到新的場景，都會很緊張。」他解釋，「我不知道自己聽到演員說臺詞時會有什麼想法、不知道要告訴他們什麼、不知道要把攝影機放在哪裡。」其他人在相同的場景裡或許會慌張，史匹柏卻描述為：「這是世界上最棒的感覺。」他知道，唯有巨大的不確定，才能為他帶來最好的創意。

所有的進步——無論是在火箭科學、在拍攝電影、在你心裡所想到的任何一間企業中——都是在黑暗房間中發生的，然而大部分的人卻都害怕黑暗。在我們離開了有光的舒適圈之後，就會開始焦躁，用自己最糟糕的恐懼塡滿未知的小黑屋，然後開始囤積生活必需品，接著龜縮著期待天啓的時刻來臨。

但是，不確定性很少眞的在最後意外炸出一朵蕈狀雲。它帶我們走向喜悅、探索、實踐自我潛力。**不確定性意味著去做未曾有人做過的事情、去發現從來沒有人看過的東西。當我們能把不確定性當朋友而非仇敵時，生命本身將變得更加豐碩。**

在此之外，大部分的黑暗房間都裝有雙向的門，許多我們對未知的探索其實都是可逆的。商業巨擘理查．布蘭森如此說過：「你可以走進去看看，感覺一下氣氛，如果你看完後覺得不喜歡，再走回原來的地方。只要記得不要把門鎖上。」這就是布蘭森開展維珍航空時的做法。他與波音公司的協定是：一旦他的航空公司沒有成功運作，可以退回他買的第一架飛機。布蘭森把一扇看起來單向的門做成了雙向門，所以他可以在事情發展不如預期時回到原點。

事實上，「走進去」並不是一個妥善的比喻，眞正的不確定性鑑賞家們，並不只是走進這些黑暗的房間，而是跳著舞進去的。他們的舞步像是探戈：時髦雅緻、親密無間，貼近到美麗又危險的程度。他們知道，找到亮光最好的方法並不是一把推開不確定性，而是毫無顧忌地投入它的懷抱之中。

不確定性的鑑賞家們知道，那些有確定結果的實驗並不能稱爲實驗，只重新思考舊有知識並不能稱爲進步。如果我們只探訪腳印清晰的小徑、如果我們逃避不知道規則的遊戲，那麼我們就會停滯不前。只有當你在黑暗裡翩翩起舞，只有當你不知道電燈開關在哪裡（甚至不知道什麼是電燈開關時），進步才真正展開。

先是混亂，才有進步；當舞蹈停歇時，進步也隨之停止。

萬有理論

愛因斯坦幾乎終其一生都在與不確定性共舞。他進行了充滿想像力的實驗，提出前人從來沒有想過要提出的問題，並且將宇宙最深奧的祕密展現在人們眼前。

然而，在他職業生涯晚期，他卻越來越朝確定性靠攏。他厭煩了必須使用兩套法則來解釋宇宙的運作方式：相對論用來解釋非常巨大的物體，量子力學用來解釋非常微小的物體。他想要統一這份不和諧，並且創造出一套單一、協調且美妙的等式來統領這一切：萬有理論。

量子力學中所包含的不確定性，特別讓愛因斯坦困擾。科學作家巴格特解釋：「在量子物理學之前的物理，一直都是你做這一件事然後就會得出那一個結果，但是量子力學這個新理論卻告訴我們，當我們做了這一件事情，只會在某種特定機率下得到那一個結果。」（甚至在某些情況下，我們會得到另一種結果）。愛因斯坦自稱是統合性理論的狂熱支持者，他相信這樣的理論會解決不確定性的問題，並且保證我們不會需要面對他所謂的「邪惡量子」。

不過，愛因斯坦越想伸手抓住統合性的理論，答案離他越遠。在追尋確定性的過程中，愛因斯坦失去了想像的能力，也遺失了那些在他早期作品中占有關鍵地位的開放性實驗思想。

在不確定性中尋找確定，是人類永恆的追尋。我們都渴望絕對性，並習慣有動作就有反應，以及簡單明瞭的因果關係（如A一定八風吹不動地導致B）。在我們處理四捨五入，或在簡報上呈現資訊時，我們總希望變數能直接產生某個結果，中間不會有雜七雜八的東西跑來淌混水。

但在眞實世界裡，事情有更多微妙之處。在愛因斯坦早年時期，經常使用「我覺得似乎如此」這類型的句子，來提出光是由光子所組成的；達爾文在介紹演化論時也用了「我認爲」；甘迺迪信誓旦旦地說要把人類送上月球時，坦誠地說我們正邁步進入未知之中：「在某種程度上，這是奠基於信仰和遠見的行動。因爲我們並不知道有什麼好處在那裡等著我們。」

甘迺迪講的這些話，聽起來並不是什麼有效的政治宣傳口號，但這樣說的好處是，它們比較有可能是對的。

費曼解釋：「科學知識，其實是由確定性各異的說法集結而成——其中有些很不確定、有些幾乎能確定，但是沒有絕對確定的事情。」當科學家發表一項聲明時，問題不在於這條聲明是正確或錯誤，而是它正確或錯誤的可能性有多少。對科學而言，絕對性是被拒於門外的，取而代之的是一條光譜，而不確定性正是其中重要且行之有年的一部分。科學性的答案通常沉浸在謎團與複雜性之中，因此往往以近似值與模型的形式呈現，其中包含所謂的誤差幅度及信賴區間。被認爲是眞相而大肆報導的（就像那顆火星隕石的事件一樣），往往只是一種可能性而已。

幸好，**並非萬物都有一套理論，因爲不是所有問題都有一個確定的答案，理論與路徑應該是多元的**。登陸火星的正確方式不只一種，組織這本書的正確方式不只一種（我一直嘗試提醒自己這件事），擴大公司規模的方式也不只一種。

對於確定性的追尋，似乎讓愛因斯坦成了自己的絆腳石，不過他對萬有理論的追求，或許是另一項創見，遠遠領先於他的時代。在今天，許多科學家撿起這根接力棒，繼續追尋愛因斯坦所相信的「一個能統一已知物理法則的核心觀念」。有些進展看似非常有前途，但是也沒有眞正結出果實。

任何未來的進展，只會發生在科學家們願意擁抱不確定性的時候，他們還必須密切關注進步背後的其中一種主要推動力——「異常現象」。

這件事挺有趣的

威廉·赫雪爾是十八世紀出生在德國的一位作曲家，他後來移民到英格蘭，很快就成爲多才多藝的音樂家。他會彈鋼琴、拉大提琴與小提琴，並且寫了二十四首交響曲。不過他的另外一種創作——一種與音樂無關的創作——使得他的音樂生涯相形見絀。

赫雪爾對數學無比著迷。他並沒有機會接受大學教育，所以自己從書中找尋答案。他像海綿一樣閱讀吸收了海量的書籍，其中包括三角函數、光學、機械學，以及其中我最喜歡的：蘇格蘭天文學家詹姆斯·費格遜（James Ferguson）的《用牛頓定理解釋天文，寫給那些沒有讀過數學的人》（*Astronomy Explained Upon Sir Isaac Newton's Principles, and Made Easy to Those Who Have Not Studied Mathematics*）。這是十八世紀版的《寫給麻瓜的天文學》。

他閱讀教人們如何製作望遠鏡的書籍，並且請當地一位鏡子工匠教他如何製作望遠鏡。赫雪爾每天花十六小時打磨鏡子，並且用稻草和動物糞便製造模型。

一八七一年三月十三日，赫雪爾在自家後院用望遠鏡窺探星空，尋找著雙星，也就是非常靠近彼此的兩顆星球。他在金牛座靠近雙子座的地方，發現了一個看起來很罕見的物體。赫雪爾被這個異常所吸引，於是幾天後再次把自己的望遠鏡指向這個物體，發現它朝著與整個星空相反的方向移動。「這一定是顆彗星，」他如此寫道，「因爲它的位置改變了。」

但是赫雪爾起初的猜想是錯的。那個物體不可能是一顆彗星，因爲它沒有尾巴，也沒有與一般彗星相同的橢圓形軌道。

當時一般認爲土星是太陽系的邊界，科學家也相信在土星之外沒有其他行星，但是赫雪爾的發現推翻了這個認知，開啓了一盞燈，照亮太陽系已知的邊緣，並且把太陽系的體積拓展了兩倍。赫雪爾發現的那顆「彗星」，在日後以天空之神（Uranus）的名字命名爲天王星。

天王星是顆不守規矩的行星，它會突然怪異地加速公轉或減速，拒絕與牛頓的萬有引力合作；即便萬有引力精準預測地球上物體的移動規則，或行星在太空中的行進軌道。

這樣的異常讓法國數學家奧本·勒維耶推測，還有一顆行星可能存在於土星之外，拉扯著天王星，並且依照兩者相對位置的不同，把天王星往前拉（讓天王星加速），或把天王星往後扯（使天王星減速）。勒維耶僅僅使用數學，就發現了另一顆行星。這顆新行星就是海王星，後來被觀測到出現在勒維耶所預測的地方。而這個驚人的結果，竟是基於牛頓在一百六十年前所寫下的物理定則計算出來的。

海王星的發現，似乎把牛頓的定理推到至高無上的位置。因爲即便在太陽系的最邊緣，牛頓的定理都發揮了作用。然而，這個定理似乎在另一顆比較靠近我們的行星上出了一些問題：水星拒絕服從我們的期待，稍稍地偏離牛頓定理所預測的軌道。我們或許可以簡單地把這個瑕疵僅僅當成一種反常——一種可以拿來證明規則的意外——因爲水星是唯一一顆不完全符合牛頓定理的星球，而且誤差實際上只有那麼一點點。

但是這個微小的異常後面，隱藏著牛頓定理的一個巨大瑕疵。愛因斯坦抓住這個小小的破口，發展出一套新理論，準確預測水星的公轉軌道。在描述重力時，牛頓依賴的是一個粗略的模型：「物體之間互相吸引。」愛因斯坦的模型則比較複雜：「物體會扭曲時空。」要了解愛因斯坦這句話的意思，我們可以想像把一顆保齡球及幾顆撞球放在一張彈簧床上，保齡球的重量會讓彈簧床表面的布料彎曲，使其他重量較輕的撞球向保齡球移動。根據愛因斯坦的理論，重力也是用相同的方式在運作，使時間與空間產生彎曲。越靠近那顆保齡球（在這邊的例子裡就是太陽，而水星是最靠近太陽的行星），時間與空間的扭曲會越明顯，因而偏移牛頓定理的幅度也會越大。

所以就像這些例子所告訴我們的，通往電燈開關的道路，其實始於你發現了某個異常現象、你心中的電燈開關被關掉的那一刻。但我們並不是天生就能發現異常。孩提時代，我們被教導要把事情分裝進兩個不同的籃子裡：好的與壞的。刷牙跟洗手是好的，陌生人邀請我們坐上破爛的白色廂型車是壞的。這就是地質學家湯瑪斯・克勞德・張伯倫（Thomas Chrowder Chamberlin）所寫的：「在好的這個籃子裡，孩子只期待會有好東西；而壞的那個籃子裡面，就只會有壞東西。期待從壞籃子裡挖出好東西，或從好籃子裡發現壞東西，這麼極端的可能性，背離了我們童年時代學習到的判斷方法。」我們相信一切就像艾西莫夫所說：「所有不完全正確且完美的事情，都是壞的。」

這些過於簡化世界的方法，幫助我們在孩童時期勾勒出世界的模樣，但是當我們漸漸成熟，卻依然無法掙脫這樣誤導性的框架。我們常把有能力的人放在不合適的工作、職位上，並且將事情（甚至人）都一格格分門別類。這樣的方法雖然做起來很有成就感，卻充滿誤導性，讓我們以爲自己替這個充滿混亂的世界重新導入秩序。

異常現象打亂了這個好壞分明、正反清楚的世界。人生本來就已經夠難了，所以當我們看到不確定性的時候，便容易選擇直接忽略。我們努力說服自己，這些異常一定是些奇特的、不應該被計算進去的異數，或是一些測量上的錯誤，所以假裝它們並不存在。

這樣的態度，其實讓我們付出了很大的代價。同時是物理學家與哲學家的湯瑪斯．孔恩解釋：「發現永遠不是在你做對了什麼時發生的。當某件事情看起來扭曲錯亂，與我們預期相反的新穎現象就出現了。」

艾西莫夫有個著名的論點，他說「我發現了！」並不是科學世界中最振奮人心的句子。相反地，他觀察到科學進展通常始於某人發現某件奇怪的事情，然後說：「這看起來挺有趣的……」量子力學、X光、DNA、氧氣、盤尼西林及其他科學發現，都是因爲科學家們擁抱無常，而非無視。

愛因斯坦的小兒子愛德華曾問爸爸爲什麼這麼有名，而愛因斯坦的回答中，談到自己比其他人更擅長發現異常的能力：「當一隻盲目的甲蟲在一根彎曲的樹枝表面爬行時，並不會發現剛剛走過的那條路其實是條曲線。」他更特別提到相對論，「我很幸運地發現了甲蟲沒有察覺的東西。」

不過讓我們引用生物學家路易．巴斯德的話，幸運之神總是眷顧那些準備好的人。只有當我們把注意力放在細微的線索上（某些東西不符合數據、解釋看起來很粗淺、觀察到的東西不太符合理論），原有的典範才能退位，把世界讓給新的法則。

就像接下來要提到的，擁抱不確定性可以帶來進步，然而進步本身也會產生不確定性，因爲一個新發現總會讓我們懷疑其他既有知識。

冥王星降格事件

當我們談到天文史上的新行星時，業餘的天文學家似乎總是比專業人士搶先一步。

在一九二〇年代，一位二十歲的堪薩斯農夫克萊德．湯博把空暇時間都拿來打造望遠鏡，就像一百多年前的赫雪爾那樣，沉迷於磨亮他的鏡片。他會用自己製作的望遠鏡觀察火星與木星，並且繪製這些行星的素描。湯博知道亞利桑那州的羅威爾天文臺當時正在研究行星天文學，所以在一陣衝動之下，他把自己畫的那些素描寄了過去。羅威爾天文臺裡的天文學家們驚嘆湯博畫下的圖片，便提供他一份工作。

一九三〇年二月十八日，當湯博正在比較不同的星空照片時，發現一個黯淡的光點在照片上前後徘徊。最後證實，那個光點是一顆坐落於海王星之外的行星。因爲離太陽如此遙遠，便以羅馬神話的黑暗地獄之神（Pluto）命名爲冥王星。

但這裡似乎有什麼事情不大對勁。在科學家一次次的計算中，這顆新登上行星寶座的星球不斷縮小。一九五五年，天文學家們認爲冥王星的質量大概近似於地球。十三年之後，一九六八年的新觀察發現，冥王星的質量大概只有地球的二〇%，而且一直不斷縮小。直到一九七八年，計算顯示冥王星是顆羽量級行星，質量大概只有地球的〇．二%而已。即便比起其他行星夥伴們，冥王星的質量實在小太多，它還是在學界沒有太多的討論之下，就被定義爲一顆行星。

除了質量，稍後的一些發現也開始質疑冥王星的地位。天文學家們開始在海王星之外，發現一顆又一顆約略有冥王星大小的圓形物體，但是這些新發現的星球們並沒有被稱爲行星，就只是因爲冥王星的質量還是比它們稍微大上那麼一點點。

這個看起來有點像是自由心證的判斷標準一直持續著，直到二〇〇三年十月。在那一年，發現了一顆比冥王星大的新行星坐落在整個星系的最外緣。太陽系於是迎接了第十位成員，以希臘神話中代表噪音與衝突之神（Eris）命名爲鬩神星。

鬩神星很快就名不虛傳地製造了大量衝突。在發現鬩神星之前，天文學家們並沒有真正花時間去定義「到底什麼是行星」，但是現在鬩神星強迫他們必須這麼做。這項任務落到國際天文學聯合會身上，要定義並分類天空中存在的物體。在二〇〇六年的例會中，天文學家投票決定行星的定義，而冥王星和鬩神星並不符合。就這樣簡單的一次投票，把冥王星從行星的寶座上拉了下來。冥王星的文化、歷史、米老鼠的狗布魯托❸，以及許多背誦行星順序的方法，都毀於一旦（比如大家朗朗上口的水、金、地、火、木、土、天、海、冥）。

新聞報導把這件事情描寫成一群充滿惡意的天文學家，打開雷射炮把大家最喜歡的小矮子行星給轟出去。領導大家把冥王星踢下臺的加州理工學院教授麥克·布朗（Mike Brown）對媒體宣布：「冥王星死了。」他臉上的表情跟美國前總統歐巴馬宣布賓·拉登身亡時一樣嚴肅。

成千上萬的冥王星粉絲知道消息後，紛紛憤怒撻伐。但在冥王星被降格之前，他們甚至都沒有意識到自己是冥王星的粉絲。接下來，他們不斷在網路上發起連署。美國方言學會將

❸ 迪士尼經典動畫角色之一，是米老鼠的寵物，名字源自冥王星。

冥王星選為二〇〇六年的年度代表字，表示「降格或貶低某人或某物的價值」。而一條新的行星記憶法，完美地總結了大衆對這件事的反應：吝嗇邪惡的人們矮化了大自然❹。

許多州的政治人物們認為，冥王星降格這件事情值得他們在立法機構中出一份力。憤怒的伊利諾州參議院通過了一項正式聲明，聲稱冥王星被「不公平地降級」。而新墨西哥州的衆議院選擇了比較聰明又浪漫的說法：「因為冥王星通過新墨西哥州美麗的夜空上方，所以它應該被稱為一顆行星。」

冥王星對於宇宙的秩序太重要了。多年來不變的行星數量與順序，為我們在充滿不確定性的宇宙中帶來了一點確定。這是一些你看得到、摸得著、在學校課堂上可以教，而且能拿來出題的東西。一夜之間，好像整個宇宙被翻了過來。如果冥王星不是一顆行星——而這曾是我們七十多年來學到的事實——好吧，那剩什麼可以吵？

這些對於宇宙中不公不義的控訴忽略了一件事實：冥王星並不是第一顆在太陽系中被降格的天體，也不是第一次因為天體降格引發人們的反彈。

不不不，這件事情早在我們自己的行星地球上就已經發生過。當年所有人都認為地球是整個宇宙競技場的中心，然而哥白尼只用他的筆塗塗寫寫，就把地球降格成僅僅是一顆行星。「在我們看來，屬於太陽的那些運行軌跡，」哥白尼如此寫道，「並非由太陽在宇宙中的運動所造成，而是由地球及其公轉軌道所致，我們就像其他行星一樣，繞著太陽旋轉。」

就像其他行星一樣，我們一點都不特殊。我們不是宇宙的中心，我們如此平凡。哥白尼的發現，就像冥王星的降格一樣，撼動了人們心中的那股確定感，以及人們在宇宙中的定位。也因爲如此，哥白尼的學說被查禁了將近一個世紀。

在道格拉斯．亞當斯充滿幽默的《銀河便車指南》中，一部名爲深思的超級電腦被要求給出「對生命、宇宙及萬物的終極答案」，在七百五十萬年的深度思考之後，它吐出一個清楚但是完全沒有意義的答案：四十二。即使這本書的粉絲們嘗試要給予這個數字一些象徵性的意義，但我不覺得有，亞當斯只是想要嘲笑人們如何渴望攀附在確定性之上而已。

而事實上，行星的數目——也就是九顆——就跟四十二這個數字一樣沒有意義。對天文學家們而言，剔除冥王星的這一天，只是在辦公室裡度過的尋常日子，科學並不在意感覺、情緒或一些對於行星不理性的情感連結。當然，在天文學社群中也有反對者，不過大部分的人都接受了這個事實。邏輯戰勝情緒，設立了新的標準，行星從九顆變成八顆，故事結束。

冥王星殺手麥克．布朗，把這個降格事件視爲一次具有教育意義的機會，而非憤恨的源

❹ 原文為Mean Very Evil Men Just Shortened Up Nature，每個英文字首字母分別代表一顆行星：水星（Mercury）、金星（Venus）、地球（Earth）、火星（Mars）、木星（Jupiter）、土星（Saturn）、天王星（Uranus）、海王星（Neptune）。

頭。在他的觀點中，冥王星的故事可以讓教師們對學生解釋，為什麼**在科學的領域，就像在人生中一樣，通往正確答案的路很少是條筆直的康莊大道**。

行星（Planet）這個英文字的字源也把這件事情解釋得很清楚：它是從古希臘文的「漫遊者」（planétēs）衍生而來，古希臘人抬頭仰望星空，並且觀察到相對於固定旋轉，這些星星採取自由的路線，所以稱之為漫遊者。

就像行星一樣，科學也採取了一條漫遊的路。在進步之前總有動盪，進步的同時也會製造更多的動盪。美國文豪愛默生寫道：「人們總是希望可以安定下來，但唯有處在不安定的狀態之下，他們才有希望。」那些緊緊抓著過去不放的人，在世界前進的時候，就會被拋下來。

就像冥王星降格的故事告訴我們的一樣，無論看起來多麼平凡，我們都認為不確定性是一種警訊。不過，如果要能跟不確定性和平共處並藉此成長，能分辨出真正的警訊就是一件很重要的事情。這邊，我們需要玩一下遮臉躲貓貓❺。

進階版的遮臉躲貓貓

想像你坐在一架火箭裡，座位下面裝滿了相當於一顆小型核彈爆炸力的燃料，而你不知道這次發射到底會不會成功。

太空人把這一天稱作禮拜二。

曾執行水星計畫的擎天神系列運載火箭（The Atlas rocket）就遭懷疑在設計上存有易損壞的瑕疵。「在卡納維爾角的基地裡，擎天火箭的推進器三天兩頭就要爆炸一下。」前太空人吉姆．洛維爾如此回憶，他後來成爲命運多舛的阿波羅13號任務指揮官，「我覺得這看起來是個擁有一份短暫職業生涯的好方法，所以我接受了這份工作。」在談到擎天運載火箭時，前納粹成員的美國太空計畫總工程師華納．馮．布朗指出：「約翰．葛倫❻要去搭那臺新玩意兒嗎？光是發射前敢坐上那臺機器，就應該得到一枚獎章。」當時，我們對於太空飛行會怎麼影響人體狀況可說是一無所知，因此指示葛倫每二十分鐘就必須讀一遍視力檢查表，因爲他們害怕無重力狀態會讓人類的視力出現扭曲。如果你想知道葛倫在繞著地球轉的時候有什麼感覺，作家瑪麗．羅區開玩笑地說：「就像去看眼科醫師一樣。」

在大眾文化中，像洛維爾或葛倫這樣的太空人常被描述成趾高氣揚、自命不凡的人，可

---

❺ Peekaboo，一種成人對嬰兒玩的遊戲，成人用雙掌遮住臉，再突然打開手露出臉龐，使嬰兒驚喜。

❻ John Glenn，第一個進入地球軌道的美國太空人。

以安然坐在充滿危險的太空艙裡頭。這樣的說法有著某種戲劇性，卻其實充滿誤解。太空人**們能泰山崩於前而色不變，並不是因爲他們有著超人一般的神經，而是因爲他們充分學習了如何使用知識來減少不確定性**。就像太空人克里斯·哈德菲爾解釋的那樣：「要在高風險、極端的壓力之下還能保持冷靜，你唯一需要的就是知識。我們被迫要對潛在的失敗進行正面迎擊的勘查——研究它、解剖它、拆開與分解所有組成元素及可能的後果——而這麼做眞的管用。」

即使是在這些搖搖欲墜的火箭上，早期很多太空人還是覺得事情的進行是在自己掌控中的，因爲他們都曾親自參與這些太空船的設計過程。但是，他們同時也知道有些事情自己並不清楚，像是哪些事情需要額外注意、哪些事情可以忽略。能評估這些不確定性，是找出解答的第一步。比如說，一旦科學家們發現不能確定微重力是否會影響視力，他們就要求葛倫帶著視力檢查表一起上太空。

這方法有個好處，如果我們可以找出哪些是自己知道的事情、哪些還不知道，就可以把不確定性限制在一個範圍裡，降低與之相連的恐懼。就像作家卡洛琳·韋伯所寫的：「我們越是能畫出不確定性的邊界，我們腦中就越能處理剩下的那些模糊朦朧。」

這就像遮臉躲貓貓。全世界都喜歡這個遊戲，幾乎在每個文化中都存在某種類似的版本。雖然使用的語言不同，但是節奏、動感及那份快樂是一樣的。一張熟悉臉孔快速出現又很快消失在某雙手後面，小嬰兒坐在那裡，困惑的同時又有點警覺，想了解到底發生了什麼事。但是很快地，那雙手又分開了，露出背後的臉龐，世界重新回歸秩序，然後笑聲響起。

但在充滿更多不確定性的情況下，想要聽到笑聲就不再是那麼容易的事情了。在一項研究中，如果手掌後面出現的是一張不同的臉孔，嬰兒發笑的狀況就不如之前頻繁；如果是同一張臉孔出現在不同地方，嬰兒也一樣不那麼容易發笑。即便是只有六個月大的孩子，都會期待遊戲中的人物身分和出現地點具有確定性，當這些變數不預期地發生改變時，嬰兒的愉悅程度也受到影響。

知識能把不確定的情況，轉換成一種進階版的遮臉躲貓貓。當然，太空飛行一點都不是件好笑的事，許多人可是拿生命來冒險。但是太空人們處理不確定性的方式與嬰兒相差無幾：他們嘗試要搞清楚，到底誰會在哪些手掌後面出現。

不論是嬰兒還是太空人，我們所享受的不確定性都是安全的那種。我們喜歡在一個安全的距離之外觀賞非洲野生動物；喜歡在舒服的沙發裡，思考影集《怪奇物語》裡的主角命運或閱讀史蒂芬．金最新的小說。謎團都會被解開，殺人犯的面具都會被揭下，但是直到故事結束前，我們都不會知道究竟誰是殺手。當曲子裡的和弦不斷糾纏盤繞，最後結尾的重音卻一直沒有出現——就像影集《LOST檔案》跟《黑道家族》那樣，並沒有清楚交代故事的結局時——我們的血液就開始躁動沸騰了。

換句話說，無法定義不確定性的邊界時，不舒服的感覺就變得非常尖銳。讓那些無法定型的恐懼在你的腦袋中翻滾發酵，等於是幫你把懸疑影集的聲音開到最大。「恐懼來自於不知道能預期什麼，以及不覺得自己能掌控即將到來的事情。」哈德菲爾如此寫道，「當你覺得無助的時候，其實比知道事實時還要更加害怕。如果你不知道要警戒什麼，那麼任何風吹草動都可以讓你的驚懼感瞬間爆棚。」

要判定是否爲一件事情擔憂，我們需要借用尤達大師的永恆智慧：「在能打敗你的恐懼之前，必須先學會爲它命名。」而我發現，命名這件事情必須以書寫的方式進行。拿出一張白紙跟一枝鉛筆（或原子筆，如果你喜歡看起來高科技一點的話）。問問你自己：**最壞的情況是什麼？從現在所知的資料來判斷，這個情況發生的可能性有多高？**

把你的顧慮及不確定性都寫下來，包括知道什麼、不知道什麼，讓一切無所遁形。你一旦拉起了窗簾，將「未知的未知」變成「已知的未知」，就已經成功拔除了恐懼的獠牙。而在面對卸下面具的恐懼後，你會發現不確定性所帶來的負面感受，其實比最壞情況帶來的恐懼還要糟。你也會同時了解，在絕大部分情況下，不論發生什麼事情，對你來說最重要的東西一直都會安然存在著。

在分析現狀的同時，也不要忘記好的那一面。除了考慮最壞的情況，也應該問問自己，**最好的情況是什麼？**我們的負面想法遠比正面想法更容易在心中盤旋不去。用心理學家瑞克．韓森的話來說，**處於負面情況時，我們的大腦就像魔鬼氈；應對正面情況時，則像是不沾鍋。除非你能同時考慮最好與最壞的情況，否則你的大腦就會很自動地把你導向一條看起來很安全的路：不做反應。**但是就像中國諺語「逆水行舟，不進則退」所說的，你聽了之後大概會比較願意邁開腳步，踏進未知的領域。

當你能判斷到底哪些事情需要擔憂，就可以應用兩招火箭科學思考法，來顯著緩和冗餘度（redundancy）與安全邊際（margins of safety）的風險。現在就來談談這兩個概念。

爲什麼冗餘並不多餘

日常生活中，「冗餘」這個詞帶有負面的意思，然而在火箭科學中，冗餘卻常常是成功或失敗的樞紐——也就是生與死的關鍵。

冗餘度在航太科學中，指的是爲了避免單一故障造成整個任務完全失敗的備用方案。太空飛行器必須在出現問題時還能繼續運行，也就是所謂的「出包，但並不真的失敗」。基於同樣的理由，你的車廂裡會有個備胎，除了腳煞車之外還會有手煞車。如果不小心爆胎或腳煞車突然故障，備用方案就可以馬上發揮功效。

舉例來說，SpaceX所製造的獵鷹9號運載火箭（Falcon 9）有九具引擎（就像它的名字所暗示的一樣）。這些引擎彼此獨立，每具引擎間也都有足夠的距離，即使其中一具引擎不小心出問題，火箭還是可以繼續完成任務。獵鷹9號於二〇一二年發射的時候，其中一具引擎在飛行中出狀況，但另外的八具引擎仍然繼續呼嘯運轉。火箭的飛行電腦關掉了出問題的那具引擎，並且以八具引擎的情況重新進行試算、調整軌跡，讓火箭成功地繼續攀升，並且把目標物送到近地軌道上。

冗餘的概念也應用在太空飛行器電腦的配置。在地球上，電腦常常當機或反應不良，而在充滿震動、衝撞、電流變化不定、溫度上下擺盪等變數的太空中，電腦更容易當機，這也就是爲什麼太空飛行器上有四套電腦系統運行一模一樣的程式。這四部電腦會在一個完全獨立的多數決系統中「投票」，如果一部電腦開始胡言亂語，其他三部電腦就會投票讓它出局（是的，火箭科學比你想像得還要民主很多）。

要讓冗餘度可以正常發揮功效，其中的組成因子必須完全獨立運作。在一艘太空飛行器上裝四部電腦，聽起來像是個美妙的方案，但是因爲它們都用著同一套軟體，一個程式錯誤就能同時癱瘓四部電腦。這也就是爲什麼太空飛行器上還裝載了第五套備用的飛行系統，採用完全不同的軟體，由不同的公司開發而成。如果不幸出現一個系統性的軟體錯誤，讓前四部電腦都失去功能，那麼第五套備用系統就可以在此時揭竿而起，掌握控制權，安全地帶太空飛行器回地球。

儘管冗餘聽起來是個很保險的設計，卻也還是遵循著邊際效應的遞減法則。在某個規模以上，一直往太空船裡塞備用系統只會讓事情變得更複雜，不僅飛行器變重，也讓成本上升。如果可以的話，波音７４７當然比較想要裝備二十四具引擎而不只是四具，但是眞這麼做的話，一張從洛杉磯飛到舊金山的經濟艙機票就會要價一萬美元。

過多的冗餘度也會弄巧成拙，反而讓可信度下降。因爲每增加一個備用方案的同時，也會增加新的故障點。如果波音７４７上的引擎沒有保持恰當的距離，一具引擎的爆炸可能就會影響到其他引擎，這正是一個隨著引擎數量增加而變得複雜的風險。這樣的風險模型讓波音在開發７７７的時候，選擇只裝載兩具引擎而不是原本的四具，因爲他們發現縮減引擎數目可以降低事故的風險。

就像下一章將提到的，因爲有了冗餘度而看起來很安全，有時候反而會讓人們做出糟糕的決定。人們可能會認爲，就算做錯了某件事情也沒關係，反正有安全犯錯的空間。我在此要強調的是，冗餘度不能拿來替代好設計。

想想看：你生命中的冗餘度在哪裏？你的企業手煞車或備胎在哪裡？你怎麼處理失去一位有價值的員工、一位關鍵的貢獻者或重要客戶的狀況？如果你的家庭失去一份經濟來源，你會怎麼做？即使其中一個元素故障了，整個系統還是能繼續運作，這才是一個好的系統設計。

安全邊際

除了冗餘度之外，火箭科學家們同時也使用「安全邊際」來處理不確定性。舉例來說，他們會把太空飛行器建造得比實際需要再牢固一些，或者把隔熱層做得比實際需要更厚。在可能比預期還要更加嚴峻的未知環境中，這些安全邊際能保護太空飛行器。

風險越高，安全邊際也應該越大。失敗的機率高嗎？如果失敗了，損失的成本大嗎？回到先前的討論，這是一扇單向門還是一扇雙向門？如果你正在做一個不可逆的決定，那就把安全邊際調得高一點。

那些針對太空飛行器所做的決定通常是不可逆的。在太空飛行器發射之後，我們完全沒有機會叫回這些硬體設備。所以那些放在上頭的工具就必須要有非常齊全的功能，幾乎像是一扇雙向門。

讓我們暫時回到火星探測漫遊者計畫。二〇〇三年，兩部漫遊者探測車「精神號」及「機會號」被送到紅色的星球上。在這個計畫中，著陸後會遇到的情況包含巨大的不確定性，所以我們在設計時就採用了瑞士刀的工具配置方法，把許多不同工具放在探測車上，讓它們在功能上有著最大的彈性及獨立性：

探測車裝有攝影機，可以觀察火星表面；有光譜儀，可以分析土壤和岩石的組成成分；

有微型的成像器，可以近距離拍照；有一種像錘子的研磨工具，可以探索岩石構造。我們可以駕駛這些探測車——雖然速度非常非常慢，大約是一天兩公尺——來探測火星上的不同區塊。

任務開始之前，我們曾經用火星軌道飛行器拍過這些區域的照片，因此大概稍微知道在這兩部探測車降落的地點，可以看見什麼或遇見什麼。即便如此，我們對這兩個登陸地點的預期卻是——讓我們借用史蒂夫·斯奎爾的話——非常、完全、徹徹底底的錯誤。所以我們學著使用這些探測車上的工具，解決火星丟給我們的問題，而這些問題與我們原本所預期的完全不一樣。

如果這些太空船上的工具功能齊全，就遠遠超過原先設計的使用方式。當精神號的右前輪在二〇〇六年三月損壞時，導航儀決定把探測車倒過來開，一直持續到任務結束；當一個機械問題讓好奇號無法再使用鑽子時，工程師們就以堪用的機械部位，發明了一種新的鑽探方法。他們在地球上成功利用相同機器測試新的鑽探技術之後，傳送指令給在火星上的好奇號嘗試，而它完美地成功了。

相同方法也在阿波羅13號的登月任務中，拯救了太空人的生命。在靠近月球時，一個氧氣儲存槽爆炸並耗盡指揮艙裡的氧氣和電力。因此，三位太空人必須離開指揮艙，迅速進入登月艙，把登月艙當成回到地球的救生艇。但是長得像蜘蛛的小型登月艙，原本只設計用來提供兩名太空人往返太空船和月球之間，三名太空人擠進去之後，登月艙的二氧化碳很快達到危險指標。原本的指揮艙中，有方形的過濾器可以吸收二氧化碳，但是這個過濾器沒有辦法插進登月艙圓形的接孔中。藉由地面控制中心的幫助，太空人想出了解決辦法。他們利用一堆雜物中的長筒襪與布膠帶，把方形的接頭插進了圓形的接孔中。

這件事給大家都上了重要的一課。當我們面對不確定性的時候，我們經常編造出各種藉口，拖延開始的時間：我不知道怎麼做、我不覺得自己準備好了、我不認識可以幫助我的人、我沒有足夠的時間。在找到一個保證會有用的辦法之前（最好還是一份讓人既有成就感又有六位數薪資的工作），我們邁不開腳步。

但是**百分之百的確定性只是種妄想。在生命中，我們一直都必須奠基於不完美的資訊來做決定、用還在構想中的數據擬定計畫**。

「降落火星的時候，我們其實並不知道自己在做什麼。」斯奎爾承認，「如果你在做的是一件從來沒有人做過的事情，你怎麼能知道自己在做什麼呢？」如果我們的團隊能把事情拖延到一切選項都清楚的那一刻——擁有登陸地點的完美資訊、能設計完美的工具——那我們根本就不可能登上火星。另外一些願意與不確定性一起跳支探戈的人，將會在終點前打敗我們。

這條道路，就像波斯神祕派詩人魯米所寫的，直到你邁開腳步的那一刻才會顯現。

威廉．赫雪爾邁開他的腳步、打磨他的鏡子，並且讀了很多寫給麻瓜的天文學書籍，他當時可一點都不知道自己會發現天王星；安德魯．懷爾斯在拾起一本關於費馬最後定理的書籍時，就邁開了腳步，而且不知道自己的好奇心最終會把他帶到哪裡去；史蒂夫．斯奎爾邁開腳步尋找屬於他的空白畫布，即便他一點都不知道最後這張畫布會帶他登上火星。

祕訣就是：邁開腳步走，即便你還沒有看到一條清楚的道路。

邁開腳步走，即便你的輪子可能會壞掉，鑽頭可能會卡住，或者氧氣瓶不小心會爆炸。

邁開腳步走，即使輪子壞了，你可以學會倒著走，或用布膠帶加上襪子阻止災難發生。

邁開腳步走，直到你非常習慣邁步向前，便能一邊看見自己對黑暗的恐懼正慢慢減少。

邁開腳步走，因爲就像牛頓第一定律所說的，正在運動的物體傾向於保持運動狀態，所以只要開始了，你就會一直走下去。

邁開腳步走，因爲你的每一小步到最後都會累積成一大步。

邁開腳步走，如果你需要來包幸運花生的話，就帶上一包吧。

邁開腳步走，並不是因爲這樣做比較簡單，而是因爲這樣做其實很困難。

邁開腳步走，因爲這是唯一前進的方式。

2 從基本命題出發

——所有革命性創新背後的共同原料

原創性來自於回到原點。

——安東尼・高第，西班牙建築師

對大部分的矽谷創業家來說，他們的字典裡並沒有「標價震撼」❶這個詞彙。但是當伊隆・馬斯克想要購買一架火箭，以便把一艘太空飛行器送上火星的時候，他可是貨真價實地感受到標價震撼。在美國，購買兩架火箭可是需要令人嚇掉下巴的一億三千萬美元，而這還只是發射的推進器而已，並不包含上面搭載的太空飛行器、彈頭內的燃料等等會把總價再往上拉高的項目。

所以，馬斯克覺得或許可以到俄羅斯試試運氣。他親自飛到俄羅斯好幾次，想要購買退役的洲際彈道飛彈（並不包含上面的核彈頭）。他與那些俄國官員的會面裡充滿了伏特加，每兩分鐘就乾一次杯（敬太空！敬美國！敬美國人上太空！）。但對馬斯克來說，聽到俄國人告訴他每一枚飛彈會花費他兩千萬美元的時候，這一杯杯俄國特產統統都變成了罰酒。即使是馬斯克這麼有錢的人，打造火箭需要的成本還是高到讓他無法建立自己的太空公司。他知道自己該換個方式做這件事。

從童年伊始，這位南非裔的企業家就展露驚人的天才。他的意志所到之處，爲種種產業的生態帶來了翻天覆地的變化。十二歲時，他寫出自己的第一個電玩遊戲，並成功地賣了出去；十七歲時，他移民到加拿大，稍後更到美國賓州大學攻讀物理及商業學位；然後，他從史丹佛大學的博士班休學，與弟弟金巴爾．馬斯克（Kimbal Musk）一起建立他們的第一間公司——Zip2，是早期的線上城市導覽服務提供者。當時因爲經濟拮据無法負擔房租，馬斯克睡在辦公室裡的一張床墊上，並且到當地的基督教青年協會洗澡。

一九九九年，馬斯克二十八歲時，他把 Zip2 賣給康柏電腦，一瞬間就成了億萬富翁。然後，他瀟灑地收拾收拾他的籌碼，放到一張新的賭桌上：他拿自己賣掉 Zip2 的收益，拿去投資建立一間網路銀行 X.com，稍後改名爲 PayPal。被 eBay 收購之後，馬斯克得到一億六千五百萬美元。

然而在達成這個交易的好幾個月前，馬斯克就已經跑到里約熱內盧的海灘上曬太陽了。

❶ sticker shock，發現價格比想像中高得多。

他並不是在計畫自己的退休生活或慵懶地瀏覽丹．布朗的最新小說。不，馬斯克在海灘閱讀的是《基礎火箭推進動力學》（*Fundamentals of Rocket Propulsion*）。這位金融大亨正在把自己轉型成火箭大亨。

火箭工業全盛時期，是站在時代最尖端的創新產業。然而當馬斯克考慮要進入這個市場的時候，航太公司們正絕望地沉浸於過去之中。太空產業是少數違反摩爾定律的科技相關產業。根據這條定律，電腦的計算能力會呈指數成長，每兩年就翻倍。一九七〇年兩個房間大的電腦，現在可以塞進你的口袋，而且運算速度是之前的百倍快。但是火箭工業科技可一點都不甩摩爾定律。「用膝蓋想也知道明年的軟體會比今年的更好，」馬斯克解釋道，「但是打造一架火箭的價格，卻每年都比前一年還要昂貴。」

馬斯克不是第一個發現這個趨勢的人，卻是第一批決定做些什麼的人之一。他創建了SpaceX，不可一世地妄想殖民火星，把人類打造成跨行星的物種。但是，即便像馬斯克擁有這麼深的口袋，都沒有辦法在美國或俄國市場上購買火箭，於是他轉向創投基金的投資人們尋找資源，但這可是一群極難說服的人。「太空離地球上任何一個創投老闆的舒適圈都實在太遠了。」馬斯克如此解釋。他拒絕讓朋友參股，因爲他相信這個公司的成功機會只有一〇％。

在馬斯克幾乎要放棄的時候，終於發現自己的方法有著根本上的錯誤。但是他並沒有因此退出，反而決定回歸到這件事的基本命題上，也就是本章要談的主題。

在我解釋「基本命題」如何運作之前，先來看它擁有的兩個阻礙。你會發現：爲什麼有時候知識可能是種惡習，而非美德；古羅馬時代的公路工程師如何幫助NASA決定太空船的寬度；哪些隱形的框架阻止你前進，又該如何拋棄它們。

我將會解釋：製藥產業龍頭與美國軍方，如何使用相同的策略抵擋威脅；爲什麼拯救企業最好的方式是將其置之死地。我們也會探索：爲什麼減法是創新最大的關鍵；一個心理模型如何能幫你簡化生活。讀完本章之後，你將會學到實用的策略，將基本命題的思考法則應用到日常生活中。

我們一直都是這樣做

我最喜歡的電影之一《動物屋》，開場時鏡頭慢慢聚焦拉近，最後停在劇中法柏大學創辦人艾默．法柏（Emil Faber）的雕像，上頭刻著一句對虛構人物來說過於平凡的句子：「知識是好的（Knowledge is good）」。這句引言很顯然是諷刺眞實生活中的大學創辦人，那些知識分子都認爲自己一定說出了什麼激勵人心的經典格言。不過撇開諷刺的部分，這句話非常正確，而且對我來說，這句話稍微有點班門弄斧：我自己本身可就是個知識工作者。

但是讓知識成爲美德的這些特質，也可能同時讓知識成爲惡習。知識形塑世界，知識照亮世界，知識創造框架、標籤、類別，並且成爲我們觀察世界的透鏡。知識就像一陣霧霾或Instagram的濾鏡；知識是充滿詩意的結構，我們在此結構下開展人生，而因爲知識非常實用，讓這些結構是出了名地難以擊潰。它提供我們認知上的捷徑、找出世界運行的方式、提高我們的生產力及效率。

但是如果不小心以對，知識也可以扭曲我們的視野。比如說，如果我們知道火箭的市場價格非常高，假設只有強國政府及握有大把現金的巨型企業才能打造自己的火箭。**不經意間，知識就讓我們成爲常規的奴隸，而常規性的思維只會導致常規性的結果。**

我剛開始教書的時候，很驚訝地發現法律系的學生被要求在一年級就修習刑事訴訟法。這是一門艱難的課程，需要充分了解其他領域的知識。午餐時間，我向一位比較年長的同事詢問這個問題時，他從正在閱讀的報紙背後露出兩隻眼睛，然後敷衍地說：「我們一直以來都是這樣做的。」幾十年前，某人決定了這間學校的課程大綱，而這竟然足以成爲他們堅持這樣做的原因。在課綱決定後，再也沒有任何人問爲什麼或爲什麼不。

維持現狀是一顆極爲強大的吸鐵，人們經常沉湎於已經習慣的事情裡，偏心地對事情擁有的可能性冷眼相待。如果你懷疑人們會執著於維持現狀，只要看看那些說服我們這樣做的諺語就好：「如果沒壞，就別去修。」「不要沒事找事。」「陣前莫換將。」「跟著你認識的惡魔走。」

預設立場有著巨大的力量，即便在先進如航太這樣的產業也一樣。這樣的現象被稱爲路徑依賴：從前做過的事情會形塑未來的走向。

這裡有個很好的例子。用來推進太空飛行器的引擎（這是人類史上發明過最複雜的機器之一），其寬度竟然是由兩千年前一位羅馬道路工程師所決定的。沒錯，你沒看錯。這些引擎有一百四十三．五公分寬，因爲這是能把引擎從猶他州運送到佛羅里達州的鐵軌寬度。這條鐵軌的寬度則是根據英格蘭當地電車系統的寬度所決定，而電車的寬度，竟然是基於當年羅馬人所設計的道路寬度。

大部分人所使用的鍵盤配置，其實是種非常沒效率的設計。在現代鍵盤發明前，如果打字打得太快，打字機就會卡住。目前通用的QWERTY鍵盤配置（以鍵盤開始的六個字母命名），是設計來故意減慢打字速度的，以避免機器卡住。而爲了行銷上的便利，那些字母被放在鍵盤第一排，以便銷售員向客戶展示時，能很快地打出品牌名稱（你試試看就知道）。

想當然耳，會卡住的打字機早已不再是問題，我們也不再需要像當年那樣飛速無誤地打字了。然而，與其採用一種更有效率、更符合人體工學的鍵盤配置，原本的QWERTY鍵盤還是占據著市場的主導位置。

改變的成本可以高得驚人。比如說，放棄原本的鍵盤配置，意味著我們要從頭開始學習打字（即便有一群人嘗試了這項改變，並告訴我們這是一件值得努力的事情）。有的時候，改變並不見得會帶來好結果，但是大部分的時候，我們還是牢牢抱住從前的習慣，即使改變所帶來的益處遠遠超過改變所須的成本。

既定的習慣也加強了維持現狀的力量。財星五百❷企業裡的高階主管往往迴避創新，因爲他們的報酬只與短期目標掛勾，而開創新的道路很可能會暫時打斷他們完成這些目標。美國作家厄普頓．辛克萊如此說：「要讓一個人理解一件事情是很難的，尤其是當他的薪水告訴他不要理解這件事情的時候。」

如果你是一九〇〇年代底特律的養馬人，你假想中的敵人應該是其他能培養出更強壯、跑更快馬匹的養馬人；如果你在十年前經營一間計程車公司，你的假想敵應該是其他計程車公司；如果你負責機場安檢，你會假設自己最大的威脅是把炸彈放在鞋跟裡的某人，所以你「解決」恐怖主義的方式，就是讓所有人把鞋子脫下來。

在上述的每一個例子裡，過去發生的事情淹沒了未來的可能性。我們就這樣四平八穩地安心航行，直到撞上冰山。

研究顯示，我們年紀越大越喜歡遵循規則。

每場活動聽起來都差不多、每天發生的事情開始重複，我們把曾經的口號再拿出來反芻，做著同樣的工作，與同樣的人說話，看同樣的電視節目，並且維持同樣的產品線。這樣的人生就像是一本高喊著勇敢追尋夢想，卻永遠只有一種結局的故事書。

你在雪裡踩踏的足印越深，就越難把腿拔出來。一套行之有年的做事方法，可能就這麼恰好把逃生門給隱藏了起來。作家羅伯特．路易斯．史蒂文森曾這麼寫道：「建造出一條路之後，看到它如何開始聚集人流是件很詭異的事。年復一年，越來越多人從這條路上走過，而接下來的人們會被教導要維護這條道路，使其長存不朽。」

我們對待自己日常習慣的做法，就像維護這條充滿人流的道路。二〇一一年，一份針對超過一百間歐美企業所做的調查顯示：「在過去十五年，企業內部的程序數量、垂直階層、使用介面、整合團隊及決策批准過程，都增加了五〇％至三五〇％。」

這裡，問題就來了：**從定義上來說，程序就是後設於經驗的東西，是爲了解決昨日問題而存在的。如果我們把程序當成某種神聖的教條，而不針對它進行思考，那麼程序將成爲我們進步的阻礙**。隨著時間推移，組織的動脈將被這些過時的程序給卡死。

遵循這些規則甚至變成一種成功的指標。亞馬遜創辦人貝佐斯說：「我們其實經常聽到那些年輕的領導者們爲自己的失敗辯護，聲稱自己只是『遵守了程序』。如果你不睜大眼睛好好看著，」他警告，「程序可能就是讓你失敗的關鍵。」但這並不代表你要把自己的標準

---

❷ Fortune 500，美國《財富》雜誌每年評選的全美最規模前五百大公司。

作業流程丟到碎紙機裡，然後創造一個愛怎麼做就怎麼做的公司。相反地，你應該像貝佐斯那樣，養成習慣去詢問：是我們掌控了程序，還是程序掌控了我們？

有需要時，我們必須具備砍掉重練的能力。這也就是爲什麼安德魯．懷爾斯（那個解開費馬最後定理的數學家）說：「如果你想成爲數學家，記憶力太好並不是件好事。你必須忘記自己上次是用什麼方式嘗試解答問題。」

艾默．法柏的話最終還是正確的。**知識是好的，但是知識應該要能讓我們對情況有更多了解，而非牽絆我們的腳步；知識應該能啟發我們，而非遮掩問題。唯有能進一步發展現存知識，我們才能聚焦未來。**

知識的專制性只是其中一個問題，我們不只會被自己過去的經驗困宥，同時也可能被他人曾經做過的事情給限制住。

大家都這樣做

人類從基因上就被設計成要追隨群體的腳步。幾千年前，能服從部落是生存的關鍵，如果我們不從眾，就會遭到排擠、拒絕，甚至被拋棄或處死。

現代生活中，絕大部分的人都想脫穎而出，我們相信與社會上其他人相較之下，自己有著與眾不同的品味、獨特的世界觀。我們或許會對他人的選擇感興趣，不過還是會自豪地說，我們的決定最適合自己。

但研究顯示出完全相反的結果。在一項很有代表性的研究中，受試者必須針對他們觀看過的一部紀錄片回答問題：「片中的女人被逮捕時，有多少警察在場？她的洋裝是什麼顏色的？」受試者獨自回答這些問題，看不見其他受試者的答案。幾天後，他們再度回到實驗室接受測試，這次研究人員會耍點小花招，故意針對其中某些問題公布錯誤的統計結果。

七〇％的情況中，受試者會把他們的正確答案改成錯誤的，以符合所謂團體中多數人的回答。而這個故意被造假的多數決實在太強大了，即便在研究人員告訴大多數受試者選錯了，還是有令人驚訝的四〇％依然在第三次測試時，堅持選擇錯誤的答案。

抵抗這個深深刻印在我們身上的群體服從性，會確實造成情緒上的痛苦。一份神經學研究顯示，不服從的行為會活化我們腦中的杏仁核，釋放出所謂「特立獨行的痛苦」。

為了避免這種痛苦，我們嘴上說著看似桀驁不馴的漂亮話，做選擇時卻只是他人行為的副產品，如同中國諺語所說的：三人成虎。

企業們把避雷針放在上次閃電落下的地方，期待下一次閃電的來臨。既然這個方法管用過一次，那麼我們就再用一次吧。再多一次好了，嗯，還可以再一次。讓我們再做一次一樣的促銷活動，用那本大眾市場行銷聖經裡談到的公式，然後來拍個《玩命關頭》第十七集。

尤其在面對不確定的狀況時，我們傾向複製貼上同儕或競爭者的行爲模板，好像他們一定知道某些我們不知道的事情。

這套策略可能短期內會有點效果，但長期來看卻是通往悲劇的大道。**流行風向反覆無常，市場趨勢瞬息萬變，一次又一次的模仿會讓原創的構想最終失去活力。領著某人成功的路徑，可能會爲另一人帶來災難**。反之亦然，讓某人慘敗的方法也可能誘發另一人的成功。社交網路平臺Friendster與Myspace都從市場的洪流中黯然退下，但Facebook的二〇一九年市值卻超過五千億美元。

學習他人成功的方法無疑有著巨大的價值，畢竟模仿並超越是我們人生中最早的導師。順從群體教會我們一切——如何走路、如何綁鞋帶及更多其他事情。要價不到二十美元的一本書，就可以把他人花費一生的研究成果展現給你看。不過在學習與盲目模仿之間，存在著一個重要的差異。

你無法將他人的成功複製貼上。你無法從里德學院❸輟學、去上字體設計課、閒時來幾顆搖腳丸（LSD，麥角酸二乙醯胺）、三天打魚兩天曬網地坐坐禪，然後在你父母的車庫裡開間店，接著就能開創出下一個蘋果。

就像華倫．巴菲特所說：「在商業世界中，最危險的六個字就是：『大家都這樣做』。」這種有樣學樣的做法，只會讓眾人在越來越擁擠的區域裡搶破頭，即便在邊緣地區競爭遠沒有這麼激烈。Google的登月工廠X負責人阿斯特羅・泰勒說：「當你嘗試改進已經存在的科技時，就是在跟所有比你早踏進這個領域的前輩進行智力比賽，而這實在不是什麼太容易的比賽。」

馬斯克剛開始想購買火箭時，也發現自己深陷於這樣的比賽之中。他的思維方式被航太領域裡其他人曾做過的事給限制住了，所以他決定要重新訓練自己的物理學，並且從基本命題來思考事情。

在繼續前，先來說點關於馬斯克的事情。人們對他的評價非常兩極，有些人認爲他是鋼鐵人的眞實版、是全世界最有趣的人、是善良的企業家，對於全人類的進步有著無人能及的卓越貢獻。另外一些人則認爲他是個矽谷半吊子，他那些號稱拯救世界的企業們太常傳出災難，而他自己就像脫口秀主持人一樣，有事沒事就在Twitter上大談世界的未來（並且常常讓自己深陷爭議）。

我並非屬於這兩種陣營，也認爲無論是醜化或神化，都是種對馬斯克的損害。如果我們無法從這個掀起無數產業革命、擅長讓夢想成眞的人身上，學習如何從基本命題思考事情，那可就是自己的損害。

❸ Reed College，美國一所私立文理學院，也是美國蘋果公司前總裁賈伯斯的母校。

回到基本命題

最早提倡從基本命題思考事情的人是亞里斯多德，他將基本命題定義爲「一項事物爲人所知的最初基礎」。法國哲學家暨科學家笛卡兒將其描述爲：系統性地懷疑所有能懷疑的事情，直到你面前的事物變成無可質疑的眞實。**與其將現狀視爲某種絕對型態，你應該拿把刀切開來看看；與其讓你原本的觀點或其他人的觀點刻畫你前進的道路，你應該拋棄所有被宣稱的事實。你必須像駭客一樣，於已經存在的架構叢林中尋找縫隙，直到你面前只剩下事物最基本的組成元素爲止。**

剩下的一切都可以再討論。

「基本命題思考法」讓你可以看見藏在大家鼻尖下、再明顯不過卻被視而不見的種種領悟。「有天分的人可以達成他人無法完成的目標。但天才則是達成他人看不見的目標。」哲學家叔本華如此說。當你將基本命題思考法應用在生活中，就擺脫了只能翻唱別人歌曲的窘境，成爲能獨立創作的藝術家；你就從作家詹姆斯·凱斯（James Carse）所說的「有限玩家」（在界線裡競爭的人），變成「無限玩家」（不受框架限制的參賽者）。

前一次去俄國採購空手而回的經驗，讓馬斯克頓悟了一件事：在他想購買其他人做好的火箭時，自己就像在做一件類似翻唱歌手的工作，也就是扮演了一個有限玩家的角色。在飛回美國的班機上，馬斯克告訴陪他一起去的俄國航空顧問吉姆．坎特雷爾（Jim Cantrell）：「我覺得我們可以自己做火箭。」馬斯克把他在腦中咀嚼半天的一系列數字，寫在一張紙上讓坎特雷爾看。坎特雷爾回憶道：「我看了一眼然後說，我的天啊，這就是爲什麼他一直從我這裡借火箭科學的書去看。」

馬斯克在一次訪談中這麼說：「我通常從物理學的框架看事情。物理學可以教你怎麼從基本命題上理性地思考事情，而不是從類比的角度。」——也就是說，並非從他人那裡複製或類比出差異不大的解方。

對馬斯克來說，使用基本命題思考，必須從一系列的物理定則開始。他會問自己把一架火箭送上太空需要什麼條件。他把火箭拆分成最小的組成單位，也就是組成火箭的原物料。「火箭是由什麼東西做成的？」他這麼問自己，「航太級別的鋁合金，加上一些鈦、銅及碳纖維。然後這些原物料在市場上的價值是多少？事實上，這些原物料的價格只值整架火箭的二％，這是個瘋狂的比例。」

這個巨大的價差，其實是來自航太工業習慣將產品層層外包的產業文化。航太公司把製造訂單外包給他們的承包商，這些承包商又再外包給他們的承包商。「你大概要往下挖個四、五層，」馬斯克解釋，「才能找到某間眞正可以幫你做些有用事情的公司，比如說裁切金屬。」

所以馬斯克決定要自己來，並且從無到有，打造屬於自己的新一代火箭。走在SpaceX的工廠中，你會看到人們在做火箭的所有部件，包括焊接鈦金屬及打造太空艙專用的電腦。SpaceX自己製造大約八〇％的零件，這讓他們可以更有效率地管控成本、品質及生產步調。也同時與少數幾個外部廠商合作，能用前所未見的速度把概念轉化成執行成果。

這裡有個自己生產零件的好例子。

湯姆．穆勒是SpaceX的引擎推進部門負責人，有次曾經要求一間廠商替他們製造閥門。「他們說要花費二十五萬美元，並且須耗時一年。」穆勒回憶道。他於是回答廠商：「不行，我們今年夏天就要，而且我們的預算比這個低上許多。」廠商只回他「祝你好運」，就頭也不回地走了。當夏天過完之後，廠商又打電話給穆勒，問他是不是還需要閥門，穆勒回答：「我們自己做了，而且做完了，現在已經準備要升空。」負責聯絡SpaceX的NASA工程師麥克．赫卡洽（Mike Horkachuck）非常驚訝地看到，穆勒的這種精神在整間公司中無所不在：「那是種很獨特的氛圍，因為我在火箭設計的過程中，幾乎沒從任何NASA工程師嘴裡聽過一個零件的價格。」

SpaceX採購原物料的方式也同樣充滿創意。發現新上市的版本過於昂貴之後，有位員工從eBay花了兩萬五千美元買了一部二手的經緯儀（用來追蹤並校正火箭軌道的工具），另一位員工則是從某個工業廢棄物處理廠，買來一片巨大的金屬製作整流器（安裝在頂端，用來保護火箭的圓錐型零件）。只要經過測試並符合標準，便宜貨與二手貨都能跟昂貴的全新零件一樣好。

SpaceX 也從其他不同產業裡尋找可用的零件。與其用昂貴的器材打造太空艙的把手，他們使用了浴室門鎖的零件；與其設計昂貴的客製化太空人安全繫帶，他們使用賽車等級的安全帶，實際上更舒適也更省錢。特製的太空艙電腦原本要價一百萬美元，但 SpaceX 使用與自動提款機電腦同款的裝置，只花了五千美元。比起整架火箭的總體造價，這些小小的節省看來無足輕重，但是馬斯克說：「當你把它們全部加起來時，就成了巨大的差異。」

而這其中許多零件不僅便宜，還更加可靠。拿 SpaceX 的燃料噴射器來說，大部分的火箭引擎採用的是蓮蓬頭式設計，由許多噴射器同時將燃料灑進火箭的燃燒室中。而 SpaceX 使用的是所謂的樞軸引擎，只有一個噴射器，看起來有點像草坪灑水器的噴頭。樞軸的成本比較低，並且燃燒上的不穩定度也比較小，因此更不容易造成火箭科學家們所謂「意料外的快速解體」（Rapid Unscheduled Disassembly, RUD），也就是麻瓜們口中的爆炸。

基本命題思考法刺激 SpaceX 去質疑一個在火箭科學裡根深蒂固的假設：數十年來，大部分成功把太空飛行器送上宇宙的火箭都沒有辦法再重新使用。它們會掉進海洋裡，或者在目標物上公轉軌道之後，就於大氣層裡燃燒殆盡。這樣的狀況使得每一次發射，都需要打造全新的火箭，等於每一次商業飛行之後，飛機引擎都會燒掉的意思。一架現代火箭的造價大約等於一架波音737，不過飛機比較划算，因為它不像火箭，可以再次重新起飛。

解決辦法很明顯：讓火箭可以再利用就好啦！這也就是為什麼一部分的NASA太空梭可以重複使用。非常堅固耐用的火箭推進器帶著太空梭到公轉軌道之後，會從太空梭本體上剝離，再乘坐降落傘落到大西洋上，然後再回收利用。而那些承載太空人的太空飛行器也會在任務結束之後回到地球上來，以便未來的任務再次使用。

要在火箭科學裡實現回收再利用這件事情，就代表回收過程必須要快速，而且回收零件必須完整。在這裡，「快速」意味著結束任務的零件只須最小程度的重新評估與翻新，在一些快速的檢查及燃料填充之後，這枚火箭應該就要準備好進行下一次的任務，就像一架飛機在每次旅程之後重新接受檢查、填充燃料一樣。而「完整再利用」則表示，可以再次使用太空飛行器的所有部件，所以不應該在任務中丟棄硬體設備。

但是對於太空梭而言，回收這件事情既不快速也不完整。重新檢查及重新裝填燃料的成本不可思議地昂貴，尤其是因為這些太空梭並不經常飛行。整體再利用的過程需要「超過一百二十萬個不同的程序」，必須花費數個月的時間，而且成本比打造一艘新太空梭還高。

如果你是用類比思維思考的人，就會得到「回收再利用太空梭是個壞點子」這樣的結論，因為NASA做不起來，所以我們也理所當然做不起來。但這樣的思維方式是有瑕疵的。因為上面這個例子實際上只研究單一太空梭，而難以回收的問題其實出在艙體本身，而非太空飛行器的其他部分。

火箭是一節搭一節組裝起來的，SpaceX的獵鷹9號運載火箭總共有兩節，第一節是一段十四層樓高的火箭體，裝備九具引擎。而在第一節火箭戰勝地心引力，把太空梭從發射臺上推升起來之後，火箭就會脫離太空梭並掉落下來，讓第二節火箭開始它的任務。第二節火箭只有一具引擎，此時會點火繼續把太空梭往上推升。第一節火箭是獵鷹9號裡面最昂貴的部件，大概占整體任務成本中的七〇%，就算只有第一節火箭可以回收再利用，都可以大大節省任務的成本。

但是回收再利用並不是什麼簡單的事情。第一節火箭必須要從太空梭上分離，然後來個精采的後空翻，點燃三具引擎來減速，接著找到回家的路，然後緩慢、小心翼翼地把它巨大的身軀頭上腳下停放在降落臺上。在SpaceX的一份新聞稿中，他們稱這個挑戰就像是「在暴風中讓一支橡膠掃把平衡站立在你手上」。

二〇一五年十二月，獵鷹9號的第一節火箭把目標物送上軌道之後，成功地來了一次頭上腳下的降落。貝佐斯的私人太空旅行公司「藍色起源」也成功在升空後，回收了新雪帕德火箭（New Shepard）的推進器。自此之後，這兩間公司都有無數可再次塡裝、重複使用的火箭部件，能不斷地重新送上太空，就像使用二手車那樣。可回收火箭曾經是充滿狂想的實驗，現在已經漸漸成爲行業中的例行公事。

藉由基本命題思考法所產生的創新，讓藍色起源及SpaceX可以用驚人的方式降低太空旅行的成本。舉個例子來說，當SpaceX開始接受NASA的計畫，載太空人到國際太空站之後，每一次飛行預計僅花納稅人一億三千三百萬美元，相比於過去每次發射花的四億五千萬美元，新價格還不到原本的三分之一。

SpaceX及藍色起源有個共同點：他們都是產業中的新進玩家。兩者共同的優勢就是，他們都在一張全新的白紙上書寫。他們沒有既定的內部思維，沒有長期建立的工作程序，也沒有前人留下來的種種包袱。因爲沒有所謂歷史的力量在扯後腿，他們能輕鬆地透過基本命題來決定火箭的設計。

我們大部分的人沒有這份奢侈，總是不可避免地被已經知道的事情、前人走過的路途所影響。要從自己預設的狀況裡跳脫出來，是件很弔詭的事情，尤其是當我們自己看不到這些預設的時候。

隱形框架如何扯你後腿

作家伊莉莎白·吉兒伯特寫了一個寓言故事，關於宗教聖徒如何領導他的追隨者冥想。當追隨者正要進入禪定狀態時，經常會被一隻貓打斷。這隻貓到處走來走去，不停地喵喵叫並打呼嚕，打擾著所有人。於是聖徒想出一個很簡單的解決辦法：每次開始冥想前，他會把這隻貓綁在一根柱子上。而這個解決辦法很快就演變成一種儀式：先把貓綁在柱子上，然後再冥想。

而這隻貓最後死亡時（別擔心，牠是自然死亡的），一場宗教危機就開始了。這些追隨者該怎麼辦？如果沒有貓可以讓他們綁在柱子上，要怎麼開始他們的冥想儀式？

這個故事闡述了我稱爲「隱形框架」的東西。我們都有一些習慣及行爲，不知不覺地在日常中被僵化，而後成了框架。這裡談的不是那些看得見的白紙黑字規則，因爲寫在標準作業流程裡的可見規則，反而是能修訂或刪除的。

然而那些看不見的規則卻頑強得多，它們是所謂沉默的殺手，不聲不響地把我們的思考限制在框架內。我們就像是被關在史金納箱❹裡的老鼠，不斷重複按著一樣的控制桿。而這個箱子其實是我們自己打造出來的，隨時可以踏出去進行冒險：完全可以在沒有貓的情況下冥想，但我們沒有意識到這件事。

我們甚至還會捍衛這些自己加諸在自己身上的限制，把事情變得更糟。「這次或許可以用不同的方法試試看。」我們對自己這麼說，但是我們的供應鏈、我們的軟體、我們的預

❹ Skinner box，行為學派心理學家史金納所發明的實驗裝置，用於研究動物行為。

算、我們的技術層面、我們的教育或其他任何東西，讓我們最終無法這麼做。這樣的藉口不斷重複下去，爲身上套著的枷鎖進行辯護，然後把這些框架留在自己身邊。

「你的種種假設就是你觀望世界上的窗。每過一陣子就要記得清乾淨你的假設，不然外面的光進不來。」這句常被以爲是艾西莫夫的句子，實際上是美國演員亞倫・艾達說的。**在你的世界中，那隻冥想貓是什麼？有哪些從過去遺留下來的習慣阻礙了你的前進？有哪些事情是你看到其他人都在做，因此認爲自己也應該要做的？你可以質疑這些預設的行爲模式，並且用更好的方法替代嗎？**

我們曾經假設，一間餐廳會需要桌子、固定的廚房，並且位於用紅磚灰泥蓋起來的建築中，而對這些假設的質疑爲我們帶來了街頭餐車；我們曾經假設，逾期罰款及實體店面會是租片商店的必備品，而對這些假設的質疑爲我們帶來了Netflix；我們曾經假設，需要向銀行貸款或得到創投基金的眷顧才能推出新產品，而對這些假設的質疑爲我們帶來了大眾募資平臺。

當然，你並不能在活著的每一天都質疑每一件事，重複例行公事能讓我們從每天成千上百個令人疲勞的決策過程中解放出來。比如說：每天午餐都吃相同的東西，並總是走同一條路去上班。像我就經常公式化地模仿他人在衣著、音樂與室內設計上的選擇（我家客廳看起來跟居家型錄一樣）。

換言之，基本命題思考法應該要用在最重要的決定上。如果你想要擦掉心靈擋風玻璃上的霧氣，並將你從那些限制自己的隱形框架中解放出來，那麼你應該花上一天好好思考自己所假設的事情是什麼。不論是你花心力去做的事情、你對事情的推測、你的預算項目是什麼，都該問問自己：「如果我心中所假設的不是眞的，該怎麼辦？爲什麼我會選擇這麼做？我可以用比較好的方法取代其中某些元素嗎？」

如果你發現自己爲了繼續保留某樣東西而不停找理由，就該當心了。同時是作家也是學者的納西姆．尼可拉斯．塔雷伯觀察到：「當你想辦法編出不只一個理由時，就代表你正在說服自己去做某件事。」

你必須記得尋找當下的線索，而非依靠曾經的證據來支持自己的判斷。許多我們身上的隱形框架，其實是針對已經不存在的問題所設置的（就像那則預言故事中的貓一樣），但是這樣免疫性的回應卻在病原體離開之後，依然留存在我們身上。

要發現隱形框架，最好的方式就是去挑戰它。做一些像登陸月球那樣，不覺得自己會去做的事情；要求一份你覺得不太值得擁有的加薪；申請一份你不覺得自己會得到的工作。

你最終會發現，即使沒了貓，還是可以繼續冥想。

基本命題思考法並不只是讓你能找到自己產品或服務（無論是火箭還是你的冥想儀式）的基本元素，然後建立一些新方法。你也可以利用這套思維，找到關鍵的原物料，打造一個全新的自己。而要做到這件事，你必須要能拿自己的成就去冒險。

爲什麼該拿自己的成就去冒險

當史蒂夫·馬丁第一次開始表演單人脫口秀時，有一套關於說笑話的業界公式：每則笑話都會有個尷尬又好笑的結尾笑點。

讓我們拿火箭科學做例子：

問題：NASA怎麼規畫員工派對？

答案：他們交給行星去做❺。

但是馬丁並不滿足於這樣標準化的公式，更對那些幾乎在結尾笑點之後自動響起的笑聲感到困擾。就像巴夫洛夫的狗聽到鈴聲就流口水那樣，觀眾已經幾乎是反射性地在結尾笑點後不經思考地哄堂大笑。更糟糕的是，如果這個結尾笑點不好笑，那麼喜劇演員就會孤零零地站在臺上，滿臉尷尬地知道自己的笑話失敗了。每個笑話必須有結尾笑點，其實是種很糟糕的說笑話方式，對觀眾跟演員來說都是如此。

所以馬丁檢視這個問題的基本命題。他反問自己：「如果講笑話時不在結尾放笑點會怎麼樣？如果我一直施加張力，卻沒有釋放這份張力會怎麼樣？」與其順從觀眾的期待，他決定反其道而行。他相信如果沒有結尾笑點，觀眾會笑得更大聲，因爲觀眾們可以在他們想要笑的時候才笑，而不是像被某種定時裝置給驅動一樣。

接下來，馬丁做了所有好的火箭科學家會做的事情：測試自己的構想。某晚，他站上舞臺並告訴觀眾他今晚要表演「把鼻子放在麥克風上」，接著他從容地把鼻子貼到麥克風上，定格幾秒鐘後向後退一步，然後對觀眾說：「謝謝大家的收看。」

這場表演完全沒有所謂的結尾笑點。觀眾們在尷尬的沉默中坐著，被馬丁背離傳統喜劇的表演方式給驚呆了，但是意識到馬丁剛剛到底做了什麼之後，觀眾開始大笑。用馬丁的話來說，他的目標是讓觀眾「沒有辦法描述到底是什麼讓他們笑出來」。也就是說，他的表演要像你跟好朋友互相戳中笑點，然後笑到停不下來那樣，必須在現場才能感受到那份魅力。

然而馬丁利用基本命題思考出來的新方法，一開始接收到的竟是滿滿的嘲弄。有位熱愛教科書模式的脫口秀評論家如此寫道：「這個自稱爲『喜劇演員』的傢伙，沒有人跟他說笑話要有個結尾笑點嗎？」另一位評論家則說，去看馬丁的秀是「洛杉磯歷史上最嚴重的訂票錯誤」。

然而這張訂錯的票，很快就變成最受歡迎的表演，觀眾與評論家們總算跟上腳步，馬丁於是成爲單人脫口秀的傳奇。

然而馬丁接下來做了一件更令人意想不到的事：他辭職不幹了。

---

❺ 原文planet〔行星〕與plan it〔計畫〕諧音。

馬丁意識到，他其實已經做了所有在單人脫口秀裡能做的改變，如果他一直表演下去，接下來的創新也只會是對於現狀的微小改變而已。爲了保住鍾愛的這門藝術，他放棄了它。就像嗆辣紅椒合唱團在《加州淘金夢》這張專輯中告訴我們的，摧毀也可能孕育創新。馬丁的事業在離開單人脫口秀之後並沒有停止，反而蓬勃地發展起來，演出了無數電影、錄製音樂專輯、寫了書及劇本，並拿到一次艾美獎、一次葛萊美獎及一次美國喜劇獎。在人生中的每一個階段，他努力學習，拋棄舊有習慣，然後再度從過去的經驗中拾起智慧。

我非常明白，要做到馬丁達成的事有多麼困難。當我剛開始寫部落格、製作自己的播客節目時，我也同時發表一些法律專業的文章。我有位很要好的朋友也是我在法律系的教授同事，有一天忍不住跑來警告我：「你這麼做會降低你身爲學者的公信力。」

他對這件事的評價讓我想起朵娜．馬可娃（Dawna Markova）的一首詩：「我選擇拿自己在世界上的成就來冒險，我選擇活著，所以我在生命中遇見的種子可以萌芽開花。」當我們攬鏡自照、回顧自己的故事，往往通篇說著我們是誰、我們不是誰、我們該做什麼、我們不該做什麼。

我們對自己說，一位認眞嚴肅的學者不應該寫部落格或爲大衆製作播客；我們對自己說，一位認眞的喜劇演員不應該放棄如日中天的事業；我們對自己說，一位認眞的企業家不應該把手上的現金都放進一個高風險、而且看起來很難成功的太空事業裡。

在這個故事中有著一份確定性，讓我們覺得自己成就斐然、很有安全感。這個故事讓我們覺得自己受歡迎，讓我們與認眞學者、喜劇演員、企業家的形象畫上等號，而這些形象似乎比我們實際上是什麼樣的人還要重要。

在這樣的情況下，不是我們形塑了故事，而是故事形塑了我們，變成我們的自我認同。我們不會輕易去改變這個故事，因爲改變它等於改變自己。我們害怕失去所有曾經如此辛苦建立起來的東西，害怕其他人會嘲笑自己，更害怕讓自己看起來像個無能的蠢蛋。

然而**就像其他所有人的故事一樣，關於你的那些成就故事也就只是一段故事而已，是一種敘述、一個童話。如果你不喜歡自己的故事，大可去改變它。更棒的事情是，你可以把不喜歡的部份全部拋下，寫出一個全新的故事**。作家阿內絲．尼恩（Anaïs Nin）如此說：「爲了蛻下舊皮囊、進入新的生命週期，我們必須學會拋棄。」

然而在賈伯斯身上，拋棄並非遵循他的意願發生：一九八五年，他被踢出自己一手創立的蘋果電腦。即便他的去職在當時看來令人震驚，現在回頭重新檢視，賈伯斯卻說這是「此生中能發生在自己身上最好的事情」。被炒魷魚這件事，讓賈伯斯從自己打造的桎梏中解放，並迫使他必須回到基本命題去思考。「身爲成功人士所擔負的沉重壓力，瞬間被身爲初學者的輕鬆感給取代了，讓我進入人生中最有創意的時期之一。」賈伯斯如此說。因爲自身成就所背負的包袱，已無法再阻擋他前進。這趟創造力之旅讓他建立了電腦公司 NeXT、加入皮克斯動畫工作室，更讓這間電影公司一舉拿下數十億美元的票房佳績。然後他在一九九七年回到蘋果公司，接下來便發表了一系列革命性的產品，包括iPod與iPhone。

對我而言，要無視好友針對我發展大衆寫作事業的善意警告，其實非常痛苦。在這個過程中，我心裡經常存在著巨大的疑問，覺得自己似乎打錯了牌，或者應該要在原本的道路上堅持下去。不過如果我眞的那麼做了，你今天就不會讀到這本書。

若我們選擇不作爲——緊緊抱住自己過往種種成就的幻覺不放——實際上我們所面對的風險更大。只有願意離開自己所在的位置，才能到達想去的地方。「你必須要能歷經淬煉並下定決心，」作家亨利．米勒寫道，「才能從層層的自我檢視中站起來，邁步向前走。」

當你拿自己過去的成就來冒險時，並不會眞的改變你的本質，反而會幫助你發現它。當紛擾的塵埃底定，美麗的事物就會在其中蕹然顯現。

而有一間餐廳就把這個原則一字不差地實現出來。

喜歡摧毀的好胃口

二〇〇五年，主廚格蘭特．奧赫茨（Grant Achatz）以及他的商業夥伴尼克．科科納斯（Nick Kokonas）一起開設了位於芝加哥的餐廳Alinea，創造出世界上最棒的料理經驗之一。

「我迫不及待想展現給世界看看，我們能用食物變出什麼。」奧赫茨說。而Alinea這把火很快就照亮了美食的世界。這間餐廳提供由三十道菜組成的晚餐，讓無數客人心滿意足。饕客們描述在此用餐的經驗爲「能吃的魔術表演」，整個過程在晚餐結束之後依然會在腦海中與味蕾上迴盪不已。

Alinea得到了廣泛的讚譽，幾乎囊括美食界所有可能的獎項，並成爲芝加哥兩間拿到米其林三星的餐廳之一，也是美國九間米其林三星餐廳中的其中一間。餐廳開業後在第十年（二〇一五年），達到了營收的高點。

他們決定要舉辦一場慶祝活動。不過慣例式的派對可不能滿足Alinea，科科納斯想舉辦一場與眾不同的派對，他把巨大的錘子規畫成派對活動的一部分。

在一次訪談中，科科納斯回想起自己曾在一間非常著名的餐廳裡，有過一次很棒的用餐經驗，但幾年後，當他再回到那裡時卻感到失望：「明明是一模一樣的地方，一模一樣的椅子，幾乎一模一樣的菜單。爲什麼這次我覺得這麼差？是我的問題嗎？我改變了嗎？還是世界改變了？」當然答案是以上皆非。

科科納斯解釋：「如果你的企業很成功，那麼要改變它就很困難。」要改變的慣性太大了，尤其是你正在這場遊戲裡所向披靡的時候。「要做增值性的改變很困難，你必須定時摧毀它，並且重新建造更好的版本。」

科科納斯以及他的主廚合夥人奧赫茨把這件事情放在心裡，兩人對於毀滅越來越有胃口，因而決定從一道創造力的懸崖跳下去，由內到外掀開餐廳來進行改造。Alinea歇業了五個月，重新開幕的時候無論是建築物本身還是菜單，都經過了七位數的轉變。有位美食評論家談到：「Alinea原本像是全世界最樂趣無窮的手術室，有種清潔無菌、事事都受到完美控制的氣氛。」而新的改變鬆綁了Alinea。重新開幕後，餐廳提供與之前一樣好的美味食物，卻也同時把趣味與玩心揉進用餐經驗裡。

老饕們把新餐廳稱爲Alinea 2.0，但是科科納斯與奧赫茨就只是叫它Alinea。餐廳建築的確是被摧毀並重建了，但是餐廳的核心認同、創辦人使用基本命題思考的這份熱情，卻是不變的。

這裡有個重點：**摧毀本身並不足以帶來成功，它必須是正確思考過程的一部分**。「如果一間工廠被推平，但是背後建立的思維還在，那麼這份思維會再度建立起另一間工廠。」羅伯特·波西格在《禪與摩托車維修的藝術》中如此說道：「如果一次革命摧毀了一個有系統的政府，但是並沒有影響這套系統及其思維模式，這些思維模式就一定會再度出現。」**除非你能從根本上改變思考方式，否則歷史只會重演，辦多少次大錘子派對都不會有用**。

要從根本上改變思考方式，必須能找到對的人來做這件事。當科科納斯與未來的團隊成員面談時，並不想雇用一位「有二十年餐飲工作經驗的人」。太多包袱只會絆住前進的腳步。科科納斯擔心在產業中過於資深的員工，看到餐廳只想到白色桌布。

如果你想要改變整個產業，那麼從產業外的領域尋找人才是很合理的。在那裡，你能找到沒有被產業慣例蒙蔽住雙眼的人，他們不會拘泥於隱形的框架（比如餐廳裡的白桌布）。在公司創立的頭幾年，SpaceX經常從汽車業或手機業挖角。這些產業的變化速度非常快，員工需要**迅速學習新知並調整適應，而這正是基本命題思考者的共通標誌**。

在史蒂夫・馬丁和Alinea的故事中，令人驚嘆的地方是他們都在事業巔峰時拿起大錘子往自己身上砸下去。然而大部分人並沒有這份膽子這樣做，當事情看起來進行得不錯，我們就沉浸在舒適的環境裡，並不會去思考顛覆現狀。

但是回到基本命題上去思考比你想像得更容易，如果你無法在實際生活中眞的用一顆拆屋鐵球來摧毀現狀，那就用顆假想的吧！

像顆拆屋鐵球般撞進來

肯尼斯・弗雷澤有個典型的美國式故事：他是一名大樓管理員的兒子，在費城一個藍領階級社區中長大，並且一步步往上爬，最後從賓州大學畢業後，就讀哈佛大學法律學院。他後來進了製藥巨人默克集團擔任法律顧問，並且最終成爲集團執行長。

就像所有高階經理人，弗雷澤想要在默克內部提倡創新。但是有別於其他企業領導者，他並不是動動嘴交代下面的人想辦法，而是要求員工去嘗試做一件他們未曾做過的事：摧毀默克。弗雷澤讓公司的管理階層玩角色扮演的遊戲，假扮成默克最有力的競爭者，然後思考怎麼把默克踢出市場。接下來他們再把角色調換回來，變回默克的員工，開發策略去防守可能的威脅。

這就是所謂的「企業葵花寶典」。就像這個遊戲背後的策畫者麗莎．博德爾（Lisa Bodell）所說：「要創造屬於明天的公司，就必須要去除壞習慣、組織隔閡，以及屬於今天的那些抑制因子。」而這些習慣很難改變，因為我們經常採用約定俗成的內部觀點來觀察事情。這有點像是「對自己做心理分析」，但我們與自己的問題和弱點都靠得太近，沒有辦法客觀地評估。

「企業葵花寶典」這樣的練習則能強迫你轉換觀點，扮演競爭者的角色，而競爭者一點都不會在乎你公司曾經存在的規則、習慣、程序。遊戲的參與者必須使用基本命題思考，使用全新且中立的方法，提出原創性的構想，而非重複的陳腔濫調。大聲高喊「讓我們跳脫框架吧！」是一回事，真的能踏出框架之外，從競爭者角度檢視自己公司的產品又是另一回事。如果能從外部觀點來分析公司的弱點，將會理解到自己正站在一個燙腳的平臺上，而公司急須改變這件事情就變得很清楚了。

美國軍隊也在他們的日常訓練中，引進了模擬戰爭版本的「企業葵花寶典」。美軍的模擬遊戲叫做「紅色部隊」（這名稱很顯然是冷戰時期的遺留物），紅色部隊會扮演敵軍，並想盡辦法破壞藍軍的任務。這個遊戲能曝光任務中的潛在弱點，所以可以在任務眞正開始之前補足這些缺失。開設紅色部隊課程的派翠克．列寧威少校（Patrick Lieneweg）對我解釋，這個練習的過程對團隊來說很重要，因爲它讓平常習慣了等級的軍人，可以進行比較緩和的團體思考。「藉由挑戰主流思維、測試假設與提出批判性問題，這個遊戲讓大家的思維品質有了顯著的提升。」

貝佐斯也在亞馬遜採用類似的方法。當電子書開始威脅到亞馬遜的實體書市場時，貝佐斯擁抱了這項改變，而非轉頭無視其存在。他告訴身邊的幕僚：「我要你把這件事當成自己的工作來思考，想想看你要怎麼做才能把所有賣書人都踢出市場。」他說的賣書人當然也包括亞馬遜，而這個思考過程產出的商業模式，最終將亞馬遜變成電子書市場的最大玩家。

我也在我的法律學教室裡使用過「企業葵花寶典」的其中一個版本。在談到極權主義的課堂裡，我會告訴學生，現代的獨裁者已經摒棄過去公開壓迫群眾的老套招數，改以透過民主選舉的力量上臺，再使用看似合法的方式一步步侵蝕民主。他們把極權本質包藏在民主外衣之下。

雖然我會提醒學生：沒有國家——即使是美國也一樣——能眞的對這樣鬼祟的極權主義

威脅免疫，但我覺得自己這些課程似乎沒有收到效果，學生們仍以為極權主義只可能萌芽在那些落後遙遠的國度、在那些腐化無能的政權中間，或那些叫做什麼什麼斯坦的國家裡。

所以我決定脫稿演出。

我丟掉自己準備好的課程大綱，然後要求學生來做個思想實驗：扮演一位志向遠大的獨裁者，想盡辦法拆美國民主的臺；然後他們再反過來扮演另一邊的角色，提出各種措施來抵禦這個最嚴重的威脅。

事實上是，當我們用一種空洞抽象的方式談論如何保護美國民主時，並不會眞的感覺到這件事有多迫切，因為一直以來，美國的民主系統都展現了強大的抵抗力。但如果我們把自己放在獨裁者的角度，並且規畫策略來擊潰美國的民主時，民主系統的弱點很自然就顯現出來了。只有當我們意識到這個系統的脆弱性，才會明白為什麼自己有義務保護它。

「企業葵花寶典」這樣的練習，並不只是在巨型企業或法學院的教室裡有用，你也可以在生活中應用屬於自己的版本，問自己這些問題：

- 為什麼升遷時，老闆不會想到我？
- 為什麼我期待的雇主決定不雇用我？
- 為什麼對客戶來說，正確的決定竟是向我們的競爭對手購買產品？

盡量避免回答那種「請談談你最大缺點」之類的空洞面談式問題，因爲那只會讓你想出一堆看似謙遜的吹牛之詞（我的缺點就是工作太認眞了）。**試試看把自己放在對方的立場思考：爲什麼他們要拒絕你的升遷申請、拒絕雇用你或跟你的對手買東西？問問你自己：爲什麼他們這樣做？**

這不是因爲他們比較笨，也不是因爲他們是錯的而你是對的。只是因爲他們看見你沒發現的某些東西，因爲他們相信一些你沒當眞的東西。而你不應該一再重複老套的戲碼，一邊期待自己可以改變別人對事情的看法。**當你經過換位思考這樣的過程，並對這些問題有好的答案，就可以把自己的觀點再轉換回來，設法防禦這些外來的威脅。**

採用基本命題思考並不永遠都需要一顆拆屋鐵球，有的時候一把剃刀就夠用了。

奧坎的剃刀

曾有個都市傳說：NASA花了上百萬美元與十年的時光，開發出一款可以在零重力狀態與極端溫度下運作的鋼珠筆，而與此同時，蘇聯人選擇使用鉛筆。

這個關於「寫字工具」的故事僅僅是個笑談。事實上，鉛筆的筆尖容易斷裂而掉進種種微妙的隙縫中，在地球上這或許不會造成什麼問題，但在太空飛行器的環境內，這些碎屑可能卡進關鍵儀器中，或飄進太空人的眼球裡。

然而這則都市傳說背後的哲理卻相當發人深省。就像愛因斯坦所說的，任何事情都應該要「越簡單越好」，而這個原則被稱爲「奧坎的剃刀」。我承認這個名稱聽起來很像某種會在半夜躲起來看的廉價恐怖片，實際上這是一個心理學模型，因十四世紀哲學家奧坎的威廉而得名。這個模型經常以一條規則的方式呈現——一個問題最簡單的解法就是正確的解法。

然而這個受人歡迎的解釋卻是錯的。

「奧坎的剃刀」是一條指導性的原則，而非一條簡單粗暴、不計成本與後果，只求簡單解決問題的規則。相反地，這條原則在其他條件都相同時，偏好比較簡單的答案。卡爾·薩根就解釋得很好：「在兩種假說都能同樣合理解釋數據時，你應該選擇比較簡單的那個。」換句話說，當你聽到蹄聲時該想到馬，而不是獨角獸。

奧坎的剃刀在混亂中切出一條清楚的路，也因此常常應用在基本命題思考法之中。最優雅的理論奠基於最少的假設，而最優雅的答案，火箭科學家大衛·墨瑞（David Murray）**則說：「是用最少的零件解決最多的問題。」**

簡單即複雜。牛頓的運動定理在簡單中帶有詩意，不妨拿他的第三定理來舉例：有作用力，就有反作用力。在人類發明飛機的好幾個世紀之前，這條簡單的定理就已經解釋了火箭如何到達太空：火箭燃料的質量往下運動，而火箭往上運動。

「我們越是理解某件事情，」彼得．阿提亞（Peter Attia）對我解釋，「它就越不複雜。這是經典的理查．費曼教學法。」阿提亞是位機械工程師，後來改行當醫生，他在業界是一位著名的專家，專門幫助人們延長壽命及保持健康狀態。他說，如果你在閱讀一篇醫學研究時，看到人們使用一些像是「多面向」「由多種原因引發」「複雜」等字眼來解釋目前的狀況，表示這些文章的作者基本上是在說：「我們並不真的了解自己在談的那個東西。」但當我們真的理解一種疾病或流行病發生的原因，那通常是簡單而不包含多重因素的。

簡單系統的失敗點也比較少，複雜的東西則比較容易損壞。這個原則在火箭科學及商業上都一體適用，甚至包括程式設計與人際關係。每當你將複雜性引入系統，等於給這個系統多一處可以發生問題的地方。就像阿波羅 8 號的安全管控者所提及的，那艘太空飛行器有五百六十萬個零件，而「就算九九．九%的零件都完美勝任，還是會有五千六百個瑕疵。」

簡單同時也能降低成本。曾載軍用衛星及火星漫遊探測器等物體上太空的擎天神 5 號運載火箭（Atlas V rocket），在升空的過程中，就使用超過三種不同類型的引擎。馬斯克解釋：「這等於是把你的工廠成本及營運成本都提高了三倍。」

所以 SpaceX 反其道而行，他們的獵鷹 9 號火箭只有直徑相同的兩節，並且裝載著用同樣的鋁鋰合金打造的引擎。這樣的簡單設計可以讓生產的規模變大，進而降低成本，同時讓可靠度上升。更加不同的是，SpaceX 不像其他航太公司一樣垂直製造火箭——也就是用發射火箭時的姿勢來製造火箭——他們水平組裝火箭。如此一來，就可以使用一般的倉庫進行作業，不必建造像摩天大樓一般的工廠，更不用考慮在離地將近二十公尺的高空組裝火箭時，所需要的安全設施。「我們所做的每一個決定，」馬斯克說，「都考慮這件事情的簡單性。少做少錯，如果能用更少的零件，要買的東西就更少，出問題的東西也更少。」

俄國人在建造聯盟號運載火箭（Soyuz），將太空人與物資送到國際太空站時，也採用了同樣的方式。業界認爲，聯盟號運載火箭比NASA的太空飛行器還可靠，而一部分的原因在於那是一艘「開起來更簡單的飛船」。太空人克里斯．哈德菲爾如此說道。另一位太空人保羅．奈斯波利（Paolo Nespoli）則說：「我們可以從俄國人身上學到，有時候做得更少，結果反而更好。」

在系統裡任何不和諧的音符——無論是你的火箭、你的企業或你的履歷——都將減損整個系統的價值。我們總是忍不住誘惑，想放更多東西進去。但是當我們的疊疊樂越蓋越高，它也越來越脆弱。「任何聰明的蠢蛋都可以把事情搞得越來越大且越來越複雜。」這是一條常被誤認爲是愛因斯坦說的名言，實際上來自經濟學家舒馬克（E. F. Schumacher）：「由繁而簡，事實上需要一點天分及很大的勇氣。」

在火箭科學中，三十三歲的航太新創公司Accion執行長娜塔麗．貝里（Natalya Bailey）正站在化繁爲簡的尖端。孩提時，她經常躺在位於奧勒岡州紐堡屋子外的那張蹦床上，抬頭仰望星空。在許多一閃一閃的星光中間，貝里曾經看到數道持續的亮光劃過夜空。後來她知道那些亮光是使用過後脫離太空艙的火箭分節時，驚詫得合不攏嘴。

那個在蹦床上看星星的小女孩，最終決定要在大學進修航太工程，並且拿到了航太推進工程的博士學位。在學習的過程中，她開始對使用電力自我推進的火箭產生興趣。「所有火箭都使用同樣的原理，丟出某些東西，以便把太空船往前推。」貝里這麼告訴我，意指牛頓第三運動定理。對傳統的化學性火箭來說，它們丟出來的東西是氣體，但是對於電子引擎來說，丟出來的東西是離子，也就是帶有電荷的分子。

化學性的火箭把太空飛行器推到軌道上的效果很好，能很快往前推進一大截。電子式的推進相對來說就慢上許多，但是可以節省十倍乃至百倍的能量。電力也是一種相對安全的方式，因爲不需要有毒的燃料或高壓儲存槽。貝里在她的博士論文中開始設計小型的電子推進式引擎，這些研究成爲她後來創立的航太公司基礎，而 Accion 的公司名稱則來自於小說《哈利波特》裡的召喚咒。

人造衛星進入軌道後，就會啓動 Accion 的引擎。一疊撲克牌大小的引擎，能推進像冰箱一樣大的人造衛星，讓衛星在軌道上漂浮移動。有了這些引擎，人造衛星可以有效地閃躲漂浮在繞地公轉軌道上將近一萬八千枚人造廢棄物，因此擁有較長的工作年限，而這項科技同時也有潛力協助推進太空船到其他行星。Accion 的技術可以用一個鞋盒大小的引擎和燃料系統，取代巨型燃料儲存槽，把已經站上地球公轉軌道的太空飛行器往火星推進。

貝里本人就跟她發明的引擎一樣謙遜又低調，卻充滿巨大的力量。SpaceX 及藍色起源針對火箭做創新研究，而貝里的團隊則爲已經進入太空的人造衛星，尋找新的推進辦法。

就像這些例子告訴我們的，簡單可以擁有巨大的力量。不過別將簡單和容易兩者混爲一談，就像許多傑出人士所說的，「如果我有更多的時間，我會寫一封更短的信。」我們讚嘆 Accion 的引擎及牛頓定理的簡單，卻沒辦法看見這些科學家們在過程中花了巨大的力氣，篩選剔除那些混亂複雜的前驅物。

物理學迫使火箭科學家必須使用奧坎的剃刀。在太空飛行器的設計上，重量及空間是首先要考慮的事情。太空飛行器越重，設計與發射起來越昂貴。火箭科學家們必須不斷質問自己，怎麼才能把這些裝進飛行器裡？他們除去不需要的部分，將系統減少到不能再減少的狀態，盡量在不影響任務的前提下將所有事情都簡單化。

如果你要展翅高飛，必須去除那些把你往下拉的重量，而你可以再一次從 Alinea 餐廳身上找到靈感。

奧赫茨解釋，他與科科納斯最初創立餐廳時：「我們創作的方法之一是看著紙上或面前的一道菜，然後問自己：『然後呢？我們還能做什麼？我們還能加上什麼？我們還能添入什麼把這道菜變得更好？』」但是隨著時間，他們反轉了這個方法。「現在，」奧赫茨說，

「我發現我們不斷問自己：『我們可以移除什麼？』」就像米開朗基羅曾經解釋的，他也用同樣的方式面對自己的雕塑：「雕塑家只是把多餘的部分去掉而已。」

你可以生動地想像一下，去除掉多餘部分的未來將是什麼樣子？看起來怎麼樣？問問你自己，就像個新創公司的執行長那樣：「如果你未曾雇用這個人、少安裝這部設備、不導入這套流程、沒收購這間企業或使用這條策略？你會做跟今天一樣的事情嗎？」

就像所有鋒利的器物一樣，奧坎的剃刀也可能是把雙面刃。在某些情況中，複雜的解決方式反而可能出現較好的結果；在面對微妙複雜的情況時，別妄想以奧坎的剃刀來為人類對簡單的渴望開脫。如同美國作家孟肯（H. L. Mencken）所警告的那樣，不要將「簡單的解答」與「看似整齊可信但錯誤的解答」混為一談。就算你傾向簡化事情，還是要記得抱持著開放心態，接受可能讓事情複雜化的新事實。如同英國哲學家懷海德所說：「尋找簡樸，但是不要輕易相信它。」

切割導致完整，少即是多，而限制將通往自由。

化繁為簡的美德——也就是回到原點尋找原創性——提醒了我們，你所需要的東西並不在競爭者的劇本中等著你去發現，答案早就已經在你身邊了。

一旦你回到基本命題上，去除那些多餘的假設和程序，就準備好釋放你能使用的一項最複雜、同時也最具創新能力的工具：你的頭腦。

3 心靈遊戲
——如何利用思想實驗推進自己，達成突破

當我檢視自己以及我的思維方法時，得到了一個結論：比起擁有吸收正確知識的學習能力，天馬行空的想像力對我來說更為重要。

——愛因斯坦，物理學家

「如果追在一束光後面跑，會發生什麼事情呢？」逃離毫無想像力、要求學生死記硬背而犧牲創意思考的那所德國學校之後，十六歲的愛因斯坦反覆思考這個問題。他的目的地是一間根據瑞士教育改革家裴斯泰洛齊（Johann Heinrich Pestalozzi）理念所創辦的學校。

在那間學校裡，愛因斯坦實現了裴斯泰洛齊提倡的視覺學習方法。他鮮明地想像自己追在一束光後面飛速奔跑，相信如果自己能追上，就能觀察到一束凍結在時間中的光。這個信念與馬克士威所提出的電磁場振動性相違背，造成愛因斯坦在思考這個問題時，感受到一種他自述的「精神壓力」，而他花了十年想解決這份壓力，最終產出了他的狹義相對論。

而使愛因斯坦產出廣義相對論的則是另外一個問題：在封閉的房間中進行自由落體的人，可以感受到自己的重量嗎？

這個愛因斯坦稱爲「此生中最快樂想法」的問題，是他在瑞士專利辦公室某張書桌上做白日夢時產生的。身爲專利辦公室職員，愛因斯坦當時的職業訓練讓他非常擅長將構想視覺化，因爲他必須想像每一項發明如何在實際世界中運作，才能評估他收到的專利申請。在腦海裡描繪出自己的嶄新思想實驗圖像後，愛因斯坦的結論是：正在進行自由落體的人並不會感覺到自己的重量。相反地，此人會認爲自己正在零重力的狀態下漂浮著。而這個結論之後引導他得到另外一個重大的發現：地心引力與加速度是同樣的東西。

愛因斯坦將自己所有科學理論上的突破，都歸功於這些思想實驗。在他的一生中，曾想辦法視覺化「閃電落下的樣子」「飛速前進的火車」「加速的電梯」「正往下墜落的畫家」「二維的盲甲蟲在彎曲的樹枝上爬行」，以及其他許多各式各樣的景象。愛因斯坦用他充滿趣味的心靈，顚覆了根深蒂固的物理法則，讓自己成爲大衆心目中最受歡迎的科學人物。

本章將探討思想實驗的力量。你會發現：爲什麼源源不斷的創造力竟然來自於什麼事都不做；絕大部分的工作環境如何壓抑人們創造的潛力。你會學到：爲什麼該比較蘋果和橘子；爲什麼牛頓曾經是校園中最不受歡迎的教授。我會揭露：八歲孩子問的簡單問題，如何創造出收入數十億的作家；一款革命性的慢跑鞋和最偉大的搖滾金曲間有什麼共同之處。

在學習這些事情的同時，你會遇見科學家、音樂家及一些企業家，他們善於使用一種叫做「組合遊戲」的技巧，創造出突破性的成果，更將學到怎麼應用這個技巧到實際生活中。

心靈的實驗室

思想實驗雖然在大衆文化中與愛因斯坦連結在一起，但它的來源其實可以追溯到古希臘時代。從那時開始，思想實驗就已經在不同領域中擴散，幫助學者們在哲學、物理學、生物學、經濟學及更多領域中取得突破。思想實驗推進了火箭、推翻了政府、發展了生物演化論、解鎖了宇宙謎團，以及創造了具有革新能力的企業。

思想實驗建構出一個平行宇宙。在此，事物以不同於現實世界的方式運作。哲學家肯德爾·沃爾頓（Kendall Walton）解釋：「在思想實驗中，我們會想像一個特殊的虛構世界，其中的環境有些特殊設定，讓你在奔跑、表演，甚至只是單純想像這些世界的時候，能得到一些特殊的結果。」**透過思想實驗，我們能超越日常的思維，並且在屬於我們的眞實世界中，由被動的觀察者進化成主動的干預者。**

這麼說吧，如果大腦有條尾巴，那麼思想實驗就會讓尾巴搖擺起來。

這裡並沒有任何特定的咒語或祕密的步驟，可以簡單地靠複製貼上來進行思想實驗。公式和規則在根本上就與基本命題思考法互相牴觸，所以任何精妙的思想實驗都是以獨一無二的方式進行。在本章中，我將幫助你創造適合思想實驗的環境，但我只是引導，而非限制你可能的做法。

當我們想到科學家時，常常想像穿著實驗袍的天才，在點著螢光燈的實驗室裡，彎腰盯著最先進顯微鏡下的結果。但對許多科學家來說，腦袋裡的實驗室比物理世界的實驗室重要太多了。就像火箭驅動太空梭，思想實驗則驅動著我們的神經元。

讓我們拿特斯拉這位塞爾維亞裔的美國發明家做例子。他的思想實驗驅動了他的想像力，因而創造出現在生活中所使用的交流電系統。特斯拉在他的腦海中建立並且測試自己的發明。「在我畫下草圖前，所有電子都是在腦袋裡成型的。」特斯拉如此解釋，「我並不急著要直接投入實際的工作。當我有個構想，會先在自己的想像世界中把它建構起來。在腦中嘗試變換它的架構、進行改善措施，並且在我的腦袋中試營運。對我來說，在我的腦海中運行渦輪，跟在我的店面裡進行測試是一樣的事情。」

達文西也採用了一樣的做法。他最著名的就是使用自己的筆記本進行思想實驗，畫出各種在腦袋裡成形的工程設計——從飛行機器到教堂——然而他卻沒有實際去建構這些發明。

讓我們在此暫停一下。雖然這聽起來無比驚人，但**我們的確可以僅僅靠思考就產生突破**。沒有Google、沒有自學書籍、沒有討論小組或田野調查、沒有從那些自稱是生命導師的人或昂貴顧問那裡得到意見，也沒有從競爭者那裡抄襲。

事實上，**從外部尋找答案只會阻礙我們使用基本命題思考。因爲這麼做，讓我們執著於眼前的現狀，而非事物的可能性**。

思想實驗把這些外部的探索內化，讓它們存在於你和自己的想像力之間。愛因斯坦告訴我們：「純粹的思考，能抓住現實。」思考能證明一項論點是虛假的，分辨一件事情是否能成功，並且照亮我們向前進的道路——而這些都無須任何具體實驗。

讓我們看看這個例子。在一個沒有空氣阻力的世界裡，如果你讓一顆沉重的保齡球與一顆中空的籃球一起從同樣高度落下，哪一顆球會先到達地面？亞里斯多德相信比較重的物體會墜落得比輕盈的物體快，而這樣的理論流傳了兩千年，直到一位叫做伽利略的義大利科學家踏上舞臺。

伽利略生不逢時，活在一個充滿順服心態的世界裡。他挑戰了許多不同領域的權威教條，其中最有名的就是擁護日心說。他支持太陽才是太陽系的中心，而非當時衆人所認爲的地球。

伽利略也決定要挑戰亞里斯多德的理論。這位義大利人並不相信加速度會隨著物體質量變大而提升，所以他爬上比薩斜塔的頂端，讓兩樣不同重量的物體自由落下，然後愉快地在兩樣物體同時落地時，狠狠嘲笑了一下亞里斯多德。

不，其實他沒做這件事。

這整篇故事是最早替伽利略寫傳記的人杜撰出來的，大部分當代的歷史學家都同意，伽利略實際上做的是一個思想實驗，而非具體實驗。他想像一顆沉重的加農砲和一顆輕巧的火槍子彈，透過一條鐵鍊連接在一起，再同時從塔上落下。如果亞里斯多德是對的，這個相連的系統會比加農炮更快墜落到地面，因爲它的重量比加農炮更重。然而比較輕的子彈墜落速度應該比沉重的加農炮慢。也就是說，如果亞里斯多德的理論是正確的，那麼較輕的子彈應該會對整個相連系統形成阻力，讓整體下墜的速度比單顆加農炮慢。

但這兩條陳述不可能同時爲眞：這個相連系統的墜落速度不可能同時比加農炮快，又比加農砲慢。在這裡，思想實驗揭露了亞里斯多德理論中的矛盾之處並予以推翻。只靠思想推演，沒花任何一毛錢，一條曾經備受崇敬的定理就被推到路旁，讓位給新的理論。

數個世紀之後，伽利略的思想實驗在月球上得到證明。一九七一年，在阿波羅15號的任務中，太空人大衛·史考特於月球表面上讓一支錘子和一根羽毛同時從相同高度落下，結果兩樣物體以同樣的速度下墜，同時落到月球表面上。有鑒於全世界無數觀衆正在觀看這場實驗，而且阿波羅15號回家的路線，基本上就是奠基於這條實驗背後的定理計算出來的，官方的科學報告描述這個結果「非常令人安心」。

好奇心是任何思想實驗所須的關鍵材料。正是好奇心推動伽利略進行他的思想實驗，而許久之後，史考特才在月亮表面上測試這個理論的眞實性。但是對社會上大部分的人而言，好奇心並不是什麼太大的美德，反而比較像是會害慘自己的陋習。

好奇心殺死薛丁格的貓

「一隻貓可以同時活著卻又是死的嗎？」這是奧地利物理學家在他著名的實驗中提出的問題，目標是挑戰量子力學中哥本哈根詮釋（Copenhagen interpretation）的極限。

根據哥本哈根詮釋，量子粒子（如原子）的存在是不同狀態的結合——或者說疊加。換言之，一顆量子粒子可以擁有兩種不同狀態，或同時存在於兩個不同的地方，而只有當這個粒子被某人觀察到，它才會塌縮爲衆多可能狀態中的其中一種。

薛丁格把哥本哈根詮釋應用到一隻貓身上。在他的思想實驗中，一隻貓被放在一個密封的盒子裡，盒子裡同時有一小罐有毒物質，會在盒子中的放射物質衰變時被隨機釋放。如果你支持哥本哈根詮釋，在打開盒子前，這隻貓正是處於一種疊加狀態——同時是活的也是死的。只有當某人打開盒子後，這隻貓才會塌縮成這兩種現實狀態的其中之一。

當然，這個結果非常反直覺，但這也正是薛丁格思想實驗的目的，藉由邏輯上的極端推演，去創造矛盾、去誘導，以證明哥本哈根詮釋的不合理之處。

而這個思想實驗中還有另外一個重點：那隻貓並不是被毒藥殺掉的，而是我們充滿好奇心的觀察、我們的愛管閒事、我們像個小孩，在平安夜偷偷打開禮物的那種動作，眞正殺了這隻貓。

有句英文諺語向這個構想致敬：好奇心殺死貓。或者，就像另一句更戲劇化的俄國諺語所說的：「好奇的芭芭拉，她的鼻子在菜市場裡被扯掉了。」

根據可信度非常高的維基百科，這些諺語是用來「警告人們，那些不必要的調查或實驗可能帶來危險」。好奇心，對貓或在俄國菜市場裡買菜的人來說，並不只是討人厭或不方便而已。那些喜歡問問題或喜歡進行思想實驗的人，並不只是無法滿足於現狀的、惹人厭的麻煩製造機，他們實際上具有十足的危險性。就像著名的好萊塢製片人布萊恩．葛瑟及他的共同作者查爾斯．費希曼所寫的：「那些被允許一直發問天空為什麼是藍色的孩子們，長大後會成為那些專門問出顛覆性問題的大人：為什麼你是國王而我是農奴？太陽眞的繞著地球轉嗎？為什麼深色皮膚的人是奴隸，而淺色皮膚的是主人？」

我們不鼓勵好奇心，也是因為好奇代表必須承認自己的無知。提出一個問題或進行一次思想實驗，意味著我們並不知道正確答案，而那是很少數的人才願意承認的一件事。我們害怕看起來愚蠢、我們假設絕大多數的問題都太基本了，所以根本就不該提問。

讓事情更嚴重的是，在這個「進展快速、時時突破」的時代，好奇心看起來就像是種不必要的奢侈品。我們推崇時時清空電子信箱並專注在執行上，所以已經存在的解答就是最有效率的選擇。它幫助我們照亮前方的道路，讓我們能快速做完清單上的一件事情，然後趕緊開始下一件。而提出問題，在另一方面來說，是非常沒有效率的。如果問題沒有立即可對應的答案，就不可能在我們已經爆滿的日程表上占有一個位置。

我們最多就是嘴上虛應故事地稱讚一下，卻不鼓勵好奇心。企業們會舉辦「創意日」以培養創新精神——活動中塞滿了各種花俏的簡報及昂貴的外部講師——但在剩餘的三百六十四天，企業仍以原本的方式繼續運行，員工們被鼓勵依樣畫葫蘆而非質疑現狀。

根據針對十六個產業員工所做的一項調查：大約有六五％的員工認為好奇心是發現新構想的關鍵，然而有大約相同比例的員工覺得自己無法在工作中提出問題。雖然在同樣的調查中，有八四％的員工認為雇主在口頭上鼓勵創新，卻有六〇％的員工認為在實際創新的過程中受到阻礙。

我們並沒有把好奇心變成常態，只是在危機到來時才開始變得好奇。只有在我們即將被免職時，才會開始尋找替代的職涯道路；只有當企業被年輕、飢渴、烏合之眾的競爭者給趕上，我們才會集結管理部隊趕快來場緊急會議，花費無用的幾個小時來「跳脫框架思考」。

我們依賴同樣的方法、同樣的腦力激盪模板，以及同樣陳腔濫調的中庸之道來尋找答案。這樣所找到的創新結果，不出所料的一點都不創新，充其量只是現實狀況的美化版本。

看看那些龐大無比的公司、疊床架屋的官僚系統，它們經年累月地缺乏好奇心，最後往往都被自己的重量壓垮。

害怕看到結果也是我們逃避好奇心的另外一個原因。我們不詢問困難的問題，因爲不知道自己會面對什麼結果（這也就是爲什麼人們不願意看醫生，因爲害怕知道診斷的結果）。更糟糕的是，我們害怕自己最後什麼也沒有找到——害怕探索的終點並沒有結果——然後整個思想實驗就變成純粹的浪費時間。

我們也害怕思想實驗會需要複雜的頭腦體操或神來一筆的靈感，我們告訴自己，如果這個問題有意義的話，絕對有個比我們還要聰明的人已經問過了。

但是天才們並不是思想實驗的獨占者，也不是被選中的少數人。你不需要愛因斯坦那顆被電過的爆炸頭才能進行思想實驗，因爲我們心中都住著一個實驗者的靈魂，每個人都是行走的寶庫，隨時可以綻放蘊藏在潛意識中的靈光。

而**看似無意義的探索與實驗，正是讓我們內心靈光可以乍現的關鍵**。文豪蕭伯納曾經說過：「很少人在一年中思考超過兩、三次，而我之所以在國際上得到名聲，是因爲我一週裡會思考個一、兩次。」**趕鴨子上架與創意是對立的兩個概念，你沒有辦法一邊努力坐在電腦前回信、一邊創造偉大的突破。你必須現在就感到好奇，並在渴死之前掘井，而不是糾纏在瑣碎事務中，最後被迫面對危機。**

好奇心或許殺了薛丁格的貓，但是很可能可以救你的命。

終身幼稚園

「爲什麼我沒辦法馬上看到照片？」一九四三年，埃德溫．蘭德與家人在新墨西哥州的聖塔菲渡假。蘭德是個相機愛好者，也是後來拍立得的共同創辦人。他當時正在幫三歲的女兒珍妮佛拍照。那個年代並沒有即時成像技術，必須在暗房裡用專業技術進行顯影與沖洗，然後底片才能見光，而這個過程會耗時數天。雖然針對這件事有許多不同的傳聞，但是根據比較普及的說法，早熟的珍妮佛問父親的一個問題改變了這一切。

「爲什麼我沒辦法馬上看到照片？」蘭德把這個問題記在心裡。但是他面對著巨大的限制，因爲龐大的暗房無法裝載到小型相機之中。他決定出門走走，同時思索這個問題，接著進行了一場思想實驗：如果相機本身就帶有一個小型儲存槽，裡面裝了暗房顯影成像所須的化學物質，這樣可行嗎？可以預先在底片上塗這些化學物質，使之釋放到相紙表層，產生最終的影像。

蘭德花了好幾年才將這個技術開發到臻於完美，但是他的思想實驗最終導向了即時顯影技術的發明。這個新技術讓我們只需要花上數秒鐘而非數天，就能在按下快門之後馬上拿到一張實體照片。

即使大多數的成年人並不習慣進行思想實驗，但我們在孩童時代卻非常擅長這麼做。在我們的世界充滿各種既定事實、記憶、正確答案之前，我們受純眞的好奇心所驅動，我們睜大眼睛觀察世界、時時充滿驚嘆，而且從來不認爲任何事情是理所當然的。我們很幸運地沒有意識到社會規範的存在，並且時時刻刻都用思想實驗的方式在觀看世界，我們不會假設自己已經知道事情的答案，而是渴望學習、實驗及吸收新知。

我最喜歡的範例是：幼稚園教師在教室裡走動，檢查孩子們正在進行的畫圖作業。「妳畫的是什麼呢？」他這樣問一位學生。小女孩說：「我在畫上帝。」那位老師對於這個脫離常軌的答案很是震驚，他說：「但是沒有人知道上帝長什麼樣子啊。」而小女孩說：「一分鐘之後大家就會知道了。」

孩子們總是能直覺地抓住那些讓成年人困惑不已的宇宙眞相：一切都只是一場遊戲，一場盛大且充滿驚奇的遊戲。

在很受歡迎的童書《阿羅有枝彩色筆》中，四歲的主角阿羅能透過畫畫創造出物品。面前無路可走，他就畫一條路；路上沒有月光，他就畫輪月亮；身邊沒有樹可以爬，他就畫出一棵蘋果樹。在整個故事中，他的想像力創造出物品的存在。

思想實驗就是專屬於你，且可以讓你任意扭曲事實的遊樂場、是你可以自己選擇主題的

冒險遊戲、是你的彩色筆。

而這枝彩色筆也是愛因斯坦最喜歡的科學工具。即便在長大成人之後，他還是一直帶著他的彩色筆。就像他曾經在寫給一位朋友的信中提到的：「你我從來沒有停止像個好奇寶寶那樣，在我們身處的巨大謎團前探頭探腦。」幾個世紀之前，據稱牛頓也用了類似的文字來描述自己：「我像是在海岸邊玩耍的小男孩，而這個廣大的眞實之海，將一切未被發掘的事情在我面前鋪展開來。」

雖然愛因斯坦和牛頓保留著他們兒童時代的好奇心，但對多數人來說，這份好奇老早就被趕出了腦海。這一部分要怪罪於充滿順服性的教育系統（沒有人知道上帝長什麼樣子啊），因爲它是設計來生產工業時代勞動力的。與此同時，我們與生俱來的好奇心也被忙碌且充滿好意的父母壓抑，因爲他們相信所有重要的事情早就已經被決定好了。我們可以想像，在蘭德的狀況中，一位困擾不已的父親隨意打發掉孩子怪異的問題（耐心點，珍妮佛！妳要學會等待照片洗出來），或者一位忙碌的母親，無視十六歲的愛因斯坦追逐光線的天才性思想實驗（回你的房間去，阿爾伯特，然後不要再講那些有的沒的）。

隨著時間進展，我們慢慢接受了成人的身分。當我們的學貸或房貸數字開始往上飆，我們的好奇心很快就被自我滿足所取代❶。我們認爲聰明的主張是種美德，而充滿趣味的主張則是種陋習。

但是趣味與智能應該是互補的，而非互相競爭。從不同的角度來看，趣味性能開啓通往聰明的道路。社會學家詹姆斯・馬奇在一篇研討會論文《愚蠢創造的科技》（*The Technology of Foolishness*）中提到：「趣味性讓我們刻意地暫時從規則中放鬆下來，以便探索可能的替代方案。」他認爲，「無論個人或是企業，做事時都應該不須具體理由。當然，並非隨時隨地都得這樣，我甚至不能說該經常這樣做，但是偶爾必須如此進行。」只有用充滿趣味性的態度來面對自己所相信的事，我們才能挑戰並且改變舊有觀念。

在思想實驗這個詞中，眞正起作用的是「實驗」這兩個字。

思想實驗像是在腦中受控的環境下，裝置一個沙盤。這樣的框架降低了事情的風險，如果進行得不順利，也不會怎麼樣，更沒有所謂的附帶損害或外溢效應。在實驗的初始階段，不要馬上就把實踐當成目標，更不要去追求完美，這樣比較不會被自己的假設、謬誤與恐懼給躓絆住。

重新擁有童年時的好奇心可以激發我們的創造力，許多實驗都證明了這件事。然而被叮嚀著要像孩子一樣思考，有時聽起來就像是叫我們在暴風雨中保持身體乾燥一樣，幾乎是強人所難。

❶ 在美國，高額學貸與房貸代表進入好學校、購買大房子。

這裡有個好消息：你不需要練縮骨功或發展出彼得潘症候群❷，就可以重新找回孩提時代的好奇心。想要與內心那個幼年的自己重新連結，大概就像假裝成七歲孩子一樣簡單。雖然這建議聽起來很奇怪，但是眞的有用。在一項研究中，當受試者被指示想像自己是空閒的七歲孩子時，他們在創意思考上的客觀測試結果比較好。而正是因爲如此，在麻省理工媒體實驗室——致力於跳脫傳統規範，混合、配對看似毫不相干的研究領域——就有一個叫做「終身幼稚園」的團隊。

我們心靈的適應性比你想像得更強韌。如果我們假裝生命是一輩子的幼稚園，我們的心大概就眞的會如此認爲。

在這個階段，你或許會忍不住想：如果思想實驗並不眞的有道理、如果這比較像是給孩子的遊戲，爲什麼我要這樣做？如果思想實驗不能應用在實際生活中，那它與毫無用處的幻想有什麼不一樣？

思想實驗並不是爲了找到所謂「正確的答案」，至少一開始的時候不是。這不像高中化學課那樣，每個實驗的結果都已經預先被設定好了，所以不容許好奇心和意料之外的見解存在。在高中化學課的實驗裡，如果沒有得到正確答案，就會被迫留在實驗室裡，在你的同學都下課去看電影時，繼續與燒杯和試管纏鬥。愛因斯坦的思想實驗並不是要找出具體的辦法，可以跟隨在一道光旁邊奔跑。相反地，他其實是要激發出開放的探索過程，而這往往會導致預期之外的重大發現。

進行一項思想實驗，即使是不知通往何處的實驗，都能帶來重大的突破。而幻想，就像華特．艾薩克森所寫的，能「引領你走向現實」。這有點像是從紐約開車到夏威夷一樣：不可能嗎？的確。但你會在遇到巨大阻礙（太平洋）之前，發現許多深刻的洞見嗎？絕對會。**思想實驗最大的目標，就是把你從自動導航模式裡給拖出來，讓心靈接受不同的可能性。**

記住，思想實驗只是一個開始，並非結束。這個過程會是混亂且非線性的，並且就像在下一節中將看到的，你通常會在最出乎意料的地方得到答案。

記得要常常覺得無聊

我不記得自己上次覺得無聊究竟是什麼時候了。

我醒過來，抓住手機，來點每天早晨必備的各種電子通知，然後正當我要滑開所有的通知時，我突然靈光一現：

我不記得自己上次覺得無聊究竟是什麼時候了。

---

❷ Peter Pan syndrome，流行心理學名詞，指生理已成年，但心理層面的思考與行為仍像孩童。

除了VHS錄影帶播放器及邦喬飛的錄音帶以外，無聊可以說是另一樣被我遺忘在遙遠過去的遺跡。離我早上醒來之後，無聊地在床上滾來滾去、趁現實生活開始前趕緊做點白日夢的日子，已經很遙遠了。我不再於等待理髮時轉拇指，等咖啡時也不與陌生人攀談。

我把無聊——根據我的定義，是一大段鬆散且沒有分心事物的時間——視爲應該避免的事情。無聊讓我回想起那些因爲做白日夢而被老師責打的記憶。對我而言，無聊就是一杯苦澀的調酒，摻雜了不安、不耐與絕望。我以爲只有無聊的人會覺得無聊，所以我把自己生活中的每一刻都安排得滿滿的，或者應該說強塞得滿滿的。

我知道自己不是唯一一個這麼做的人。在平常的一天中，我們從某個社交軟體滑到另外一個、收收信，或者看點新聞，而做完這些事只需要二十分鐘。與其面對無聊所帶來的不確定性（我不知道能跟自己做什麼，我甚至不太想知道），我們比較喜歡與這些充滿確定性的娛樂消遣相處。根據二〇一七年的調查，大約有八〇%的美國人聲稱自己不會花任何一點時間在「放鬆或思考」。

那些罕見的平靜時光，會讓我們有種罪惡感，好像各種手機上的通知正用幾百分貝的聲音此起彼落地響著。我們被迫要時不時瞟上一眼，避免漏掉任何訊息。與其主動積極地做些什麼，我們選擇花上生命中大部分的時光被動地接收訊息；而當我們需要放鬆時，又會找上同樣類型的電子消遣，就這樣往復循環，到最後我們只會感覺更糟而已。

而回應這些綿綿不斷的電子訊息等於是抱薪救火，因爲我們所回的每一封信只會爲自己帶來更多需要回應的訊息，每一則臉書訊息或推特都讓我們有新的理由再回去看看，這是種薛西弗斯式的折磨，永無止盡地嘗試把那塊巨大的石頭推上山。

然而我們似乎喜愛這種折磨甚過於無聊。在二〇一四年的一份研究中，研究人員讓大學生年紀的受試者待在一個房間，請他們將所有隨身物品都留在房間外，自己一個人待著，並且告知他們可以花十五分鐘進行各種思考。我知道，十五分鐘很長，所以研究人員同時也給了這群成長於網路世代的受試者一個選擇：如果不想花十五分鐘進行思考，他們也可以在想要的時候按下一個按鍵，讓自己受到一陣電流的電擊。在研究中，與其坐下來靜靜思考，竟然有六七％的男性及二五％的女性選擇被電（其中包括一個在十五分鐘裡狂電自己一百九十次的受試者）。

這眞是個驚人的結果。

也就是說，**無聊現在是種瀕臨絕種的精神狀態，而這可不是什麼對人類溫和無害的發展。當人們不再感到無聊，我們的創意細胞就會因爲疏於使用而漸漸凋萎**。生物學家艾德華·威爾森說：「我們被淹沒在資訊中，同時卻渴求智慧。」如果我們不花時間思考、如果我們無法暫停下來理解事情並細細考量，將無法得到智慧或發現新構想。我們只好將就於第一個出現在腦海中的解決方案，而不是認眞地花時間處理問題。但是那些值得思索的問題，通常並沒有一個立即而直觀的答案，就像作家威廉．德雷西維茲所解釋的：「我腦中的第一個想法通常都不是最好的想法，因爲它常常是他人的想法、是我已經聽過、看過的某件事情，總而言之，是某種約定俗成的智慧。」

我們總認爲無聊是浪費生命，但事實卻正好相反。在一項研究中，兩位英國學者從數十年來的研究數據中得到的結論是：無聊，應該要被認可是某種人類的正常情緒，而其存在對於學習和創意有著不可忽視的影響。

沉浸在無聊裡，可以讓我們的大腦把外在世界消音、打開內在世界。這種心理狀態讓我們可以鬆弛一下最複雜的機器，讓大腦從專注狀態轉換成一種鬆散的思考模式。**當我們開始在白日夢裡逡巡時，大腦中的網絡就會以預設的模式開始運作，而根據一些研究顯示，這種預設模式是創造力的關鍵。**

就像諺語所說的，是音符間的靜默造就了音樂。

牛頓曾經是校園裡「最不受歡迎的教授」，因爲他會在課堂上講到一半時，突然停下來，掉進所謂的創意冥想中，一停就是好幾分鐘，而學生只好默默地等他重新回到人間。在創意冥想的過程裡，看起來什麼事都沒有發生，然而外表是會騙人的。即便是在閒置狀態下，我們的大腦依然是活躍的。史丹佛大學訪問學者方洙正寫道：「當你雙眼失焦盯著空氣看，大腦所消耗的能量，只比你在解微分方程式時少那麼一點點而已。」

這些能量都花到哪裡去了？在你心中，可能有許多互不相關的資訊四處漂流，但是你的潛意識卻在背後認真地工作著，鞏固你的記憶、創造不同的連結，並且結合新資訊與舊資訊來創造全新的組合。「無意識地做事」這個說法，對於大腦中時時刻刻都在後端辛勤工作的那塊腦區來說，可是種侮辱。

當我們靜靜地坐在那裡，我們就像塊磁鐵那樣吸引著新點子。這也就是爲什麼我們常用靈機一動、靈光一閃、神來一筆這樣的說法來形容那個「我找到啦！」的頓悟時刻。不同的構想常常在我們鬆弛懈怠的時刻裡，像爆米花那樣不停從腦袋裡跳出來，但在我們辛勤工作時卻毫無動靜。愛因斯坦是在白日夢中有了那個「進行自由落體的人感覺不到自己體重」的想法，最終發展出他的相對論；丹麥物理學家尼爾斯．波耳眞的在夢中看見自己「坐在太陽上，而所有行星掛在一根根細絲般的軌道上飛速地繞著太陽轉」，從而畫出了原子的結構；而阿基米德著名的尤里卡時刻，則是在他舒舒服服泡澡時發生的。

在一個電視廣告裡，許多企業的高階經理人爭先恐後擠進公司的淋浴間，有人問：「爲什麼我們要在淋浴間開會？」而他的老闆回答：「因爲點子總是趁我在家裡洗澡時冒出來啊。」

洗澡有助於創意發展雖是陳腔濫調，但它眞的有用。修好哈伯太空望遠鏡受損鏡片的方法，就是在淋浴間裡想出來的。哈伯望遠鏡在一九九〇年被送上太空，用來拍攝高解析度的外太空影像，然而因爲一面有缺陷的鏡子，望遠鏡傳送回來的影像卻模糊不清。要修好這片鏡子，太空人必須要能爬行到望遠鏡結構的深處，而想要在一臺離地球表面幾百公里、正在高速公轉的機器上進行這樣的操作，並不是件容易的事。NASA工程師詹姆斯·克羅克（James Crocker）在德國的一間旅館裡洗澡時，看到浴室裡可調節高度的蓮蓬頭，他心裡「啊哈」了一聲，想出利用可伸縮的機械手臂探進哈伯望遠鏡，成功到達原本被認爲難以接近的望遠鏡深處。

這些靈感看似得來全不費功夫，但實際上是經歷了長久、緩慢的發酵所得到的成果。一項突破必須從問出對的問題開始，接著是努力尋求答案的過程，以及不可避免地卡在瓶頸長達數日、數月甚至數年之久。研究顯示，所謂的孵蛋期——也就是你認爲自己卡住了的那段時間——可以大大增進解決問題的能力。

就像因爲證明費馬最後定理而成爲著名數學家的安德魯·懷爾斯，便曾經說過：「陷入困境是過程的一部分，但是人們並不習慣如此。他們認爲身處瓶頸是件非常有壓力的事情。」當他處於瓶頸中——而他常常如此——他會停下來，讓自己的大腦鬆弛一下，然後出門到湖邊散步。懷爾斯解釋：「走路可以讓你處於一種很好的放鬆狀態，但是與此同時，你的潛意識仍然在運作著。」就像懷爾斯所知道的，一個被緊緊看著的鍋子是不會沸騰的，你必須要遠離問題——物理上和心理上兩方面都遠離——答案才會自己浮現。

出門好好散個步或上山健走，是許多科學家的好幫手。特斯拉在布達佩斯城市公園裡散步時想出了交流電馬達；達爾文在遇到困難問題時，會到肯特郡住家附近一處叫做「沙道」（sandwalk）的墓園散步，一邊踢著路邊的小石頭；海森堡夜裡在哥本哈根街頭散步時，發現了量子力學的不確定性原理。兩年多以來，他一直對於自己的等式感到挫折，因爲它能預測一個量子粒子的動量，卻無法預測其位置。在某天晚上，他突然有了靈感：如果他的等式其實沒有錯呢？如果不確定性是整個量子粒子本質性的一部分呢？與這個問題攜手來了一場漫長的散心之後，海森堡一提起腳就踏進答案裡。

有的科學家會讓音樂來啓發他們的潛意識。舉例來說，愛因斯坦會利用拉小提琴來解密宇宙。就像他一位朋友所回憶的：「愛因斯坦常常在他家的廚房裡拉小提琴拉到很晚，一邊即興演奏不同的旋律，一邊思考複雜的問題。接著突然之間，在演奏到一半時，他會驚喜地宣布：我想出來了！就像音樂給了他無窮的靈感，而問題的解答會自然而然地從音符之間跳躍出來。」

很多具有創造力的人也樂於擁抱閒置的狀態，以便激發具有原創性的想法。點子常常「從白日夢裡來」。作家尼爾．蓋曼解釋：「點子常常在你只是坐在那裡、不著邊際地亂想時就跑出來了。」當人們請蓋曼對想成爲作家的人發表建議，他的答案很簡單：「學會無聊。」史蒂芬．金完全同意：「無聊對在創意中打滾的人來說，是非常好的一件事。」

「無聊」降臨在名叫喬安的女人身上，讓她出版了第一本書。一九九〇年的某一天，從曼徹斯特到倫敦的火車延遲了四個小時，當她在等待火車的時候，一個故事「在腦中完全成型」，那是關於一個小男孩去魔法學校念書的故事。誤點的那四個小時，最後成爲J・K・羅琳的幸福時光，她的《哈利波特》系列書籍在全世界擄獲了無數粉絲。

就某種程度上來說，羅琳是幸運的。她的小說靈感比智慧型手機問世得要早，所以她不需要在那等待的四個小時裡，不斷抗拒手機通知的種種誘惑。而現今世界中，我們必須要積極爲自己打造生命中的無聊時光。舉例來說，比爾・蓋茨會跑到某個與世隔絕的西北太平洋海岸小木屋裡待上一個禮拜，他稱此爲「思考週」。就像你猜到的，他在那裡遠離會使他分心的事物，專心思考。Nike的共同創辦人菲爾・奈特，則在他家客廳裡特別指定一張椅子，專門拿來做白日夢。

我決定要追隨他們的腳步，打破自己對於手機的依賴，並且積極地重新點燃我失落已久的無聊之情。我開始刻意爲自己在一天中留出時間，有點像是打開飛航模式那樣，我會坐在自己的躺椅上，什麼事也不做，就只是單純地思考。我每個禮拜會花四天、每天二十分鐘，坐在桑拿裡面，只帶一隻筆和一張紙進去。對寫作來說，這是個奇怪的地方？沒錯，但是某些近期以來最棒的點子，正是在那個孤獨燠熱的環境裡冒出來的。

聽起來很簡單：去公園裡散散步、洗個澡、坐在桑拿裡或椅子上做白日夢。但這裡眞的沒有什麼了不起的魔法，至少不是霍格華茲的那種，你需要的就是設計一段讓自己能放鬆休息，並且好好思考的時間，讓你內在的沉靜可以暫時蓋過現代生活的喧囂。

在這個以追求快速滿足爲價值的年代，這個點子聽起來並不怎麼讓人興奮。但事實上，創造力經常以一種微弱的耳語形式出現，而非轟然巨響。你必須很有耐心，才能追尋到那陣耳語，並且也要有足夠的敏感度，才能在耳語來臨時聽得夠清楚。如果你跟自己的問題共處得夠久，就會像詩人里爾克所寫的：「即使起初感覺不到，但你會漸漸在未來的某一天，發現自己就生活在答案中。」

下次當你開始感到無聊時，抵抗一下手機的吸引力，也不要想著必須做點什麼「有生產力」的事情，無聊或許就是你能做到最有生產力的動作。

無聊還有另外一個好處，它讓你的大腦可以自由地把截然不同的事物連結起來，比如說一顆蘋果和一顆橘子。

比較蘋果與橘子

開始學習英文時，很多英文諺語常常讓我非常困惑。這句更是長期高居我困惑榜的第一名：比較蘋果與橘子❸。第一次聽到這句諺語時，我整個人都愣住了，我以爲蘋果跟橘子兩者有更多共通點而非相異點（親愛的讀者，或許你此時很想扶額嘆氣，我可正是在比較蘋果和橘子）：蘋果和橘子都是水果、都是圓形的、都香甜可口，甚至大小還差不多，而且都長在樹上。

太空總署埃姆斯研究中心（NASA Ames Research Center）的史考特．桑福德（Scott Sanford）甚至還更進一步做過比較，他用紅外線光譜儀來比較澳洲青蘋果與臍橙，並且表示兩種水果的光譜驚人地相似。這份充滿戲謔的〈蘋果與橘子：一種比較〉研究報告，發表在一本諷刺性強烈的科學雜誌《科學幽默雜誌》（*Improbable Research*）。

儘管蘋果和橘子事實上如此相似，這句諺語還是非常有名，因爲我們非常不擅長在看似無關的事物中找到連結。無論在個人生活或職業生涯中，我們常常畫地自限，只拿蘋果跟蘋果相比，或用橘子跟橘子比較。

在今天的世界裡，大家都崇拜專業分工。英語世界認爲「樣樣通，樣樣鬆」，希臘人有句警語「什麼都會一點的人只能住在空房子裡」，而韓國人相信「多才多藝的人沒有晚餐吃」。

這樣的態度讓我們付出了巨大的代價，因爲它阻止不同領域相互傳播交流構想，僅停留在自己所屬的人文或自然科學道路上，並且將來自另一邊的概念拒於門外。如果你主修英文，量子力學對你來說有什麼用？如果你是工程師，爲什麼要讀荷馬的《奧德賽》？如果你是醫學院學生，爲什麼要研究視覺藝術？

最後那個問題實際上是一項研究的主題。三十六位醫學院一年級學生被隨機分成兩組，第一組在費城美術館裡上六個小時的課程，學習如何觀察、描述及詮釋藝術作品，接下來再和沒有接受藝術課程的對照組比較，而上課前與上課後的測試顯示，這群接受過藝術訓練的學生，在觀察技巧上有了大幅度的改善，例如他們更擅長從相片中判斷視網膜疾病。這項研究指出：「藝術訓練本身，能教導醫學院學生們如何成爲更好的臨床觀察者。」

生命中的事物並不會在劃分好的區塊中發生，所以實際上，比較相似的事物能給予我們的知識非常有限。生物學家方斯華．賈克柏說：「創造就是重新組合。」幾十年後，賈伯斯也發表了類似的感想：「創造力實際上就是把事物連結在一起的能力。當你問那些充滿創造力的人們如何做某件事情，他們常常會有些許罪惡感，因爲他們並沒有眞的從無到有做出那件事情，只是看到某種可能性。與其他人相比，他們可能只是有較多的經驗，或者對自己的經驗做過比較深的思考而已。」

換句話說，「跳出框架思考」這件事情，在你同時身處好幾個不同框架的時候，會變得比較容易。

❸ compare apples and oranges，風馬牛不相干。此諺語意指比較兩種不相干，或通常認為不能一起比較的事物。

愛因斯坦把這個構想稱爲「組合遊戲」，他相信這是「創造性思考不可或缺的元素」。**這個遊戲需要你將自己放置在一個充滿五顏六色構想的環境中，發現不相干事物之間的相似性，然後再重新組合蘋果與橘子，成爲一種全新的水果**。用這個方法思考，就像諾貝爾物理學獎得主菲利普・安德森所說：「事物的全體將會超越其單一部件的總合，並且擁有非常不同的面貌。」

爲了讓不同領域的知識可以彼此交雜授粉，著名的科學家們通常都擁有多元的興趣。舉例來說，伽利略能看見月亮上的山丘與平原，並不是因爲他有一部了不起的望遠鏡，而是因爲他受到的繪畫與素描訓練，讓他知道月亮上不同顏色深淺的區域所代表的意義；達文西關於藝術和科技的靈感也經常從外部得來，他的導師就是大自然，而他在多個領域自學成才，包羅萬象的研究包括小牛的胎盤、鱷魚的下顎、啄木鳥的舌頭、人的臉部肌肉、月亮的光線及陰影的邊緣❹。

啓發愛因斯坦廣義相對論的靈感，更是來自於十八世紀蘇格蘭哲學家大衛・休謨。他首先開啓了對於時間和空間絕對性的質疑。在一九一五年十二月的一封書信中，愛因斯坦如此說：「如果沒有這些哲學的研究，我眞的不敢說相對論會不會存在。」愛因斯坦最早是透過奧林匹亞學院（Olympia Academy）——一群熱愛組合遊戲的好友們固定在瑞士伯恩聚會，討論物理學與哲學——接觸到休謨的學說。

達爾文在發展他的演化論時，受到兩個不同的領域啓發：地質學與經濟學。在查爾斯・萊爾一八三〇年出版的《地質學原理》這本書中，提到高山、河流及峽谷是透過一種極爲漫長的演化過程所形成的，其中包括地球表面受到侵蝕、風化與雨水帶走的地面土壤。萊爾的理論猛烈打擊了傳統觀點。當時的傳統觀點認爲，地形地貌是由災難或像挪亞洪水那樣的超自然現象所產生。

達爾文在英國皇家海軍的小獵犬號上航行時，閱讀了萊爾的書，並且將地質學的概念應用到生物學上。火箭科學家大衛・墨瑞在《借用創意，你最快出人頭地》中提到達爾文因而提出：有機的物質就像無機物那樣演進，在每一個世代中都只有非常微小的改變，但是隨著時間推移，卻累積成新的生物器官，包括眼睛、手或翅膀。達爾文同時也從十八世紀末的經濟學家湯瑪斯・馬爾薩斯那裡得到靈感。馬爾薩斯認爲人類繁殖的速度經常比資源增長的速度要快，因此造成了生存競爭，而達爾文相信這個競爭驅動了演化的進程，最能適應環境的物種將能生存下來。

組合遊戲也是偉大音樂家所擁有的特徵。著名的音樂製作人里克・魯賓（Rick Rubin）告

❹ 達文西所創的暈塗法讓畫面非常柔和，可歸功於他對陰影邊緣的細緻觀察，他做到了讓陰影與明亮處自然融合，卻依然保有其存在感。

訴他的樂團，在編寫新專輯的時候，不要去聽當下正流行的歌曲。他們最好「從世界上最偉大的博物館中汲取靈感，而不要從熱銷金曲排行榜中搜索點子」。舉例來說，鐵娘子樂團的專輯結合了看似毫不相關的莎士比亞、歷史及重金屬音樂；皇后樂團的《波希米亞狂想曲》更被公認爲是史上最成功的搖滾歌曲之一。這首歌就像一首歌曲三明治一樣，開場與結束走民謠風，但中間夾雜了硬式搖滾以及歌劇唱腔。

大衛．鮑伊則是另一位混搭大師，他在寫歌詞的時候，使用一種特製的電腦軟體Verbasizer，將他從報紙、會計帳簿等不同地方看到的句子打進去，軟體會切分句子再重新組合。「而最後你得到的結果，」鮑伊解釋，「將是各種名詞、動詞全部打散混雜在一起、語意斑斕的萬花筒。」而這些詞句組合最終會成爲他創作歌詞的靈感。

組合遊戲同時也在科技領域中產生許多重大的突破。賴利．佩吉和謝爾蓋．布林應用從學術界獲得的概念——當一篇論文被引用越多次，就代表它越受歡迎——進而創造了搜尋引擎Google；賈伯斯著名的例子是借用了字體設計的概念，爲他的麥金塔系統創造了多元化的字體樣式及合適的字體間距；Netflix的共同創辦人里德．哈斯廷斯受到他的健身房會員制度啓發：「你可以一個月付三十或者四十美元，而要上幾次健身房、甚至完全不去都沒問題。」有鑒於他自己曾因延遲歸還《阿波羅13號》而產生龐大的費用，哈斯廷斯決定要把同樣的模式應用到影片租借的市場上。

Nike的第一雙慢跑鞋其實是根據一項常用的家用品製造出來的。在一九七〇年代初期，奧勒岡州立大學的跑步教練比爾．包爾曼，正在尋找一種在不同材質地面上都表現一樣出色的慢跑鞋。當時，包爾曼隊伍裡的運動員會穿著有金屬尖刺的鞋子，這些鞋子不但沒有適當的抓地構造，還會破壞運動場的表面。

某個星期天早上吃早餐的時候，包爾曼的眼睛看到廚房裡的鬆餅機，發現只要將鬆餅機上的格子圖案反過來，他就可以創造沒有尖刺的鞋子。他一把抓起鬆餅機，跑到車庫裡，並且開始打造自己的模具。他的實驗結果就是鬆餅訓練鞋（Nike Waffle Trainer），這是一雙革命性的跑鞋，帶有橡膠材質的抓地設計，抓地力更好，並且能適應不同材質的運動場地。包爾曼廚房裡的那臺鬆餅機，現在收藏於Nike總部的展示櫃裡。

就像這些例子告訴我們的，在一項產業裡的革命可能正是由另一項產業所啓發的。雖然大多數的時候，跨行業的應用不會一開始就趨近完美，但僅僅是比較和組合，就能帶來新的火花。

如果我們沒有看見其中的共通性，就不可能將兩個毫不相干的構想串連在一起。據傳，生物學家赫胥黎在閱讀完《物種起源》後曾經這麼說：「我眞是太蠢了，竟然沒有想到這個！」蘋果和橘子之間的連結看起來很明顯，但這是後見之明。在達爾文的時代，有許多人曾經對物種進行研究，也有許多人曾經讀過啓發達爾文的馬爾薩斯和萊爾的書，但達爾文正是罕見的那一個人——既研究物種，也讀過馬爾薩斯，還讀過萊爾，並且能在這三個不同領域間進行連結。

就像這些例子中所提到的，要連接起蘋果和橘子，必須先收集這些蘋果和橘子。**你的收藏品越多元，所產出的成果就會越有趣**。拿起一本雜誌或一本書，去閱讀一個你一無所知的領域；參與一個不同產業的會議；讓你自己被不同職業、不同背景、擁有不同興趣的人環繞。與其談天氣或不停重複那些陳腔濫調的寒暄，你可以問：「你現在進行的事情中，最有趣的一項是什麼？」下一次發現自己身處創造上的困境時，你可以問：「在其他產業中，他們所面對的困境是什麼？」舉例來說，約翰．古騰堡曾經遇到一個印刷技術方面的問題，所以他參考了其他產業的做法，例如釀酒師或橄欖油製造商，而這些產業使用螺旋壓力機來榨汁。古騰堡將相同的概念應用到印刷上，開啓了整個歐洲大眾傳播的時代。

我們也可以從皮克斯身上學習。這個創意工作室締造了無數動畫票房佳績，例如《玩具總動員》或《海底總動員》。皮克斯鼓勵員工每週花四小時，在企業內部的訓練機構皮克斯大學中上課。課程包含繪畫、雕塑、雜耍、即興表演、肚皮舞等等。雖然這些課程和動畫製作沒有直接關係，但是皮克斯知道，創造性的構想常常是從一些看起來不可能的地方產生的。如果你不斷收集蘋果和橘子，並且花時間和它們相處，那麼關於新水果的構想很快就會自然而然地出現。

組合遊戲不只是關於創意構想，你也可以在與人相處時應用這個原理。下一節將提到，當來自不同領域的人們結合在一起，創造出的整體成果遠大於個別組成部件的總和。

孤獨天才的神話

「這些漫遊者的構造太複雜了，沒有人能真正理解它們。」

這句從史蒂夫．斯奎爾口中說出的話可能讓你大吃一驚。他可是二〇〇三年火星探索漫遊者計畫的首席研究員，其所帶領的團隊負責設計漫遊者探測器，編寫各種太空飛行器的指示文件，以及讓這些機器在火星表面上實地操作。即使如此，對斯奎爾來說，這些漫遊者探測器依然是「複雜到一個人無法全部理解」的程度。因此在這種狀況下，理解並非個人單槍匹馬可以完成的，我們必須擁有一個屬於團隊的集體大腦。

我們經常把在車庫裡苦幹實幹的天才們給神化了，無論是在自家車庫裡敲打著鬆餅機的包爾曼，或是在父母車庫裡打造出第一部蘋果電腦的賈伯斯。他們的經歷聽起來是很有吸引力的故事，但就像大部分的故事一樣，容易誤導我們理解事情運作的方式。

最好的創意往往不是在完全隔絕的情況下產生的，突破性的構想幾乎都包含了共同努力的元素。就像牛頓的名言：「如果我能看得更遠，那是因為我站在巨人的肩膀上。」這些巨人各自有著不同的背景與觀點，他們將自家生產的蘋果和橘子放到桌上來，讓衆人比較然後連結。

企業家法蘭斯．約翰森，把這個現象稱爲梅迪奇效應（The Medici Effect）。十五世紀時，佛羅倫斯的豪族梅迪奇家族，將各行各業中的佼佼者——科學家、詩人、雕塑家、哲學家等等——聚集起來，讓思想開花結果，人類的創造力因而發生了爆炸性的成長，爲文藝復興（Renaissance，在法文中是「重生」的意思）鋪路。

一趟登陸火星的任務，讓科學家和工程師齊聚一堂同心協力，因此創造了它自己的梅迪奇效應。即使在大衆心目中，科學家和工程師是差不多的東西，但實際上這是兩種非常不同的職業。科學家是抱持著理想性尋找眞相的人，嘗試要理解宇宙運作的方式；工程師們則比較務實，必須設計出能應用科學家想法的硬體設備，並且必須處理像是有限預算或任務時間表等現實的問題。

相反的兩極並不永遠相吸。斯奎爾如此寫道：「在每一次的任務中，所謂『理想、不切實際的科學家』以及『固執、現實的工程師』兩者間的矛盾一直都存在。」在任務情況好的時候，這份矛盾與緊張能轉換成充滿創意的舞步，帶給雙方最大的收益；情況不好的時候，這就像是一種酸性物質，不斷腐蝕合作關係，直到事情爛掉爲止。

要讓人際關係保持順暢，最好的方式就是組合遊戲。科學家們必須學會一些實用的工程知識，而工程師們必須理解科學看事情的方法，這是斯奎爾當初認爲最重要的事情。「如果你走進來，然後坐下來聽我們每天的策略簡報，」他解釋道，「同一間房間裡，有十幾個科學家及十幾個工程師，但是你在坐下來一個小時之後，可能都還分不出來誰是科學家、誰是工程師。」他的團隊成員彼此之間充分融合，科學家和工程師都能聽懂對方的語言，或者以對方的觀點思考事情，所以你幾乎看不到兩者之間的差異。

你或許會認爲今天的工作環境對這樣的團隊融合非常有利，因爲大家都坐在開放式的辦公室裡，並且用隨時都在運作的科技進行溝通，像是email或者Slack。現代的上班族可以說是無時無刻都在與不同的人合作，因此屬於現代的文藝復興或許即將到來，而我們可以稱其爲「Slack效應」。

但事情遠沒有想像中這麼順利。讓我們來看看一項研究成果：研究人員將受試者分成三個不同組別，並且要求他們解決一個複雜的問題。第一組在完全隔絕的狀況下單獨解答，第二組則是在毫無間斷的互動中解題，而第三組則是於隔離和互動交替進行下回答。

表現最好的是第三組。研究人員觀察到：間歇性的互動可以促進團隊的整體智力。互動與孤獨交替出現的狀況，使整個團隊的平均成績提高，也讓團隊能更頻繁地找出最好的答案。而更重要的是，在團隊中表現較差的人和表現較好的人，都能從間歇性的互動中得益。實驗結果顯示，學習是雙向的過程，一個人的結論可以成爲另外一個人的思考原料。

大多數現代工作環境比較像第二種，所有人不斷互動，然而這只是激發創意的次等環境。就像研究告訴我們的，人與人之間的連結非常重要，但是專屬個人的思考時間也同樣關鍵。創造的過程可能是令人窘迫的。「你每想到一個好的新點子，」艾西莫夫寫道，「背後都有千千百百個愚蠢的點子，而你很自然地並不會想要展現這些笨點子。」**人們應該要能在孤獨與合作中間來回穿梭：獨自累積經驗與見識，來到團體中交換想法，然後再度回去單獨工作**。這個模式很類似我們之前所提過的，在努力工作和無聊放鬆之間的循環。

而當我們談到激發創意的時候，多元認知——也就是找出科學家工程師大融合的個人版本——就不僅僅是裝模作樣的漂亮話，而是一種不可或缺的能力，但是有一種多元認知的能力卻經常遭到人們忽略。

初學者心態

一八六〇年代，法國的蠶絲工業遭到一種感染桑蠶的疾病所威脅，化學家尚・巴蒂斯特・杜馬（Jean-Baptiste Dumas）鼓勵他之前的學生路易・巴斯德來解決這個問題。巴斯德當時猶豫了，大聲抗議：「但是我從來沒有做過桑蠶的研究呀！」杜馬回答：「這樣最好。」

大多數的人不會像杜馬這麼做，我們會直接忽略像巴斯德這樣非專業人士所提出的意見，反正他們也搞不清楚自己到底在講什麼，他們沒有參加過相關的會議，也沒有必須的學術背景，他們不是這個圈子裡的人。

沒錯。而且正是因爲這樣，圈外人的意見才如此寶貴。

就像杜馬的回答所暗示的那樣，基本命題思考法通常需要一種反專業的思考。專業人士的身分或薪水可能已經被牢牢綁在現存的局勢上，但是**圈外人沒有任何打破現狀的風險。沒有經過圈內傳統洗禮的人，反而比較容易推翻種種約定俗成**。

讓我們拿地質學理論中的大陸漂移說來舉例。大陸漂移說認爲，現存板塊曾經連在一起，而後被漂移的力量撕開，這是氣象學家阿爾弗雷德．韋格納跨足地質學之後所提出的學說。最開始，地質學家們認爲這是種荒謬的言論，因爲當時他們認爲板塊是穩定且不會移動的。地質學家湯瑪斯．張伯倫（R. Thomas Chamberlain）說出當時圈內人共同的想法：「如果我們要相信韋格納的假說，就必須拋棄過去七十年來所學的東西，然後從頭開始。」韋格納的理論會撼動整個地質學界的基石，以及威脅圈內人的名聲，所以當時的地質學家們寧可執迷不悟。也因爲相同的原因，當克卜勒發現行星的軌道是橢圓形而非正圓形時，伽利略並沒有支持他。天文物理學家馬里歐．李維歐觀察到：「伽利略仍是古典美學的囚犯，他假設軌道必須要是完美對稱的。」

愛因斯坦成功的祕密，是因爲他逃脫了關住其他物理學家的智慧牢籠。當他發表狹義相對論的論文時，他只是瑞士專利辦公室裡一名不見經傳的辦事員。而正因爲他是物理界的圈外人，所以他才能超越物理界共同遵循的知識基礎，也就是被視爲絕對正確的牛頓時空觀。他那篇狹義相對論的論文〈論動體的電動力學〉（*On the Electrodynamics of Moving Bodies*），聽起來一點都不像當時典型的物理學論文，他只引用了少數幾位科學家的名字，甚至沒有引用任何在當時已經存在的論文作品，這對學術界而言是很不常見的舉措。在愛因斯坦的例子裡，掀起一場革命意味著不能僅僅追求改進現存的事物，我們必須完全從過去的作品中解放出來。

還有許多其他例子，比如：馬斯克是火箭科學界的後來者，他的所有知識都是從教科書裡讀來的；貝佐斯從金融界跨足零售界；哈斯廷斯在創辦 Netflix 之前是軟體工程師。站在現存組織外頭，讓這些破門而入者有一個更好的位置，可以看到門裡頭那個世界的缺陷以及過時的方法。

在禪宗佛學中，這樣的原理被稱爲初心，也就是初學者的心態。就像禪宗大師鈴木俊隆所寫的：「在初心中存在著許多可能性，在專家的心中反而很少。」這也就是爲什麼負責許多 Nike 爆紅廣告的威頓與甘迺迪傳播公司（Wieden+Kennedy），鼓勵他們的員工每天都要「走進愚蠢」，用初學者的角度接觸問題。

寫出賣座百萬小說的也是一位初學者。當羅琳把《哈利波特》的初稿交給數間出版社時，業內的意見是一致的：他們認爲這本小說根本不值得出版。她的手稿遭到無數出版社拒絕，直到出現在尼格爾．紐頓（Nigel Newton）的書桌上。身爲布魯姆斯伯里出版社（Bloomsbury Publishing）的執行長，紐頓在這本書裡看到了他的競爭者所忽視的無窮潛力。

他怎麼做到的？祕密就是他八歲的書蟲女兒，愛麗絲。紐頓把一部分試讀稿拿給愛麗絲，她立即愛上這本書，並且纏著紐頓要更多書稿。「爸爸，」愛麗絲說，「這比其他任何東西都要好看。」愛麗絲的意見最終說服她父親寫下一張二千五百鎊的支票給羅琳，當做購買版權的微薄預付款。接下來的事情大家都知道了。

帶給紐頓幾百萬收入的是他的開放心態，他願意聽取女兒的意見，即便愛麗絲對出版界來說是個圈外人，卻是書籍的目標讀者。

我並不是要說所有原創性的點子都來自於初學者。相反地，**專業在思考的過程中有著非常大的價值，但是專家們不應該在與世隔絕的環境中工作。傳說中的孤獨天才都是騙人的，專家們也會從間歇的合作裡得到益處，尤其是當他們和業餘者交流時。**

策畫一項思想實驗並不需要天才般的數學能力，只需要有收集蘋果和橘子的渴望，並且有耐心地度過無聊時光，等待潛意識爲蘋果橘子配對，更願意把你的新水果拿給他人品嚐，無論是你工程團隊裡的科學家，或是你八歲的女兒。

在熟悉了思想實驗之後，現在該放大想像力的聲音，並且開始朝向月球前進。

4 登月思考法

——將不可能化為可能的科學與企業

愛麗絲：「妳試幾次都沒有用的，我們無法相信不可能的事情。」

白皇后：「我敢說，那一定是因為妳沒有練習過。我在妳這個年紀，每天都會練習半個小時。有時我甚至在吃早餐前就可以相信六件不可能的事情。」

——路易斯．卡羅，《愛麗絲鏡中奇遇》

查爾斯．尼莫（Charles Nimmo）是個不太可能出現在考試裡的名字。他是位牧羊人，住在紐西蘭一個偏遠的小鎮利斯頓（Leeston），自願參與一個祕密計畫，其中包含了一樣神祕的飛行物體。根據之前在加州和肯塔基州的飛行測試，這東西曾被許多觀察者誤認為幽浮，成為地方報紙的標題「天空中的神祕飛行物引發當地居民關注」（Mystery Object in Sky Captivates Locals）。

有一項科技我們唾手可得，世界上卻有大約四十億人無法受惠於這項科技，而尼莫是其中一位——高速網路。

網際網路和電力網絡一樣，都是革命性的發明。只要連接上網，就可以輕鬆升級生活。根據一項研究，如果能把可靠的網路服務普及到非洲、拉丁美洲及亞洲，那麼「世界將能增加兩兆的國民生產毛額」。網路能讓人們脫離貧窮、拯救生命，而尼莫獲得網路後，立即上網查詢對於牧羊人非常重要的天氣資訊：他需要知道自己羊群的皮毛什麼時候夠乾燥，以便他用一種特殊的方式剪掉羊屁股上的毛。

要向全世界提供便宜又可靠的網路並不是件容易的事情，由人造衛星驅動的網路非常昂貴，訊號卻極其微弱，並且會有大量傳輸的延遲。這是因爲信號必須從地球傳到位於近地軌道上的人造衛星，然後再傳回來。而陸地上的信號塔通常只有一定的傳訊範圍，高山和叢林等具有挑戰性的地理環境，也會阻擋基地臺向目標設備發送信號。且在人煙稀少的區域廣設基地臺，並不是一件符合成本的事情，即便對紐西蘭這樣的已開發國家來說也是如此。

Google的登月工廠X想出一個大膽的計畫，要塡補地圖上的網路空白，而尼莫是此計畫的第一位受試者。這個以極高機密性聞名的公司，致力於進行突破性的研究。這麼說好了，他們並不爲Google研發產品，而是研發出下一個Google。爲了解決這個網路可得性的問題，他們創造出一個瘋狂的思想實驗：如果我們使用氣球呢？

他們假設這顆氣球有網球場那麼大，長得像一隻巨大的水母，在一千八百公尺高的平流層裡載浮載沉。這些氣球會乘載放在聚苯乙烯盒子裡的電腦，由太陽能驅動，發送網路信號到地面。

你或許會疑惑，為什麼一個像氣球這麼原始的技術竟然出現在這本書裡，放氣球上天畢竟不是火箭科學呀！「事實上，操縱氣球『比火箭科學困難得多』。」一位登月工廠X前員工如此說。因為氣球會輕易地被風吹動，所以它們必須像帆船一樣找到正確的氣流才能前進，而在氣球不斷移動的狀態下，也很難發送可靠的網路信號。

登月工廠X的解決方式是：架起一個氣球網絡，氣球與氣球之間像菊花鍊❶一樣穩定連結，藉此提供可靠的信號來源。當一顆氣球離開網絡時，另外一顆會迅速補上，而這些氣球會在空中飄浮數個月，直到它們降落回到地面，然後再重新使用。

這個瘋狂計畫有個與其相稱的瘋狂名稱：潛鳥計畫❷。送網路訊號給牧羊人尼莫，並且進行一系列的測試之後，這些瘋狂的氣球繼續飛行了超過四千八百萬公里。當災難性的洪水在二〇一七年初襲擊秘魯時，成千上萬的人受到影響，整個國家的網路系統更被切斷。潛鳥計畫不到七十二小時就趕到現場，開始發送基本網路訊號。同年的幾個月之後，瑪莉雅颶風重創波多黎各，潛鳥計畫也提供由氣球發送的網路訊號，給島上受災最嚴重的區域。

潛鳥氣球無疑是個登月型的計畫——一種以極端方法向龐大問題提供解答的突破性科

技。本章將談談發展這樣偉大計畫所需要的「登月思考法」，探討爲何歷史上最偉大成就的背後都有登月思考法的影子。我會解釋：爲什麼你比較應該像蒼蠅那樣行動而非學習蜜蜂；爲什麼獵捕羚羊比抓老鼠有利。你會發現：爲何一個簡單的單字可以讓你的創意功力大增；在面對大膽的目標時應該先做什麼；爲什麼規畫一條通往未來的道路時，往往需要後退幾步。

登月思考法的力量

月球是我們最古老的夥伴，自地球存在以來，大部分時間裡它都陪伴著我們。就像羅伯特．克森（Robert Kurson）所寫：月球控制潮汐、指引迷途、點亮豐收祭典、啓發詩人與戀人、向孩子們說話。打從我們的祖先第一次抬頭望向夜空之後，月球就強烈地誘惑著人類，引動我們原始的直覺，讓我們想要走出家園進而探索。但在人類歷史中，大部分時間裡，登上月球一直是極其困難與瘋狂，月亮依舊遙遠地懸掛在我們難以企及之處。

❶ daisy chain，一種接線方式，將多部裝置以序列或環狀架構連接。其連接方式為一條主鏈，並可能帶有多條副鏈。

❷ Project Loon，英文中「瘋狂（loon）」一詞，與一種擅長潛水的大型鳥類拼法相同。

當甘迺迪總統發表本書開頭提到的演說時，他望向未來，並且把月球視爲人類活動的新邊界，看似在等待奇蹟發生。甘迺迪要求他的國家「做到大部分人認爲不可能的事情」，阿波羅號太空人尤金．塞爾南（Eugene Cernan）回憶：「我自己當初也認爲不可能。」十年內送人類上太空，這聽起來太不可置信了。演說當時在場的一位萊斯大學教授羅伯特．柯爾（Robert Curl）這麼說：「我離開現場時還在想，他是認眞的嗎？」

著名的NASA飛行指揮官基恩．克蘭茨（Gene Kranz）——也就是在電影《阿波羅13號》中艾德．哈里斯扮演的人物——也因甘迺迪大膽的承諾而震驚不已。對克蘭茨和他的同事來說，他們看過火箭翻覆、失去控制不斷旋轉後炸成碎片，因此認爲把人類送上太空這件事情，聽起來實在是極其大膽。但是，甘迺迪充分了解即將遭遇的困難：「**我們選擇在十年內登上月球，以及做一些其他類似的事情，並不是因爲這些事情很簡單，正是因爲這些事情很困難**。」簡單來說，他拒絕讓現存的狀況決定國家的未來。

這是人類史上第一次登陸月球，但是人類早在尼爾．阿姆斯壯和伯茲．艾德林踏上月球之前，就已經進行過無數次精神上的登月行動了。當我們的祖先篳路藍縷地踏上一塊地球上的未知土地時，他們就是在登月。發現火的人、發明輪子的人、建造金字塔的人、發明汽車的人，他們全都登上了月球。正是登月思考使奴隸獲得自由、讓婦女得到投票權、讓難民們登上遠方的海岸以追尋更好的生活。

我們是喜愛登月的物種啊！然而大部分的時候我們已經忘記了這件事。

登陸月球讓你不得不從基本命題思考。如果你的目標是改善一％，那麼你可以從現狀著手；但是如果你的目標是要改善十倍，那麼現狀就必須打包走人。追求登月會讓你打進一個不同的聯盟，甚至完全改變你正在玩的遊戲。你將會離開原本的競爭環境，從前建立的遊戲規則和日常事務都不再與你有關。

這裡有個例子：如果你的目標是改善汽車安全性，可以逐漸改變汽車的設計，以便能在交通事故中完善地保護駕駛的生命。但是如果你的目標是登月般的完全消除交通事故，那麼你必須從一張全新的白紙開始，質疑所有存在的假設，包括應該坐在方向盤前的人類。基本命題思考便爲無人車的發明進行了鋪墊。

SpaceX的登月性計畫也是如此。如果這間企業的目標只是簡單地把人造衛星放上近地軌道，他們完全不用採取與從前不同的方式做事，只要跟著NASA自一九六〇年以來就採用的可靠技術就行了，完全不必像他們現在這樣，努力把發射火箭成本降到原本的十分之一。但SpaceX的野心是殖民火星，這樣登月性的計畫迫使他們從基本命題思考，並徹底改變現狀。

政治策略家詹姆斯．卡維爾（James Carville）與保羅．貝加拉（Paul Begala）說過一個故事，關於一隻獅子選擇要獵捕老鼠或是羚羊。「獅子完全有能力獵捕、殺死並吃掉一隻田鼠。但是吃到那隻田鼠實際上能得到的卡路里，比做這些事情所消耗的還要少。」羚羊雖然是比田鼠大很多的動物，因此「需要花更多速度與力氣去捕捉」，一旦抓到了，卻可以提供獅子數日所須的食物。

你猜得沒錯，這個故事是人生的縮影。大多數人都選擇追逐田鼠而非羚羊，因爲田鼠是個確定可獲得的收益，羚羊則屬於登月的範疇。田鼠到處都有，羚羊卻稀少而遙遠。更甚者是，多數的人都忙著抓田鼠，我們於是認爲，如果決定去抓羚羊，我們將會失敗並且挨餓。

所以我們不敢創立新公司，因爲不覺得自己有創業所須的條件；我們猶豫著要不要申請升遷，心裡卻假設總有比自己更有能力的人會得到那個位置；我們不敢邀請朋友圈以外的人出去約會；我們只敢贏不敢輸。

心理學家亞伯拉罕・馬斯洛在一九三三年寫道：「人類這個種族的故事，就是男人女人們不斷低估自己的故事。」

如果甘迺迪追隨了這種心態，他的演講將會非常不同（並且非常無聊）。他可能會這樣說：「我們選擇把人類送上近地軌道，讓他們不斷繞著圈轉，並不是因爲這件事情深具挑戰性，而是因爲這是在現存條件下我們能做到的事。」（順帶一提，這不幸正是一九八〇年代之後，NASA決定要做的事情。）

而乖乖低頭遵守規則，正是伊卡洛斯這個神話故事告訴我們的。伊卡洛斯的父親代達洛斯是著名的工匠，打造了由蠟做成的翅膀，讓他自己和兒子可以從被囚禁的克里特島上逃出來。代達洛斯警告兒子要跟著自己的飛行路徑，不要太靠近太陽。而你大概已經知道之後發生了什麼事：伊卡洛斯無視父親的警告，向太陽翱翔而去，於是他的翅膀融化了，最終墜入海裡身亡。這個神話想傳達的教訓很清楚：翱翔者最終將失去翅膀而死，那些聽從指示、遵循規畫路線的人，將逃出島嶼並生還。

但賽斯．高汀在《伊卡洛斯的騙局》（*Icarus Deception*）中提到，這個故事其實還有第二段，大多數的人應該都沒有聽過。代達洛斯除了告訴伊卡洛斯不要飛得太高，還警告他不要飛得太低，因爲水也會摧毀翅膀。

然而所有飛行員都會告訴你，高度是你的好朋友。如果你的引擎在處於高空時突然停止運作，你將有機會安全滑翔回到地面；但是引擎在低處失效時，你平安降落的機率就跟存活機率一樣渺茫

那些在高處翱翔的企業通常表現較好。申恩．史諾在《聰明捷徑》裡統整了相關研究：「從二〇〇一年至二〇一一年，針對全球五十個最有理想性品牌（選擇崇高目的而非盲目追求收益的品牌）的投資金額，是標普500指數❸股票收益的四倍。」爲什麼？登月性的

❸ Standard & Poor's 500 Index，統計美國上市的五〇〇支大型股，是大型股票的重要指標。

理想對人類有種與生俱來的吸引力，自然也就比較容易讓投資人感興趣。創始人基金❹在他們的企業宣言中，就對矽谷大多數公司有限的野心開了個玩笑：「我們想要飛天車，卻只得到一四〇個字❺。」而創始人基金後來成爲SpaceX的第一個外部投資人。

具有理想性的登月性計畫也是吸引才能的大磁鐵。這也是爲什麼SpaceX與藍色起源都有辦法從傳統航太公司裡，毫不費力地挖角到他們最想要的火箭科學家們，並且讓這些人日以繼夜地爲他們大膽的計畫奉獻心力。馬斯克招攬人才的賣點是：工程師們將能自由地做自己眞正該做的事，也就是建造火箭，而非坐在辦公室裡開沒完沒了的會、花上數個月透過官僚體系採購一樣零件，或抵擋國際政治的種種攻擊。

你或許會想：對一個網路起家的億萬富翁來說，創立一家航太公司應該是簡單的事；對甘迺迪來說，既然國會願意給他幾十億美元與蘇聯進行太空對抗，那麼登陸月球應該是件簡單的事；對於登月工廠X來說，既然背後有Google強力的財務支援，那麼執行像潛鳥計畫這樣出人意表的構想，應該是件簡單的事。同時你也可能覺得：當你必須保證公司正常運作、有房貸要還、有董事會要巴結的時候，不可能放手一搏，進行登月性的計畫。

這是登月工廠X的登月艦長（是的，這是他的眞實職稱）阿斯特羅・泰勒常常聽到的藉口。「不知道爲什麼，社會似乎發展出一種觀點，就是你必須要很有錢才能進行大膽的計畫。」泰勒對這個觀點一點也不買帳，「在正確、聰明的時候冒險，是任何人都可以做到的，不管你是在五人團隊裡，或是在五萬人的公司中。」貝佐斯也同意，並在二〇一五年的亞馬遜股東年度信件上這麼說：「如果你有一〇%的機會得到一百倍的報償，那每一次都應該要賭一把才對。」但多數人並不會願意賭一把，即便成功的機率有五〇%、無論潛在的獎賞是什麼。

是的，有些登月性計畫的確太不切實際，以至於無法在近期內實行，甚至永遠實行不了。但是你並不需要讓所有的登月性計畫都升空啊。只要你的數個構思彼此之間是平衡的，並且不會把自己的未來全押在單獨一個登月計畫上，那麼一個巨大的成功就足以彌補其他該留給小說、電影的構想。貝佐斯說：「如果你在夠多地方下注，並且賭得夠早，那麼沒有風險會眞正危害你的公司。」

我在這裡告訴你爲什麼：登月性計畫的阻礙並不在於財務或執行面，而在於心理。「並沒有很多人相信自己可以移動一座山，」大衛．舒茲在《就是要你大膽思考》中這麼說，「所以，沒有很多人眞的去移動一座山。」登月性計畫最初的阻礙其實是在自己的腦海裡面，然後社會氛圍不斷要我們相信：低飛永遠比高飛安全、沿岸航行遠比一飛沖天要好、小

❹ Founders Fund，由彼得．提爾聯合創辦的風險投資基金。

❺ 此處嘲諷科技發展緩慢，並進一步批評技術含金量不高的推特只能寫一四〇個字。

確幸比登陸月球要有智慧。

我們心中的期待會爲現實世界帶來轉變，因而變成自我實現的預言。你努力想要達成的目標會成爲你的天花板，追逐平庸則會讓你得到平庸，而這還是最好的狀況呢。你並不能每次都得到自己想要的，不過如果可以不斷修正軌道朝向月球前進，也就是慢慢離開地表，那麼一定會飛得比之前更高。「如果你一開始就把目標設得不切實際地高，然後失敗了，那麼你失敗的結果依然會比其他所有人的成功都還要好。」電影票房冠軍《魔鬼終結者》與《阿凡達》的製作人詹姆斯．卡麥隆這麼說。

我們之中有許多人壓抑了登月的願望，因爲我們假設自己並不是這塊料，相信能高飛的人必然裝備著比較好的翅膀，因此不會被融化。但蜜雪兒．歐巴馬在二〇一八年的一次訪談中打破了這個神話：「我大概經歷過所有你想得出的權力場。我曾爲非營利組織工作、爲基金會工作、爲大公司工作、爲企業董事會服務、去過各種國際峰會，也曾經坐在聯合國裡頭：那些人沒有那麼聰明。」

那些人沒有那麼聰明，他們只是學會了我們這些人都沒有學會的：獵捕羚羊所面對的競爭更少。所有人都忙著到處追著田鼠跑，在擁擠、不斷縮小的領域裡競爭，這就意味著你不會有餘裕進行登月性的計畫。如果你等待太久，如果你一直不斷在越來越狹窄的利潤、越來越高的成本中掙扎，那麼很快就會有人登上月球，讓你失業、讓你的企業一下子顯得老邁過時。

我們把自己的能力說成是一種選擇。而它就像所有選擇一樣，是可以改變的。我們必須要不斷挑戰自己的認知限制，推進認爲實際可行的邊界，然後就會發現是哪些隱形的框架在扯後腿。即使實際生活中與我們的想像世界多有不符，然而登月性的思考還是可以帶給我們巨大的益處。我們甚至可以說，正是因爲脫離現實，所以登月性思考才可貴。

而讓人鬆口氣的是，代達洛斯的物理並不好。事實上，越往上飛，空氣會越冷而不是越熱，所以你的翅膀並不會融化。**如果你選擇一條超越平凡的道路，將能超越那些支配陳舊思維的神經通道**；如果你可以堅持下去，並從即將遇見的失敗中學習，最終會長出在藍天翱翔所須的翅膀。

這些翅膀的成長會需要一種叫做「發散思考」的策略，下一節將更進一步探索。

擁抱天馬行空

想像有個玻璃瓶，瓶底朝向光源，如果放進幾隻蜜蜂跟蒼蠅，你覺得誰可以先找到路出來？

大部分的人假設蜜蜂會先找到出路，因爲蜜蜂的智慧廣爲人知，可以進行非常複雜的任務，例如在實驗室中抬起或移開蓋子以便取得糖水，並且可以把已經學會的技巧教授給其他蜜蜂。

但在我們剛剛談的那個瓶子裡找出路時，蜜蜂的智慧卻成了絆腳石。

蜜蜂非常喜歡光，所以它們會不斷撞擊靠近光源的瓶底，直至力竭死亡。相反地，蒼蠅可以無視「光源的呼喚」，就像詩人莫里斯·梅特林克（Maurice Maeterlinck）在《蜜蜂生活》（*The Life of the Bee*）中提到的，蒼蠅們狂亂地四處振翅飛翔，直到跌跌撞撞地摸索到另一側的瓶口，然後重獲自由。

蒼蠅與蜜蜂在這裡分別代表了發散性與收斂性的思考。蒼蠅是發散思考者，四處無頭亂撞直至找到出口；蜜蜂是收斂思考者，一下就聚焦到看起來最明顯可行的道路上，但這樣的行爲最終卻導致失敗。

發散思考以開放的心胸與自由漂移的方式產出不同構想，就像一隻蒼蠅在玻璃瓶裡亂撞一樣。在發散思考的過程中，我們不會去思考現實中的種種限制、可能性或預算，只是單純產生點子，並對所有冒出來的構想都抱持開放態度。我們必須變成物理學家大衛·德意志所定義的樂觀者——認爲只要是物理法則所允許的事情，都是可能的。**發散思考是爲了創造出雪片般紛紛飄來的各種選項，無論好壞。我們不需要過早做出評斷、限制或選擇。**

在形成構想的最初階段，就像物理學家馬克斯·普朗克所說：「純粹理性主義者毫無用處。」愛因斯坦也曾提到：「發現並不是邏輯思考的結果，即便最後成品在形式上符合邏輯也一樣。」你必須關掉腦中理性思考的聲音，才能真正啟動發散思考，否則將一直遵循著安全、有利、大人般的思維。你應該嘗試把試算表放在一邊，讓大腦狂野亂轉、挖掘詭異的點子、伸手探向不可及之處，讓幻想與現實的分界不再堅不可摧。

研究顯示，**發散性思考是通往創意的敲門磚，能增加人們發展出創新方案、找出新連結的可能性**。也就是說，它讓你能比較，進而連結蘋果與橘子。

讓我們來看看一份由三位哈佛商學院教授進行的道德選擇研究。他們給予受試者一項邊界模糊且選擇困難的道德挑戰，並將受試者分成兩組。

針對某一組受試者，他們詢問：「你應該做什麼？」對另一組受試者則詢問：「你能夠做什麼？」「應該組」的受試者一下就聚焦到最明顯、通常也不是最好的答案上；而「能夠組」的受試者卻抱持著開放的態度，發想出範圍廣大的可能方法。就像研究人員解釋的：「人們通常在『能夠心態』下受益較多，他們可以在做出最終決定前，進行廣泛的探索。」另一項不同的研究也得到相同的結果，被告知「A物品可能是狗的磨牙玩具」的受試者，比聽到「A物品是狗的磨牙玩具」的受試者，想出更多此玩具的可能用途。

跳過發散思考而直接轉向收斂思考，在某種程度上是很吸引人的——我們可以直接評估怎麼做比較簡單、什麼事情可能發生、什麼方式才可行。收斂思考就像做選擇題一樣：你必須從一個有限的、被預先設定好的清單中做出選擇，沒有寫下自己答案的可能性，且像蜜蜂一樣，假設出路只有一條——飛向光源。如史丹佛商學院教授賈斯汀・伯格（Justin Berg）所寫：「收斂性思考是危險的，因為你倚靠著過去的經驗，而未來能成功的方法，並不一定會跟過去成功的手段相似。」

為了證實他的想法，伯格針對太陽馬戲團的表演者進行了一項測試。他評估兩種不同的角色：創作者（想出新把戲的人）、管理者（決定要不要把新動作放進表演中的人）。伯格發現，當管理者必須評估一個新把戲是否會成功時，預測卻非常失準。因為他們太過倚賴收斂性思考，因此比較偏好進行慣例性的表演，而非加入新動作。而創作者們雖然多半對自己的新點子過度樂觀，但是比起管理者，更擅長評斷其他同事的新動作是否能取得成功。他們的發散思考能力，加上與同事新構想的客觀距離，兩者合起來給了他們在做決定上的巨大優勢。

發散思考並不等同於弄幾個讓大家都開心的點子、灑點精靈翅膀上的亮粉，就可以坐看構想高飛。我們需要發散思考的理想性，再加上收斂思考的務實性。「創造的過程並不只有一種狀態，」科學史專家史蒂芬・強森解釋，「而更像是一種能在不同心理狀態之間移動的能力。」前面提到，孤獨思考與團體協作交替出現會是最好的創造環境。這裡的原理也很類似，所以你應該要交互抱持著蒼蠅心態與蜜蜂心態。不過這是有順序的：我們必須先有構想，然後才能排除不合適的想法。如果我們縮短累積創意的時間、如果我們一下就跳到事情的結果，就束縛了原創的可能。

我們都曾經參與過這樣的會議：衆人端著微溫的咖啡聚集在會議桌旁，三三兩兩地「集思廣益一下」「看看有什麼選項」。但是在我們應該探索新構想的時候，卻忙著一個接一個把點子從空中射下來：「我們以前試過了」「我們沒有那個預算」「老闆絕對不會同意」，於是構想在開始前就結束了。所以我們最終還是重複了昨天的方法，而不是嘗試一點新東西。**我們應該抵抗那份忍不住要啓動收斂性思考的習慣、改變忍不住要說「這不可能」的態度，開始採用「這可以達成，如果……」的心態**。

我們對於大腦如何運作所知甚少，不過根據其中一項理論，產生構想與評估構想是在不同腦區進行的。舉例來說，以色列海法大學進行的一項研究中，研究人員用功能性磁振造影（fMRI），追蹤不同腦區在創意性任務過程中所消耗的氧氣量。他們發現，在創意過程中，較具創意的人負責評估判斷的腦區活動量下降。

因爲產生構想和評估構想的不同，許多作家會將寫稿與編輯的過程分開進行。寫稿時比較需要發散性思考，編輯則需要收斂性思考。在我爲這本書進行研究時，將所謂的「相關性」定義得非常廣泛，因此從各種能找到的來源收集了非常大量的資料，常常包含過多的訊息，因此在瓶子的兩頭撞來撞去。寫這本書的初稿時，採用的也是這個方式，不多加考慮架構、業界規範，甚至正確的文法，只是一句接著一句寫下彆腳的句子。我創作初稿的過程，如作家珊寧．海爾所說，就像是把沙子剷進箱子裡，以便稍晚可以拿來蓋座城堡。而直到編輯階段，我才開始採用收斂性思考，專注地拿我所收集的沙子來建造一座有意義的城堡（而我必須說，其中許多沙子最終會被丟棄）。當我們面前只有白紙一張，必須保持開放的心態，不要讓建造城堡的過程越俎代庖，去指導收集沙子的過程。

從發散性思考開始是很重要的一件事，因爲在構想形成的最初階段，我們很難判斷什麼是有用的、什麼是無用的。當富蘭克林在一七八三年看著他的第一顆載人熱氣球升空時，有人問：「飛行到底有什麼好處？」聽說富蘭克林是這麼回答的：「我的氣球就是個剛出生的孩子，沒人知道他最後會成長爲什麼。」除了人類得以飛行的奇蹟之外，十八世紀時有誰能預測，有朝一日氣球會用來將一種叫做網路的科技魔法傳輸到地球的另一端呢？

讓我們快轉到二十一世紀。在十年間，發散性思考讓三次火星任務出現三種不同的降落方式：二〇〇三年的火星探測漫遊者計畫，使用氣囊包裹住太空艙降落；二〇〇八年的鳳凰號（Phoenix），則使用有支架的降落器。但是這兩種降落機制無法使用在二〇一一年升空的好奇號身上，因爲那是部重達一噸的火星探測器，長得像悍馬越野車，乘載比前兩次任務要重上十倍的燃料。而爲了讓這部巨大的火星車能平順地降落在火星表面，我們的團隊在漫遊者背後裝置了一部包含八具引擎的噴射器。噴射引擎慢慢協助火星車降落到火星表面，然後會將自己與火星車分離，接著噴射彈開，落到數百公尺外。NASA的工程師描述好奇號的降落系統很像是「卡通角色拼湊出來的東西」。

領導好奇號動力系統設計的潔米．威多（Jaime Waydo）是天馬行空想法的頭號粉絲。她這麼告訴我：「我很擔心，我們將人們訓練成只會做安全的事情。安全的答案永遠不可能改變世界。」

這份願意擴大探索不同可能性的信念，來自於她的早年學校生活。她的數學老師驚嘆於她在數學和科學上的敏銳天分，告訴她應該要成爲一位工程師。「工程師難道不是男人的工作嗎？」威多這麼問她的老師。「當我的母親上大學時，可以成爲教師或心理學家，因爲這是女人做的事情，在她的年代，女性在職場中的角色有著明確的定位。」

但是威多的數學老師鼓勵她無視工程師角色裡一直以來的性別不平等，去追求當時對她而言是「性別登月計畫」一樣的職業。她獲得了機械工程和航太工程學位，並在畢業之後，得到了JPL的工作，設計火星漫遊者探測器，成爲當時由男性主導的火箭科學世界裡，少數的女性先驅。

對那些在遊戲中只追求安全下莊的人、對那些認爲光線永遠指示著玻璃瓶出口的人，威多建議他們多思考可能的回報。**當潛在報酬相當巨大時，在具有潛力的構想上冒險**——送一輛悍馬上火星，或追求任何違反刻板模式的職業生涯——**就會變得相對比較簡單一些**。而在好奇號的案例裡，威多說：「所謂的報酬，就是我們有一輛悍馬在火星上行駛、探索火星，並且解開太陽系含藏的祕密。」而對威多來說呢？她的報酬是幫助三部漫遊者探測車登陸火星，更在未來職涯中開始建造自動行駛的汽車——這是項超越自身的成就，而威多開發的技術更豐富了每一位使用者的生命。

如果在想到未來報酬時，你還是對於啓動自己的發散性思考神經有所疑問，本書的下一節會給你一部噴射器，讓你可以推動自己的目標。

嚇嚇你的大腦

在一九七〇年代，有個人因爲能舉起驚人的重量而出名。你或許聽過他的名字，也或許看過一、兩部他主演的電影，更或許是他所管轄的州住民。

根據阿諾．史瓦辛格，重量訓練最大的阻礙，是你的身體調適得太快。他這麼寫道：「你如果每天都做同系列的重量練習，即便一直額外加上重量，還是會發現自己的肌肉慢慢減緩成長，而後停止。你的肌肉變得能非常有效率地完成你期待的工作。」

換言之，肌肉是有記憶的。在習慣了某一種單調例行公事之後，你的肌肉會開始想：我知道你今天要我做什麼。你會騎飛輪、跑三十分鐘，或許有加減三分鐘的空間，然後每個禮拜一會做仰臥推舉和引體上升。我知道你要幹什麼，而且我做得到。阿諾解決肌肉成長停滯的辦法是——讓他的肌肉嚇一跳：他會給肌肉許多不同類型的練習、不同的重複次數以及不同的重量，所以他的肌肉永遠都不會有適應的一天。

規律使人脆弱，變化使人靈活。

大腦的運作原理也是相同的，因爲你無法確切掌握它怎麼運作，因此大腦總是傾向選擇阻力最小的方式。這麼做雖然看似輕鬆寫意，但規律和可預測性卻會成爲創意的阻礙。我們必須要刺激並嚇嚇我們的大腦，就像阿諾讓他的肌肉嚇一跳一樣。

神經可塑性是眞實存在的，而你的神經元就像你的肌肉，能在被挑戰的狀況下重新連結與生長。研究神經可塑性的權威諾曼．多吉解釋，大腦可以「根據行爲活動及心理經驗來改變自身結構和功能」。**透過配套好的訓練機制、思想實驗與登月性思考，能把你的大腦從日常生活的昏睡狀態中叫醒**。

這也是爲什麼，我們能從諾貝爾物理學獎得主理查．費曼身上得到的最大讚賞是「不可能」。對費曼來說，「不可能」並非無法達成或可笑的。相反地，這句話的意思是：「哇！這裡有件驚人的事情，看起來與我們正常情況下預期的結果矛盾，這太値得研究了！」弦論奠基者之一的加來道雄也同意：「我們認爲不可能的事情，往往只是工程上的問題，而非有物理法則阻止這件事情發生。」

研究也支持認知上的矛盾與創造力之間的關聯。當我們面對心理學家們所稱的意義威脅（meaning threat）——有什麼東西看起來不合常理——隨之而來的迷失感可以激勵我們，讓我們踏足不曾想過的領域裡，去尋找意義與連結。就像亞當．摩根與馬克．巴登在《美麗的限制》一書中所寫的，看似矛盾的想法「使我們夠困惑，以至於可以開始連結起新的神經突觸」。在一份研究中，閱讀一段卡夫卡所寫的荒謬短文並觀看同樣荒謬的插圖，可以增進受試者辨認新模式的能力（換句話說，就是強化連結蘋果與橘子的能力）。

要嚇嚇你的大腦並產生古怪構想的一個方法是：問你自己，在科幻小說中會用什麼方式解決事情？虛構的故事可以帶我們遠離自己的世界，去向另一個眞實世界，而我們甚至不用離開沙發。朱爾．凡爾納說：「一個人能想像的任何事情，必有另外一個人能將其實現。」促成潛鳥計畫氣球網路的思想實驗，似乎就是從凡爾納的小說《環遊世界八十天》裡直接跑出來的；凡爾納的其他作品包括《海底兩萬哩》及《征服者羅比爾》（*The Clipper of Clouds*）啓發了諸如潛水艇和直升機等發明。羅伯特．戈達德（Robert Goddard）就是受到H．G．威爾斯的小說《世界大戰》啓發，決定奉獻生命，發明了世界上第一具液態燃料火箭，讓太空飛行成爲可能。科幻小說家尼爾．史蒂文森是藍色起源公司最早的員工之一，他的工作是想像各式各樣不靠傳統火箭上太空的方式（他的構想包括太空電梯、以雷射光推進的太空飛行器）。

科幻小說的思考並不只是爲了偉大的發明而生。讓我們拿一間製造飛機零件的公司爲例，他們的安全檢查過程非常冗長，因為將一部攝影機裝在飛機零件上需要七個小時。一位行政助理受到電影《關鍵報告》啓發，問了一個思想實驗的問題：「為什麼我們不能送一隻機器蜘蛛進去，就像電影裡那樣？」公司的科技總監因這句話起了興趣，測試了這個點子，而結果非常完美。這一個環節的改進，使檢查的時間縮短了八五％。

馬斯克認為艾西莫夫的書激發了他對於未來的想法（這對馬斯克來說，重要到SpaceX在二〇一八年二月把艾西莫夫的《基地三部曲》帶上太空）。在基地系列書中，哈里・謝頓這位遠見者預見了人類黑暗的未來，並且策畫要殖民其他星球。「我從這個故事中學到，」馬斯克說，「人類應該延長文明，盡量降低發生黑暗時期的可能性，並且當不幸的黑暗時期來臨時，盡量縮減它的長度。」

像馬斯克這樣致力於把科幻小說變成現實的人，常常被人們貼上不理性的標籤，而他也的確塑造了自己的不理智形象。每次他只要張開嘴，就會給你一個懷疑他的理由。

航太顧問吉姆・坎特雷爾回憶他們最初的會面，他認為馬斯克簡直是瘋了。當馬斯克最早開始思考登上火星的時候，有一天突然打電話給坎特雷爾，自我介紹是一位靠網路起家的億萬富翁，並且大談自己「要創造跨星球物種」的計畫。馬斯克提議搭乘私人噴射機到坎特雷爾家進行會面，但是坎特雷爾拒絕了。「告訴你實話，」坎特雷爾回憶道，「我想在一個他無法攜帶武器的場所跟他會面。」所以最後他們在鹽湖城的一間機場貴賓室見面。馬斯克狂野的願景如他所期待地撩人心弦。「好吧，伊隆，」坎特雷爾說，「我們來組個團隊，然後看看這樣做要花多少錢。」

SpaceX 的創始員工之一湯姆．穆勒也常常對馬斯克提出的點子有這樣的反應：「有好幾次我覺得他眞是瘋了。」當兩人初次會面時，穆勒是位備受挫折的火箭科學家，在湯普森—拉莫—伍爾德里奇公司 ❻ 工作。此公司後來被諾斯洛普．格拉曼公司收購。穆勒覺得自己關於引擎設計的熱情和想法，都在公司的繁文縟節中被消耗殆盡，所以他開始在自家車庫裡設計引擎。馬斯克拜訪穆勒，並且詢問這位工程師是否能替 SpaceX 打造便宜但是可靠的火箭引擎。

「你覺得我們可以降低多少引擎成本？」馬斯克問。

「大概減少到三分之一吧。」穆勒回答。

「我們需要減少到十分之一。」

穆勒覺得這完全是癡人說夢。「但是我們的最終成果，」他說，「事實上更接近馬斯克的數字。」

要成爲改變宇宙的那個人，你必須先不理性地相信自己可以改變宇宙。而「不理性」經常是我們替那些自己無法理解的人事物所貼上的標籤。正是不理性的力量，宣稱地球是圓的而非平的，或地球繞著太陽公轉而非太陽繞著地球轉。當戈達德認爲火箭能在宇宙眞空中運行時，一九二〇年的《紐約時報》某篇社論嘲笑他：「那位戈達德教授與他在克拉克學院的那把『椅子』……似乎缺少我們在高中課堂上學到的知識呢❼。」（後來《紐約時報》有刊登對戈達德的道歉啓事。）

甘迺迪的十年登月承諾？不可能。瑪麗．居禮嘗試在科學界打破性別藩籬？荒謬至極。特斯拉想像以無線系統傳遞訊息？眞是科幻小說。

但情況是，我們的登月計畫事實上還不夠離譜呢！如果人們想要嘲笑你的天眞或不合理，把這個當做光榮勳章吧。「大部分非常成功的人，在生命中都曾經正確無誤地預測了一次未來，卻被他人視爲錯誤與荒誕。」矽谷孵化器 Y Combinator 前總裁薩姆．阿爾特曼（Sam Altman）寫道：「如果不是這樣的話，他們曾經面對的競爭會更加激烈。」**今日的笑柄將是明日的新星，在跨越終點線的時候，你才會是那個笑著的人。**

而使用登月性思維嚇嚇你的大腦，並不代表我們要放棄實際層面的思考。一旦產出古怪的點子，可以藉由把發散思考轉變爲收斂思考的這個程序，讓理想與現實碰撞，也就是說從

---

❻ Thompson Ramo Wooldridge，TRW Inc.。在航太、電子、汽車等領域開展業務。

❼《紐時》專欄作者認為戈達德不懂牛頓第三定理，因為真空表示沒有物體可以讓火箭進行反作用力，但事實證明戈達德教授是對的。

理想主義轉變為實用主義。在接下來的兩節中，將看到兩家公司如何成功將這個心態內化在組織中。

成功登月的企業

接到登月工廠X負責人阿斯特羅．泰勒的電話時，協助設計登月計畫並不在歐碧．費爾頓（Obi Felten）的日程表裡面。費爾頓是現代的文藝復興型才女，博聞廣知，可以輕鬆自若地與工程師侃侃而談硬體設備，然後一樣神態自若地建構行銷計畫。她在柏林長大，親眼看著柏林圍牆倒下，然後到牛津大學取得哲學和心理學學位。後來加入了Google，成為歐洲、中東、非洲區的消費者行銷總監。而當她的行銷生涯達到頂峰時，泰勒打來的電話改變了一切。

在那通電話裡，泰勒帶著費爾頓瀏覽登月工廠X正在孵育的種種偉大計畫，包括自動駕駛汽車、氣球驅動的網路服務等等。費爾頓反問泰勒一堆他從沒想過的問題：你們在做的事情是合法的嗎？你們有跟任何政府單位談過嗎？你們會與其他公司合作嗎？你們有商業企畫嗎？

泰勒一個答案都拿不出來。「噢，沒有人眞的在想這些問題，」他回答，「我們的團隊裡都是工程師與科學家，只想著怎麼讓氣球飛起來而已。」

所以費爾頓被請來思考現實層面的問題。登月工廠X或許是一個有能力產出登月計畫的工廠，但既然是工廠，就必須要端出能產生利潤的產品。「當我加入的時候，」費爾頓解釋道，「那裡是一個奇妙的地方，充滿了你能想像到的極致科學怪咖們，他們之中大部分的人從來沒有眞正讓一樣產品問世。」

單純的理想主義者無法成爲好的企業家。想想特斯拉，他是歷史上最偉大的發明家之一。「但他的故事很令人感傷，」Google共同創辦人賴利．佩吉解釋，「他無法將任何發明商業化，甚至沒有足夠的資金去支持自己的研究。」儘管特斯拉被愛迪生帶有貶義地稱爲「科學詩人」，在身後留下三百項專利的他，卻在紐約一間旅館裡身無分文地死去。對於這個故事，佩吉說：「你必須要把自己的發明帶到世界上，必須要能生產並且藉此獲利。」

接受「把登月工廠X的發明帶到眞實世界」這個重要任務，費爾頓的職稱是「讓登月計畫準備好面對眞實世界的負責人」（是的，這是她的眞實職稱）。第一年，費爾頓帶領公司的行銷團隊建立起法務與政府關係團隊，並且爲潛鳥計畫寫下第一份商業企畫。

登月工廠X最初爲登月計畫進行腦力激盪時，發散思考占了非常重要的位置。費爾頓告訴我：「在構想計畫的最初階段，科幻小說式的思維非常有價值。任何不打破物理定律的事情，都應該被視爲可追求的目標。」

而這些構想來自於一個擁有衆多跨領域人才的團隊，最適合來進行之前提到的「組合遊戲」。費爾頓說：「最好的構想來自於最好的團隊，而不是最好的人。」登月工廠X把認知多元化又提升到一個新的層次，公司裡的員工包括消防員、裁縫、鋼琴演奏家、外交官以及記者，你會發現航太工程師與時尚設計師一起工作，或者特種部隊退役軍人拋出點子給雷射專家。

登月工廠X的目標是：將登月性思考變成企業新常態。爲了達成這個目標，這間公司持續地鍛鍊整個團隊的創意肌肉，而其中一項練習便是「壞點子腦力激盪」。這件事聽起來或許很令人驚訝，爲什麼要浪費時間在壞點子上？但他們這麼做是有理由的。泰勒解釋：「你無法在花時間產出壞點子前，就先得到一個好點子。一個極差的點子通常是一個好點子的表兄弟，而一個極佳的點子則是這兩者的鄰居。」

潛在的登月性計畫慢慢凝聚成形的過程中，發散思考會轉變爲收斂思考。我們把瘋狂點子與現實碰撞時的第一階段叫做「快速評估」。團隊要做的事情不只是產出新奇古怪的點子，更必須負責在開始投注金錢與資源之前，就排除掉不適合的點子。在這個階段中，就像登月工廠X的菲爾・華生（Phil Watson）解釋的：「我們問的第一件事是：這個點子能不能使用即將發明的科技達成，並且正確處理一個眞正的問題？」然而，只有很少數的點子可以滿足「在大膽與可行之間的合理平衡」，然後通過快速評估，進入下一階段。

在「氣球驅動網路服務」這個點子最初進入快速評估時，遠景看起來很黯淡。「我以為自己很快就能證明這件事不可能，」登月工廠X的克里夫．比佛（Cliff Biffle）說，「但我竟然做不到，這眞的很讓我生氣。」儘管這個點子如此激進，比佛卻意識到它完全是可行的。

如果一個點子通過了快速評估，接下來就會由費爾頓所領導的不同團隊接手。這些團隊會替科幻小說式的科技打下良好的基礎，將其轉變為具有營收能力、能解決眞實世界問題的產品。費爾頓解釋：「我們必須在一年內排除一個專案的風險，直到可實行的地步，否則就必須殺死這個專案。」

在排除風險的過程中，潛鳥計畫的氣球驅動網路就證明了自己的價值。在初步的測試——正式名稱為伊卡洛斯測試，因為整個團隊的目標就是高飛翱翔——之中表現良好。但是他們發現一個問題：就像伊卡洛斯的翅膀在高處融化一樣，氣球僅僅只能在高空維持五天，然後就開始漏氣，而五天遠比預期連續巡迴一百天的時間短上很多。他們所使用的那些氣球跟我們日常生活中的氣球一樣，在生日派對隔天就會呈現萎靡不振的喪氣模樣。而工作團隊（在這裡根據神話中伊卡洛斯的父親，被稱為代達洛斯）必須找出補救的辦法。他們比較蘋果與橘子，從其他也有滲漏問題的產業裡尋找解方。舉例來說，他們研究食品工業中的洋芋片袋子與香腸封膜，終於解決了問題，並且在眾多員工的挑戰下證明這個計畫的可能性。

像潛鳥這樣通過嚴格風險管理，然後從登月工廠X畢業的計畫（參與員工將得到一份眞正的畢業證書），會成爲一間獨立運行的公司。X的畢業生包括無人車、無人機、可以監測血糖的隱形眼鏡等等，這些構想聽起來都像某種科幻小說情節，直到**X在理想主義和實用主義中找到對的平衡，並把這些科技變成現實**。

而在另外一家不同的公司，SpaceX兩位領導人分別代表理想主義和實用主義兩種觀點。馬斯克就是那個挑戰極限的理想主義者，經常在推特上向全世界自由宣傳他的登月計畫，可以說是樂團的主唱；而在幕後則有個人擔起一份非常艱難的工作，把馬斯克那些稀奇古怪的點子都轉變爲具有可行性的商業產品。

她的名字是格溫·肖特維爾（Gwynne Shotwell），也就是傳說中那位「不准胡說總裁」，同時也是公司的營運長。肖特維爾在青少女時期參加過一場由美國女工程師協會（Society of Women Engineers）主辦的活動後，就決定要成爲一位工程師。因爲在一次小組討論會中，一位機械工程師令肖特維爾印象深刻，並爲她展示了工程師這條精采的道路。

而三十多年後的今天，肖特維爾正站在工程界的頂端，負責SpaceX每日的營運。除了日常工作之外，她還擔任馬斯克和其他員工之間的橋梁。SpaceX的漢斯·康寧斯曼（Hans Koenigsmann）如此說：「伊隆會說：『我們上火星吧！』然後肖特維爾會回答：『好啊，我們需要做些什麼來登陸火星呢？』」爲了替公司這個打破傳統的登陸火星計畫尋找財源，她在全球飛來飛去，尋找將商業燃料送上近地軌道的傳統機會。在SpaceX成立初期，她曾與衛星營運公司簽下數十億美元的合約，而這些合約在財務上支持了公司，讓他們可以探索把人類送上火星的登月性計畫。

但是還有一個重要的問題沒獲得解答：即使我們想辦法登上火星，要怎麼在那裡生存下去？我們的火星先鋒們會需要自己開採原物料、融冰為水，甚至必須打造地下隧道和居所，以避免長期暴露在輻射下。

為了在火星上打造完美的隧道，我們必須先在地球上打造一條。而要做到這點，得需要從某間特別的無聊公司那裡，學會某種特定的無聊技術。

一間無聊的公司

洛杉磯市內的交通是出了名的壅塞不堪。在一天中的某些時段，你可能會枯坐在車陣中，認眞思考自己餘生是否都會在四〇五號高速公路上度過。

如果你是典型的都市計畫者，得到一份打通洛杉磯交通任督二脈的任務，問題很明顯：我們要如何鼓勵民眾使用腳踏車或大眾運輸工具？我們要怎麼建造更多道路？我們要怎麼規畫高乘載車道，讓尖峰時間的交通量得以縮減？

但是這些方法並不能解決問題，或者說，只能提供非常有限的改善。如果我們仔細思考這些方法，就會發現這些統統都不是從基本命題思考得到的結果。以上提案的背後都假設交通問題是一個二維問題，所以應該要用二維方式解決。

然而無聊公司（Boring Company，是的，這是此公司的眞名）卻不這麼想。與其用二維方式解決問題，他們進行了一場思想實驗：如果用三維方式思考，也就是說往上或往下延伸呢？在現實生活中，這意味著飛行汽車或地下隧道。

如果你像我一樣看過《回到未來》這部電影無數次，可能覺得飛行汽車是個再直觀不過的科幻選項了（公路？我們要去的地方不需要公路！）但是在聽起來無比酷炫的同時，飛行汽車也有不可忽視的缺陷：非常高分貝的噪音、非常依賴天氣狀況運行，對於腳踏實地的路人而言則會引起很大的焦慮，擔心走在路上被飛車撞到頭。

相較之下，地下隧道不受天氣干擾，並且對地面上的行人來說是安全的。如果隧道建造在地下夠深的地方，那麼無論是建造當下或之後的營運，對地面上所造成的噪音干擾將小到可以無視。與大衆思維相反的是，隧道其實是地震中最安全的地方之一，因爲它可以遮擋地震中墜落的建築殘骸，畢竟這些殘骸的破壞力非常強大。而且在地震中，隧道不會像地表建築物一樣搖晃，反而會跟著土地一起移動。更吸引人的是，如果建造起一條地下隧道，那麼從加州的西木區一路開到洛杉磯國際機場，十六公里的路程只需要六分鐘，而不是現在尖峰時間的六十分鐘。

但是問題來了：挖隧道是一項非常昂貴的工程，每公里數以百萬美元計，而光是這樣的成本就能讓計畫擱淺。

讓我們在這裡暫停一下。我們從發散性思考開始（如何針對交通阻塞打造一個三維的解決方案），然後讓自己沉浸在幻想中，忘記思考現實上的限制。現在我們要轉換爲收斂性思考，並且想辦法把財務這頭大象弄進房間裡。

要讓地下隧道變成可以負擔的解決方案，建造隧道的成本必須是現在的十分之一，也就是說，開鑿隧道的機器必須要更有效率。這些鑽機目前的速度比蝸牛慢上十四倍，而其中很大的原因是，隧道技術在過去五十年來並沒有顯著的進展。無聊公司有幾個想法可以打敗蝸牛：讓鑽機的馬力升級、改善鑽機運作的效率以減少停工的時間、利用自動化減少人力的運作。無聊公司也計畫要回收隧道工程中挖出來的廢土，用來建造隧道中必須的結構，這麼做可以節省金錢，減少混凝土的使用，並且減低對環境的影響。

二〇一八年，無聊公司獲得與芝加哥市「獨家協商」的機會，協商建造一條一百三十公里長的隧道，從芝加哥市中心連接到歐海爾國際機場。在隧道建成之後，從市中心到機場的路程只須十二分鐘，比現存的交通方式快上三到四倍，並且只花費現在搭乘計程車的一半價錢。拉斯維加斯稍後也積極跟進，與無聊公司簽下合約，在拉斯維加斯會議中心下建造一條隧道。

時間會告訴我們，無聊公司是否眞的贏過蝸牛。他們的計畫面對著無數的工程挑戰以及變化莫測的地質條件。但是這兩個計畫不一定要成功，即使最終失敗了，他們也將會對已經停滯數十年的整個產業帶來技術改善。他們會將無聊的事情變得有趣。

眼裡冒出星星的做夢者，並不一定是最後能完成事情的人。在簡報上承諾摘月亮是一回事，實際上眞正能做到又是另一回事。安東尼·聖修伯里告訴我們：「當我們談到未來時，你的任務不是要預測事情，而是要讓事情成爲可能。」**無論你的登月目標多麼有創意，最終會需要仰賴你內在的肖特維爾，讓理想與現實接軌，並且找出達成目標的方法。**而我們往往需要向後倒退才能走向未來，這是一項很少人知道的策略，稱爲回溯分析法（backcasting）。

回到未來

對大多數的人來說，計畫未來等於是預測未來。在企業中，我們分析目前的產品供需狀況，以推斷未來的走向；在個人生活中，我們讓現在所擁有的技巧，決定自己未來會成爲的模樣。

但是預測這件事情，在定義上就不是從基本命題出發的。我們在預測中所做的事情是看看後照鏡，然後再瞧瞧眼前現有的原物料，而不是未來的可能性。預測時，我們會問：「用手上的東西，我們能做些什麼呢？」而在這裡，現狀經常是問題的一部分。**預測會將現有的錯誤假設、荒謬偏見等帶進未來，若我們如此做，就等於是以現有的狀況限制住實際能做的事情**。

回溯分析法翻轉了這樣的情況。**與其從現在預測未來，回溯分析法讓我們能推斷出如何達成想像中的未來**。美國電腦科學家艾倫．凱（Alan Kay）說：「預測未來最好的方法，就是去發明未來。」與其讓我們的視野被現有的資源限制，回溯分析法讓我們的視野推動現有的資源。

進行回溯分析時，我們將遠大的目標拆成可行的步驟，認定一個理想的工作，並想辦法畫出一條通往這份工作的地圖；我們設想出一份完美的產品，並且問自己要如何打造出這項產品。只有當你發現自己必須現在——而非等一下——畫出走向成功的藍圖時，你才會被迫把理想與現實分開。

回溯分析法實現了人類的第一次登月計畫。NASA從人類登上月球這個結果開始思考，並且往前推演，以斷定達成這個目標所須的步驟：首先必須讓一架火箭離開地表，送一個人進入近地軌道，然後進行太空漫步，接著太空人與一部在近地軌道上繞行的探測器會合、登船，再送一艘載人太空船繞行月球一圈後回到地球。只有一一達到這些在藍圖上的漸進式步驟後，我們才眞正嘗試登陸月球。

亞馬遜也在它的產品上採用了類似的回溯分析法。亞馬遜的員工會寫內部新聞稿，描述尚未存在的產品，而每一則新聞稿都是一次思想實驗，也是一個突破性構想的初稿。新聞稿中會寫明顧客的問題、現存的解決方案（內部或外部的）爲何不足以應對，以及新產品將如何取代現有選項。這份新聞稿會以正式產品發表會的規格在內部流通。「我們只把資金投注在能順暢運行的產品上。」亞馬遜的全球消費者執行長傑夫・威爾克（Jeff Wilke）解釋。

所謂的順暢運行，包含一份長達六頁的文件，假想客戶會提出的各種問題。這樣的練習，迫使亞馬遜的專業團隊，必須把自己放在非專業的角度去檢視產品。在產品投入開發之前，他們必須要問出「蠢問題」，並且想出解決辦法。

藉由回溯分析，亞馬遜可以用很低的成本評估一個構想是否值得實行。亞馬遜的伊恩・麥卡利斯特（Ian McAllister）解釋：「在內部新聞稿上反覆探討，比起把產品做出來之後再研究要省錢得多（也快速得多！）。」回溯分析也讓亞馬遜能專注在客戶滿意度上。撰寫內部新聞稿時，亞馬遜並非從某個已經完成的產品上進行回溯分析，而是在一個滿意的客戶身上進行的。因此，內部新聞稿中會包含一份從假想客戶身上得到的產品好評。但這並非一種自我欺騙，幻想產品一定會讓客戶驚豔。因爲在撰寫稿子的過程中，亞馬遜的員工也會問：「客戶會對於第一個版本的哪些地方最爲失望呢？」

寫出這份新聞稿後，它並不會被束之高閣，而是在整個產品開發的過程中引導著亞馬遜團隊。他們會在每一個階段中問：「我們是在做新聞稿中的東西嗎？」如果答案爲否，那就是該停下來重新思考的時候了。如果檢討之後，發現偏離原始路線太遠，可能就需要進行一點軌道校正。

那份新聞稿也不會被視爲聖經。身兼作家與企業家的德瑞克．席佛斯說過：「鉅細靡遺的夢想讓你看不見新的可能。」世界不斷在改變，因此在最初新聞稿上的那些細節，通常半衰期都很短。這些過時的瑣碎不應遮蓋住整體的目標，也就是說，你不該因爲要停留在軌道上，而徘徊在軌道上。

回溯分析讓我們可以認眞檢視自己爲達成目標所規畫的路線，同時也讓我們能清醒地確認現狀。我們通常很快就愛上那個美好的目標，卻難以愛上背後的過程。我們不想要攀登高山，卻希望已經攀登過高山；我們不想寫一本書，卻希望已經寫過一本書。

回溯分析可以把你的眼光拉回到路線上：如果要攀登一座高山，就必須想像自己背著登山背包訓練、在高海拔的地方訓練以適應低氧環境、爬樓梯訓練肌肉、慢跑改善耐力。如果你想要寫一本書，就必須想像自己整整兩年每天都坐在電腦前一個字一個字地輸入，寫出一章又一章蒼白的草稿、潤飾文字、凝神苦思，然後即使你不想要還是得再度凝神苦思，這其中沒有讚賞與報償。

如果你經過這一連串的步驟，然後整個構想聽起來就像是種酷刑，那就停止吧！如果這個過程中有什麼有趣的地方讓你覺得難以抵擋——就像寫作對我而言那樣——那就去做吧！當你重新思考過路線之後，同時也會更加理解過程中的本質性問題，而非只是在追逐幻境般的結果。

當你畫好路線圖，就是該應用猴子優先策略的時候了。

猴子優先

你剛剛被指派負責一項特別困難大膽的任務，老闆說你必須讓一隻猴子站在臺座上朗誦莎士比亞，你該怎麼開始？

大部分的人會從打造臺座開始。泰勒這麼解釋：「因爲在某個時間點，老闆會冒出來問進度，而手上有點東西可以給老闆看，會比一長串『教猴子講話爲什麼非常困難』的理由，讓你覺得好過一些。」你希望老闆可以拍拍你的肩膀說：「嘿，很不錯的臺座，做得好！」所以你開始建造臺座，然後等待一隻會朗誦莎士比亞的猴子神奇地出現在面前。

但問題來了：建造臺座是最簡單的部分。「你隨時都可以打造一個臺座，」泰勒說，「但所有的風險與學習，基本上都來自於訓練猴子這部分。」而如果一個計畫有它的致命傷——如果猴子無法學會說話，更別說朗誦莎士比亞——那你會希望在一開始就先知道。

更糟糕的是，你花在建造臺座的時間越長，就越無法從這個不該執行的登月計畫上移開腳步，這就是所謂的「沉沒成本謬誤」。人類在看待自己的投資時，常常是不理性的。我們在一件事上投入越多時間、精力或金錢，就越難從中抽身改變。我們會因爲已經花了一個小時讀了前幾章，而繼續閱讀一本糟糕的書；或者因爲已經花了八個月拍拖，所以繼續維持一段不良的關係。

對抗沉沒成本謬誤最簡單的方法就是：先訓練猴子、先處理登月計畫中最困難的關鍵。從猴子開始，可以保證你在投入大量資源前，就確認你的登月計畫有足夠的機率可以實現。

而要應用猴子優先的策略，你必須先開發出一套登月工廠X所謂的「終止指標」（kill metric），也就是一套判定可行或不可行的標準，讓你可以決定要往前或後退。這些標準必須在計畫一開始就設定好，因爲此時你的腦袋相對清楚，還沒有陷入各種情緒或財務投資的沉沒成本謬誤中，進而被蒙蔽視野。

這個方法曾在登月工廠X裡終結一個名爲「霧角（foghorn）」的計畫。這項投資一開始看起來很有前途：某位成員讀過一篇科學論文，探討如何從海水中抽取二氧化碳，轉換成價格合理、有機會取代石油的液態燃料。這個計畫所須的科技聽起來就像科幻電影中會出現的，所以秉持著實驗精神的登月工廠X就著手研究了。

在他們開始嘗試把想像變成現實之前，霧角計畫的團隊設置了一個「終止指標」。那個時候，最貴的石油是每加侖八美元，霧角團隊的目標是在五年內，成功以每加侖五美元的成本製造石油的替代品，以便爲企業營運費用和利潤留出一些空間。

結果，事實上這項科技是臺座，因爲霧角團隊發現把海水變成燃料並不特別困難。但成本是猴子。新燃料的製程非常昂貴，尤其是在面對節節下降的油價時更是如此。霧角團隊意識到這個計畫並不能滿足他們一開始設置的標準，於是決定中止計畫。如計畫負責人凱西．漢南（Kathy Hannun）解釋的，「即便這個決定令人痛心，但我們在計畫開始時設立的強大技術—經濟模型，讓我們清楚知道，中止計畫的決定是正確的。」

建造臺座的確定性比教會猴子說話大得多。我們不知道如何訓練一隻猴子，但是知道如何打造一個臺座，所以我們決定進行。在生命中，我們花時間做自己會做的事情，寫電子郵件、參加無止境的各種會議，而非著手處理計畫中最困難的部分。

打造臺座並不是一件不合理的事情，畢竟這個計畫的確要求猴子站在臺座上。建造臺座讓我們有一種完成什麼事情的滿足感，好像自己針對問題做了一些處置，有了一些進展，即便我們只是不斷拖延必須面對的事實。忙東忙西讓我們覺得自己很有生產力，但事實上並非如此，我們打造了一個美麗的臺座，但是猴子仍然不會說話。

事實是：簡單的事情通常都不是重要的，重要的事情通常都不簡單。

到頭來，我們是有選擇的。我們可以不斷打造臺座，然後等待一隻魔法猴子突然出現來朗誦莎士比亞（爆個雷：魔法猴子並不存在）。或者我們可以把精力放在重要而非簡單的事上面，嘗試教猴子說話，一次一個音節。

在電影《阿波羅13號》開始時有個場景：阿波羅11號的後備指揮官吉姆·洛維爾充滿讚嘆地看著阿姆斯壯與艾德林在月球表面邁開第一步。「這不是奇蹟，」洛維爾說，「我們只是決定了要做而已。」

這並不是毫無節制的樂觀主義，以爲只要敢於夢想，老鷹號登月艙就會變魔術般出現在月球的寧靜海上。洛維爾所說的話，事實上是樂觀主義與實用主義的結合，是全然大膽地結合滿眼星星的夢想與一套循序漸進的藍圖，因此可以將看似不合理的事情轉變爲眞實。

「追求合理的人改變自己以貼近現實，」這是蕭伯納的名言，「而不合理的人則嘗試改變世界以貼近自己，因此所有的進步都仰賴不合理的那個人。」

所以這就是我對你做出的登月建議：**當個不合理的人。畢竟所有突破只有從事後看來才會合理。**「在重要突破發生的前一天，它都還只是個瘋狂的想法。」航太工程師伯特·魯坦這麼說，他曾經設計了第一艘私人募資升空的太空船。**如果我們把自己限制在現有條件下可行的方案，那麼永遠都不會達到逃逸速度，創造令人興奮的未來。**

所有的登月計畫都是可行的，只要你決定執行。

02

第二階段
加速

在本書的第二階段中，你會學習到：
如何推進你在第一階段中策畫出的構想；
如何重新建構你的問題，以得到更好的答案；
爲什麼證明自己是錯的，可以幫助你找出什麼是正確的；
以及如何像火箭科學家一樣進行測試與實驗，
以保證你的登月計畫可以用最好的方式著陸。

5 如果我們送兩部火星車上去呢？

——如何重新建構問題，產生更好的答案

一個定義明確的問題，等於已經解答了一半。

——佚名

要登陸火星，等於是要編排一場完美的宇宙舞蹈。「如果有任何一項細節沒有照預想執行，遊戲就結束了。」NASA工程師湯姆．瑞佛里尼（Tom Rivellini）如此解釋。因爲火星是個移動非常快速的目標。根據火星與地球的相對位置而定，這顆紅色星球與地球的距離在五千六百萬公里至四億公里之間，以每小時八萬公里的速度繞著太陽公轉。要在特定時間點降落在特定地點，等於是要跨越行星一桿進洞。

但是在前往火星的跨行星旅行中，最危險的並非長達六個月的漫長旅程（在火星與地球最靠近時），而是旅程尾聲那充滿張力的六分鐘——太空飛行器進入火星大氣層，下降並希望能在火星表面著陸。

在旅程中，一架典型的火星著陸器會藏在一部減速艙中。這是一個由兩部分組成的繭形艙體，前方有個防熱遮罩，後方則是一片背板。太空飛行器接觸火星大氣層時的速度是音速的六倍，而在六分鐘內，必須從每小時一萬九千公里的速度緊急煞車，直到可以安全降落在火星表面。太空飛行器與火星表面摩擦耗損的過程中，外殼溫度可高達一四〇〇℃，防熱遮罩將保護太空飛行器不會因高熱而燃燒，與此同時，大氣摩擦力會將飛行器的速度慢慢降至每小時一千六百公里。

但這還是非常快。在大約離地十公里處，太空飛行器會啓用一頂超音速降落傘，並且投棄防熱遮罩。但是光靠降落傘並不足以減緩太空飛行器的速度。火星表面的大氣層非常稀薄，密度不到地球大氣層的一％，而降落傘的原理是利用空氣分子的反作用力減速，所以空氣分子越少，減速效果越差。因此，降落傘只能將太空飛行器的速度降到大約每小時三百二十公里，還需要其他設備來保證太空飛行器不會用職業賽車的速度，一頭撞進火星表面。

一九九九年，當我開始參與火星探測漫遊者計畫的前置團隊，那個所謂「其他的設備」是一架三腳著陸器，上頭裝設了火箭推進器。在降落傘幫助太空飛行器減速之後，著陸器會伸出旅程中收緊的三條防震腿，然後點燃它的火箭，同時使用雷達裝置將太空飛行器導航到火星表面，用三條腿進行穩定的軟著陸。

這是我們的理論，但在實踐上遇到一個問題。一九九九年的火星極地著陸者號也採用了同樣的著陸系統，下場卻很淒慘。NASA檢討委員會的結論是，著陸者號大概是太早關閉火箭減速系統，然後直直地衝向火星表面墜毀。

這個意外帶給我們極大的挑戰：我們計畫使用相同的著陸機制，但此機制不久前才華麗地失敗了。我們的任務於是不幸擱淺。

我們起初問過一些直觀的問題：如何改進火星極地著陸者號的錯誤設計？如何設計更好的三腳著陸器以保證順利著陸？但是我們很快就發現，這些都不是眞正該問的問題。

本章著重探討如何尋找更好的問題，而非更好的答案。在本書的第一階段中，你已經學到如何從基本命題思考，並且使用思想實驗點燃你的構想，以及如何使用登月性思維產出根本性的答案，以解決棘手的問題。但是在很多狀況下，我們最初構想出的問題並不是最好的問題，我們第一個認定的難題也不是最該處理的難題。

在這一章中，我們會探索：如何跳脫最初的問題框架並發現正確的問題（而非解決問題）。你會學到：兩個看似簡單的疑問，如何拯救火星探測漫遊者計畫；亞馬遜創造最佳利潤的策略是什麼。我會解釋：從一個多數史丹佛學生無法解答的問題中，可以學到什麼；爲什麼職業西洋棋棋士在棋盤上看到熟悉的棋步時，表現會變得比較差；同樣的疑問如何突破日常生活、革新奧運活動，並且引領一場改變產業的行銷活動。

未審先判

多數人解決問題的方法讓我想起《愛麗絲夢遊仙境》中的一個場景：紅心傑克因爲被懷疑偷竊餡餅而遭受審判。證據呈堂之後，擔任法官的紅心國王說：「讓陪審團思考他們的判決。」而失去耐性的紅心皇后打斷他的話，大喊：「不，不！先判再說，等等再審。」

在解決問題的過程中，我們往往很直覺地想要先認定答案。與其建構出小心的假說，我們跳到大膽的答案；與其承認問題背後往往有複雜的原因，我們堅持採用第一個出現在心裡的原因。醫師們基於見過的症狀，假定自己的診斷都是正確的；美國各地的會議室中，那些看似強硬果決的高階主管們相互角力，大家都想成爲第一個針對問題提出解決方案的人。

但是這樣的做事方法，等於把馬車拴在馬的前方、把判決放在審理之前。若我們一下就跳到答案模式，便容易追著錯誤的問題跑；**若我們趕著界定解決方案**（**當我們愛上自己的診斷**），**最初想出來的這個答案往往會遮蔽我們的雙眼，令我們看不見更好且顯而易見的答案**；若判決先被公布，審理的結果一定是相同的：有罪。就如英國經濟學家凱因斯所說，困難之處「不在於得到新構想，而是掙脫舊點子」。

若我們很熟悉一個問題，並認爲自己有對的答案，就看不見其他可能性了，這樣的傾向被稱爲「定勢效應」（Einstellung effect）。Einstellung是德文的「設定」，代表某種固定的預設心理與態度。在此的意思是，最初定義的問題框架和最初想到的解答，都被認為是不可改變的。

在某種程度上，是教育造成了定勢效應。在學校，我們被教導要回答問題，而非重新思考問題的框架。問題往往以題組的形式交到學生手上——或者更確切地說，塞到學生手裡。「題組」這個詞彙本身就說明了它的本質：問題的組成結構都已經設定好，學生要做的就是解答問題，而非改變或質疑問題。

高中數學教師丹．梅爾（Dan Meyer）表示：「一個典型的問題會『事先以能理解的形式，宣告所有限制及資訊。』」學生解題時，只須把已經證明過且包裝好的題組，套進某個他們背起來的公式，正確答案就會自動蹦出來。

但是這個做法卻離現實世界非常遙遠。在成人的世界裡，我們遇到的通常不是完整成形的問題，而是必須自己去尋找，然後再定義面前的問題。但是當我們找到問題，受教育形塑的解題思維就開始發作，馬上跳到思考解答的步驟，而非先確認這就是該解決的問題。我們雖然會嘴上說要找到正確問題，但實際上往往只是一再複製從前讓我們失敗的做法。

隨著時間前進，我們變得像把鎚子，而每個問題看起來都像根釘子。有一項研究，調查來自十七個國家、九十餘間公司的一百零六位資深主管，發現有超過八五％的人認為公司不擅長定義問題，而這個缺陷也導致公司成本顯著提高。另一份由管理學教授保羅．納特所做的研究，則發現未能正確定義問題是企業失敗的原因之一。舉例來說，當企業發現一個行銷廣告上的問題，便會尋找另一個行銷廣告形式的解決方案。而這麼做，就人爲排除了其他的可能性。在這項研究中，管理者做決策時會參考一個以上選項的情形，根本不到二〇%。這樣的環境對於創新非常不利。納特的結論是：「**先入爲主的解答及對於選項的探索不足，是得出失敗的經典配方。**」

讓我們看看另一份研究：研究人員將職業西洋棋士分成兩組，並請他們使用最少的步數將對方將死。在第一組棋士所得到的棋局上，有兩種可能的解法：第一種是所有職業棋士都很熟悉的解法，五步就能拿下勝利；第二種較不爲人所知，卻是較好的解法，只要三步就可獲勝。

第一組中，許多職業棋士無法找到那個較好的解答。研究人員追蹤棋士的眼球移動路徑，發現他們花費許多時間在棋盤上模擬那個熟悉的走棋路線。即使他們聲稱自己在尋找替代方案，這些棋士的眼睛還是無法從已知的路線上移開。當他們能看到一個熟悉的解決方案——簡單的一個蘿蔔一個坑——他們的表現竟然受到影響，因此下降了三個標準差。

研究人員針對實驗中的第二組棋士改變了一下設定，所以棋盤上不再出現熟悉的選項，只有三步棋這個最好的解法可以拿下勝利。沒有熟悉選項來擾亂，第二組的這些職業棋士們全都成功找出答案。這項研究最終確認了許多西洋棋世界冠軍說過的話：「若你看到一步好棋，不要馬上行動，稍微等待一下，尋找一步更好的棋。」

當定勢效應跑進來阻擋我們、當我們無法看到更佳的棋步，可以藉由質疑問題來改變自己對問題的定義。

質疑你的問題

馬克．阿德勒（Mark Adler）不像我們以為的工程師。他的個性迷人，充滿領導力，脖子上經常掛著一副太陽眼鏡，這是他從家鄉佛羅里達帶來的習慣。他常笑，但是也有深沉的時候。閒暇時，他會開小飛機及潛水。他講話的速度就和他思考的速度一樣快：我與他的訪談持續了超過一個小時，而我盡全力也只勉強塞進了三個問題。

當火星極地著陸者號在一九九九年墜毀時，阿德勒是ＪＰＬ的一名工程師。著陸者號失事後，因為計畫使用同樣的三腳著陸系統，導致我們的火星任務被取消了。當時除了阿德勒，每個人都為定勢效應所苦。就像那些職業西洋棋棋士把棋局焦點放在熟悉的解決方式上，在我們的例子中，棋局就是三腳著陸器。

但是阿德勒找出一個更需要解決的問題。當我問起他的思考過程時，他告訴我那是「非常非常簡單的」。阿德勒看到的是：我們的問題並不是著陸器，而是萬有引力。我們完全卡在「怎麼設計出一個更好的三腳著陸器？」但阿德勒往後退了一步，並且提出問題：「如何抵抗萬有引力，讓火星車可以順利著陸？」除非能找到什麼辦法緩衝下墜的力量，否則曾經讓一顆蘋果從樹上掉下來的力量，也會讓火星表面與太空飛行器進行一場不愉快的會面。

阿德勒的解決辦法是：放棄三腳著陸器的設計，以巨型氣囊取代。他將火星漫遊者探測器包在一個像蠶繭的著陸構造中，而這些氣球會在與火星表面接觸前迅速充氣。我們的地質學家機器人會被包在這些巨大的白色葡萄裡，從大約離地十公尺處釋放出來，墜落到火星表面，並在彈跳三十至四十次之後停下來。

是的，這些氣球又胖又醜，但是非常有效。氣囊系統成功協助火星拓荒者號（Pathfinder spacecraft）於一九九七年降落在火星表面，因此阿德勒知道「這套系統會有用，因爲它們以前就成功過。」

阿德勒將自己的提案上交給JPL的火星探索計畫總工程師丹・麥克利斯（Dan McCleese），並詢問爲什麼沒有考慮這個方案，麥克利斯說：「因爲沒有人支持這個方案呀！」因此，阿德勒決定把這個構想介紹給公司中最優秀的幾名同事，並且組織這些人一起工作。不到四個禮拜——以任務設計來說是前所未有地短——他們利用火星拓荒者號的著陸系統，設計出一份任務企畫。而這份企畫最終成爲現實，NASA選擇阿德勒的設計，因爲這是最有可能將太空飛行器安全送上火星的方案。

哈佛商學院的教授克雷頓．克里斯汀生說：「每個解答背後，都有一個與其緊緊掛鉤的問題。」**答案往往就潛藏在問題之中，所以如何選擇問題的框架，對於如何找到答案這件事情來說至關重要**。達爾文會認同這點的，他在寫給一位朋友的信中說道：「當我往回看，我發現看到問題，實際上比解決問題還要困難。」

我們可以把問題想像成不同的相機鏡頭：如果換上廣角鏡頭，就可以拍攝整個場景；如果換上變焦鏡頭，就能來張蝴蝶特寫。「我們看到的不是大自然本身，而是大自然在我們詢問下呈現的結果。」量子力學學說的背後推手海森堡這樣解釋。**當我們重新定義問題、改變自己發問的方法，我們就有能力改變答案**。

科學研究也支持這個結論。一項針對五十五年來的學術研究整合分析，發現建構問題的能力與創造力之間，呈現極度正相關。在一項著名的研究中，雅各．葛佐斯（Jacob Getzels）與米哈里．奇克森米海伊（Mihaly Csikszentmihalyi）發現最有創意的藝術學院學生，在準備與探索上花的時間比同儕要多。根據這些學者的說法，找到問題這件事並不是在準備階段結束後就完成了。即使我們可能已經花時間從不同角度檢視問題，在解決問題的階段，人群中最有創意的人依然抱持著開放的心胸，隨時準備重新定義他們的問題。

在我們的火星任務中，阿德勒就像那些最有創意的藝術學院學生，花比較多的時間在定義問題，因此看到了眾人都沒有察覺的本質。

但是，接下來發生的事情連阿德勒都無法預見。

自己的分身

從很多方面來說，火星都像是地球的好姐妹：從太陽數過來，它是地球的下一顆行星；火星上的季節、火星的自轉速度與自轉軸傾斜程度，都跟地球相似；雖然火星現在非常寒冷且荒蕪人煙，但也曾有過比較濕潤溫暖的時期，並有證據顯示火星上曾經存在四處流動的液態水。

這些特質使火星成爲太陽系中，少數外星生命可能存在的地方，甚至生命有可能在其上蓬勃發展。在一九七二年最後一次阿波羅登月任務之後，火星很自然地成爲下一個目標。一九六二至七三年間發射了一系列的火星探測器，並且從環繞火星的軌道上拍攝許多這顆紅色星球的照片，現在該是降落下去探索的時候了。如果NASA的太空人可以做到阿姆斯壯跟艾德林做過的事情——穿上太空裝，帶上鎚子、鏟子和耙子去收集樣本——他們會這麼做的。但是從NASA的角度來說，這個選項所須的經費遠遠超過預算，所以他們就選擇了第二好的選項：既然無法送上人類地質學家，那就送機器地質學家吧！

NASA在一九七五年實施維京計畫，第一次嘗試登陸火星。這個以北歐冒險民族命名的計畫，將兩部一模一樣的探測器送上火星，並且很沒創意地將其命名爲維京1號（Viking 1）與維京2號（Viking 2）。這兩部探測器各自搭載一艘軌道飛行器，讓它們可以從軌道上繞著火星進行研究，同時也有一部著陸器，讓它們可以降落在火星進行地表研究。在這兩艘太空飛行器抵達火星之後，軌道飛行器花了一些時間尋找合適的降落點。一旦確定降落點，登陸器就會離開飛行器，降落到火星表面。

維京1號的著陸器在一九七六年七月二十日登陸火星，這是老鷹號降落在月球寧靜海基地之後的第七年，而維京2號隨後在同年九月降落火星表面。這兩部探測器當初只設計來進行爲期九十天的任務，卻都大幅超過預期的使用年限。維京1號進行了超過六年的科學研究，維京2號大約四年，它們將無數的影像傳回地球。

這些影像，其中一部分就展示在康乃爾大學的太空科學大樓門口，而我在此處度過我大學生涯的絕大部分時光。我每天走進大樓門口，看到它們時都會忍不住微笑，然後再上到四樓的火星室裡開始工作。如果要替我的大學生活做一套組圖的話，火星照片將會是其中非常顯眼的一部分。

在二○○○年的某段時間，我忙著在火星室裡設計任務的運行場景，模擬漫遊者登陸火星後可能會發生的種種狀況，而這已經是阿德勒的神奇氣囊把我們從垂死邊緣救回來之後的事了。我在房間裡聽到斯奎爾（我的老闆與火星任務首席研究員）好認的靴子聲，從走廊的另一頭向我與我的同事走來。斯奎爾走進房間，宣布他方才與NASA總部的史考特．哈伯德（Scott Hubbard）通了電話。

當我替漫遊者模擬登陸後的最壞狀況時，想像力特別豐富，所以悲觀的想法很快就充滿腦海：這次什麼事又出問題啦？我們又被NASA數落？

但斯奎爾帶來的不是壞消息。哈伯德在NASA中負責的任務，是在火星極地著陸者號的意外之後，對後續火星任務進行補救計畫。他剛剛結束與NASA署長丹尼爾．戈登（Daniel S. Goldin）的會議，要轉達一個簡單的問題給斯奎爾。

「你可以做兩架嗎？」哈伯德在電話中問斯奎爾。

「兩架什麼？」斯奎爾問。

「兩架燃料火箭。」

斯奎爾驚呆了，他問：「為什麼你要兩架燃料火箭？」

「因為我們會有兩部漫遊者啊。」哈伯德說。

這是從來沒人想到的問題：我們可以送不只一部，而是兩部漫遊者上火星嗎？在火星極地著陸者號的意外後，我們一直專注在著陸器的問題，然後終於以阿德勒的方法解決了問題。但是風險並非只有著陸器，任何隨機的小問題，都可能讓我們的太空飛行器在外太空旅行的六千四百萬公里中、在頂著強風於怪石嶙峋的火星表面著陸時出現故障。

戈登針對這份不確定性提出的解決方案，就是稍早在這本書裡講過的：增加冗餘度。與其把所有雞蛋都放在同一個太空籃子裡拋上太空，然後拼命祈禱一路上不會有壞事發生，我們決定要發射兩部漫遊者，而不是先前決定的一部。這樣一來，即使一部失敗了，還有另一部可能成功。另一方面來說，當生產的規模變大，製造第二部探測器所需要的成本僅僅是第一部的零頭。戈登想出這個點子後，阿德勒與另一位JPL工程師貝瑞．戈爾茨坦（Barry Goldstein）只有四十五分鐘估計第二部探測器的成本。他們最後的結論是，兩部探測器加起來要六億六千五百萬美元，大概只比第一部的四億四千萬美元多出五〇％。NASA想辦法拿到這一部分的預算，並對我們開了綠燈。

於是，我們的漫遊者得到一個分身。

這次NASA決定在命名上添加一點創意，於是舉辦了一個命名競賽，讓學童們可以遞交一篇短文，建議新太空船的名字。在一萬份申請表中脫穎而出的是蘇菲．柯林斯（Sofi Collins），她是亞利桑那州的三年級學生，出生於塞爾維亞，被美國家庭收養前，在孤兒院住了一段時間。「那裡又黑又冷又寂寞，」她的文章描述著孤兒院的情況，「晚上我會抬頭看看美麗的星空，然後心裡就會好過一點。我一直想像自己可以飛上星空。在美國，我可以實現自己所有的夢想，謝謝你們給我的『精神』及『機會』。」

因此得名的「精神號」與「機會號」漫遊者火星車，探測目標是：判斷火星上的環境是否曾經可能適合生物生存。因爲水是生命存活所須的關鍵，所以我們想知道火星上的水最後都到哪裡去了，而兩部探測器也意味著兩份科學報告，它們可以對兩個非常不同的著陸點進行探索。如果一個著陸點在科學研究的角度上看起來不夠好，另一個著陸點或許可以讓這個任務變得有意義。

我們爲機會號選擇了子午線高原做爲著陸點，那是一座靠近火星赤道的高原。這個區域看起來可能會有發現，是因爲它的地質組成有赤鐵礦，暗示了此處曾經有流動水。另一項原因則是，子午線高原是這顆紅色星球上「最光滑、平坦、少山峰」的地方，也就是火星版的超大停車場，我們很難找到比它更適合的著陸點。

既然機會號要降落在這個具備有趣化學成分的地方，我們接著就挑選了古瑟夫撞擊坑爲精神號的著陸點，因爲此處在地貌上非常豐富多元。它位於子午線高原的另一邊，是個巨大的隕石撞擊坑，坑中有一條清晰可見的溝痕。科學家們懷疑這條深溝來自於流動水的沖刷，而這個隕石坑很可能曾經是座湖泊。古瑟夫撞擊坑是個有點冒險的著陸點，因爲比起子午線高原，此處的風勢較強，而且岩石密度較高。但既然我們一次發射了兩部漫遊者，拿其中一部來冒點險似乎是可行的。

精神號首先抵達火星，在太空飛行器碰觸火星大氣層之後，一切都如計畫般順利進行：降落傘打開了，成功拋棄防熱遮罩，氣囊膨脹起來，然後就是一連串在火星表面上彈來彈去直到停下來的過程。對氣囊著陸系統的任何懷疑，在收到第一張來自火星的相片後就迅速消失無蹤。許多年來對著一張古瑟夫撞擊坑的遠距照片日思夜想之後，我們終於第一次看到來自於撞擊坑內部的火星表面高清照片，那感覺實在太不眞實了。

但是，當我們開始分析收到的影像之後，一開始的興奮就慢慢減退了。是的，我們很安全地抵達火星，成爲少數眞正成功抵達目的地的太空任務，但是撇除「我們正看著火星」這件事，實際上看到的東西並沒有那麼有趣。精神號回傳的照片跟當初維京號傳回來的差不多（就是那些掛在太空科學大樓門前的照片）：相似的石頭、相似的外觀、相似的結構——一切看起來都那麼熟悉。

不過這個最初讓人有些氣餒的狀況，在精神號開始往一片叫做哥倫比亞丘陵的區域駛去時，轉變成爲一陣歡呼。哥倫比亞丘陵是一群山丘，座落於精神號最初著陸點大約三公里外。爲了紀念登陸前一年在哥倫比亞號太空梭（Space Shuttle Columbia）中意外身亡的七位太空人而得名。在這些山丘上，精神號最終會找到針鐵礦，這是一種只有在水中才能形成的礦物質，也成爲火星上曾經可能存在地表水的強烈證據。

而三週之後，精神號的雙胞胎，機會號也在火星表面著陸。它的著陸點子午線高原跟我們先前見過的任何火星景象都不同。之前每一張曾拍到火星地表的照片上，都布滿了四處散落的岩石，但是機會號降落的地方卻一塊石頭也沒有。當這部探測器開始回傳照片到地球時，JPL的整個任務支援團隊都開心得大笑起來、手舞足蹈地歡呼、落淚。飛行總監克里斯．陸維基（Chris Lewicki）請斯奎爾對於他們在螢幕上見到的景象，快速做個總結，但是斯奎爾哽咽了，他非常緩慢地打開耳機上的麥克風，然後說：「我的老天爺啊❶！很抱歉，我只是……我實在太驚訝了。」

他們見到的是一片直接暴露在漫遊者探測器面前的岩床。但爲什麼像岩床這麼善良無害的東西，竟然會讓科學家無言以對？事實上，一片裸露、層次分明的岩床是你能找到最接近時光旅行的東西。岩床就像是本歷史書，能對我們展示在這顆遙遠的星球上，許久許久之前發生過什麼事情。不像精神號那樣需要翻山越嶺——在象徵意義與實際行爲上都是——才能找到一些有趣的發現，機會號直接享用了一份盛在銀餐盤裡端上的科學佳餚。噢，事實上是盛在岩床上的。機會號的重大發現幾乎都是在著陸六週之內得到的，這得感謝它有那麼好的著陸點。而這正是因爲我們決定送出兩部漫遊者，才使這件事成爲可能。

斯奎爾當初並沒有馬上意識到，但他所有的評論，包括「我的老天爺啊」那句，都轉播到全世界的每個角落。而這些評論讓一位在韓國首爾爲《文化日報》撰稿的記者有了興趣。他寫下機會號這趟創造歷史的旅程，並且用一條標題總結：「第二部火星探測車著陸，看見神祕的煙塵。」另一位韓國記者針對此事表達了精闢的見解：當初斯奎爾沒說「我的老母牛啊❷！」實在是太幸運了。

就像它們的祖父維京號，我們的兩部漫遊者火星車都只設計來進行九十天的任務，但是後來證實它們比維京號耐用多了。精神號被困在柔軟的土壤裡動彈不得前，進行了六年的任務，最終在冬天來臨、太陽能板無法再得到足夠能量來源之後，失去與地球的聯繫。我們爲精神號舉辦了一場正式的告別會，舉杯向它致敬，並念了一份充滿精神意味的悼詞。它曾經攀過高山（原本完全不是設計來做這件事的），並且在猛烈的沙塵暴中存活下來。

而機會號——我們常充滿愛意地叫它「歐皮」❸——一直持續運作至二〇一八年，直到一場巨大的沙塵暴遮蓋住它的太陽能板，最後讓它失去動力。NASA官員對歐皮送出過無數指令，叫它聯絡地球卻沒有成功。二〇一九年二月，機會號正式被宣佈陣亡。它比預期的九十天多活了十四年，曾在這顆紅色星球上破紀錄地前進四十五公里。

眞的是我的老天爺啊。

事實證明，我們在任務過程中重新定義的兩個問題，最後都直接促成這次任務超乎預期的成功：如果我們使用氣囊而非三腳著陸器呢？如果我們送上兩部而非僅僅一部火星車呢？

---

❶ holy smokes，當時的美國流行語，表示極度驚訝。
❷ holy cow，是當時表達極度驚訝的另一句美國俗語。
❸ Oppy，是機會 Opportunity 的簡稱。

這些問題或許看起來很簡單明顯，但這是從後見之明的角度而言。你要怎麼做才能像阿德勒與戈登一樣，從他人忽略的角度看事情？其中一種方法是區分策略與手段，而這兩者常被混淆。要理解兩者的不同，就必須跟火星說聲再見（只是暫時的），然後前往尼泊爾。

策略與手段

在某些重要器官發育成熟前就提早出生的嬰兒，稱爲未成熟兒或早產兒。每年，全世界大約有一百萬名早產兒因爲體溫過低而死亡，因爲他們出生時體脂肪非常少，所以很難維持自己的體溫。對他們來說，室溫可能感覺起來就像是冰水一樣。

在已開發國家，會將早產兒放進保溫箱中。這些保溫箱大小與一般嬰兒床相同，可以讓嬰兒保持適當的體溫，直到他們的身體發育完成。一開始的保溫箱其實是個很簡單的裝置，不過隨著時間演進，也開始附加一些不同的功能。現在的保溫箱有開口，讓我們可以伸手進去照顧嬰兒；有像是通風器的維生裝置；以及可以維持箱內濕度的器材。但科技的提升也使成本增加，讓一個現代保溫箱大約要價兩萬至四萬美元，這還不包括運作裝置所須的電力。開發中國家很難取得保溫箱，因而導致許多不必要的死亡。

二〇〇八年，四位史丹佛大學的研究生決定面對這個挑戰，打造更便宜的保溫箱。他們參與了一堂叫做「零負擔需求設計」的課程，學習怎麼設計出能改變世界上最貧窮人們生活的產品。

這個團隊並沒有從舒適圈的矽谷思維出發，他們決定要做一次田野調查，飛到尼泊爾首都加德滿都，讓自己能看到新生兒病房中的實際情況。他們想要觀察在醫院如何使用保溫箱，讓他們可以設計出符合當地實際需求的產品。

但是他們到了現場卻非常驚訝，因爲醫院中的保溫箱被放在角落裡生灰塵。一部分是因爲技術問題，畢竟保溫箱的操作通常具有難度，而更大一部分是因爲：尼泊爾絕大多數的早產兒都是在偏遠的鄉村出生，而這些嬰兒幾乎不可能活著到達醫院。

所以事實上，問題不是醫院缺少保溫箱，而是沒有醫院的偏遠地區，缺少可以替初生嬰兒保溫的設備及穩定供應的電力。傳統的解決方法——包括送給醫院更多保溫箱或降低保溫箱的成本——在這裡都無濟於事。

在得到這個寶貴經驗後，史丹佛大學的團隊重新定義了他們的問題：早產兒並不眞的需要保溫箱。他們當然需要保溫，而保溫箱所提供的心搏監測等新奇功能當然很有用，但是整件事中最重要且影響最大的挑戰是維持嬰兒體溫，讓他們的器官可以持續發育。而這個提供溫度的設備必須是低成本、操作簡易的，才能提供不識字的家長在供電不穩定的鄉村中輕鬆使用。

這個計畫的成果就是——「溫暖擁抱」嬰兒保溫袋。這是一個像小型嬰兒睡袋的東西，可以整個包覆嬰兒。其中有袋相變材料[4]，是一種創新的蠟質產品，可以很迅速地在滾水中幫這袋發熱包「充電」，幫助嬰兒把體溫維持在合適的溫度長達四小時。而比起一般市面上要價兩萬至四萬美元不等的傳統保溫箱，溫暖擁抱保溫袋只要二十五美元。直至二〇一九年，這個便宜又可靠的產品已經在超過二十個國家裡擁抱千百名早產兒。

我們經常會在心裡有「最喜歡的答案」，所以直覺地認爲問題的癥結在它「缺少這個最喜歡的答案」：「問題是，我們需要一個更好的三腳著陸器」「問題是，我們沒有足夠的保溫箱」等等。在這樣的情況下，我們會僅僅因爲想要科技而追求科技，因此犯下見樹不見林、把目的當方法、把功能當形式的錯誤。

這樣的做法就是把「手段」（tactic）當「策略」（strategy）。雖然這兩個字在英文中往往互相通用，但實際上指稱的概念非常不一樣。**策略是爲了達成某個目標而提出的計畫，手段則是在實施策略時進行的活動。**

我們經常忘記從策略的角度思考，而緊盯手段和工具不放，然後進一步有所依賴。但是，就像作家尼爾．蓋曼提醒我們的：「實際上，工具是整套東西裡最不重要的。」有把鎚子在你面前，並不代表這就是最適合這份工作的工具，只有當你能擴大視野並決定大方向的策略時，你才能避開種種錯誤的手段。

要找到合適的策略，你必須問自己：這個手段在這裡要解決什麼問題？這樣的提問法，迫使你拋棄「什麼方法」和「如何做到」，而把精力集中在「爲什麼這樣做」。三腳著陸器是個手段，而其背後的策略是安全降落在火星表面；保溫箱是手段，而拯救早產兒的生命是策略。如果你在思考的過程中發現自己很難看到全局，那麼不妨邀請一位局外人加入。不太常使用鎚子的人，比較可能不受面前的鎚子吸引而分心。

一旦定義了你的策略之後，要使用不同的手段就比較容易了。如果你將問題擴大爲對抗地心引力，而不只是單純做出比較好的三腳著陸器，那麼氣囊就提供了一個更好的選擇；如果你把問題擴大成登陸火星時可能面對的失敗風險，而不只是有缺陷的著陸器，那麼送上兩部探測器就可以大幅縮減風險，並同時增加回報。

彼得．阿提亞是位外科醫師，同時也是著名的人類長壽學專家，非常擅長分辨策略與手段。我問他，當病人提出像是「我該怎麼調整飲食？」「如果我膽固醇過高，要服用降血脂藥嗎？」這類的問題後，希望從他那裡得到「正確答案」時，他都怎麼做。他這麼回答我：「我通常不會讓病人專注在手段上，而是想辦法讓病人重新聚焦在策略上。當人們在尋找所謂的『正確答案』，通常問的是手段方面的問題；當我們聚焦在策略時，在手段上就有了更

❹ phase change material, PCM。在液態與固態間轉變時，會釋放或吸收大量熱，以達到加熱或降溫作用的物質。

多可塑性。」對阿提亞來說，使用降血脂藥物是「一種手段，而其背後有項策略」，也就是延遲因動脈硬化造成的死亡。

史丹佛科技創投計畫（Stanford Technology Ventures Program）總監婷娜．希莉格運用一種她稱為「五美元挑戰」的技巧，教導學生手段與策略的不同。學生們分成小組，每組握有五美元的基金，他們的目標是在兩小時內盡可能賺取最多的錢，之後必須做三分鐘的簡報，向其他人解釋自己的做法。

如果你是她班上的學生，你會怎麼做？

典型的答案包括：利用五美元買些簡單的創業器材，如臨時洗車或檸檬水攤子❺，然後同時買一張樂透彩券。然而採用了這種經典解法的小組往往在班上敬陪末座。

賺最多錢的小組根本沒有使用這五美元。他們很快就發現這些錢實際上是沒有價值的資源，只是使他們從有價值的方案上分心而已。所以他們選擇無視這五美元，而把問題定義為「要怎麼做才能從零開始賺取利潤？」有一個特別成功的小組，他們在當地受歡迎的餐廳訂位，並且把這些訂位時段轉賣給想要插隊用餐的人，在兩小時內賺取數百美元的驚人利潤。

但是其中賺取最多錢的小組，卻完全用另一種不同方法處理這個問題。那些學生們理解到，無論是五美元還是兩小時，都不是他們手上最有價值的資源。事實上，他們最有價值的資源，是在一班優秀史丹佛學生面前簡報的三分鐘。於是他們把這三分鐘賣給一間想要招募史丹佛畢業生的公司，然後輕鬆賺進六百五十美元。

你生活中引人分心的「五美元手段」是什麼？你要如何學會無視它，並找到兩小時的價值？甚至更進一步地找到你武器庫裡最有利可圖的三分鐘？**一旦你的目光能從「該怎麼做」轉移到「爲什麼要做」、一旦能用比較廣闊的角度重新建構問題，跳脫你最喜歡的答案，看見眞正要達到的目標，就能在問題的邊緣找到不同的可能性**。

就像你可以重新建構問題而找到更好的答案一樣，你也可以重新建構目標、產品、技術及其他資源，將它們使用在更有創意的用途上。而這麼做就需要跳出框架去思考，在我們接下來所舉的例子裡，就是要在圖釘盒外找答案。

在圖釘盒外找答案

氣壓計是拿來做什麼的呢？

如果你認爲唯一的答案是用來測量壓力，那麼再想想吧。

科學教育家亞歷山大．卡蘭德拉（Alexander Calandra）是非正統教育方法的提倡者，他曾

❺ 美國當地讓孩童從事商業活動的一種方式，讓孩子從小學會利潤、經濟自由和團隊合作的觀念。

經寫過一篇短篇故事，名為《在大頭針上的天使》（*Angels on a Pin*）。在故事中，一位同事請卡蘭德拉擔任仲裁者，解決自己與一位學生在物理考試上的爭端。這位物理學家同事認為這名學生應該得到零分，但學生卻認為自己應該拿滿分。

考試的問題是：「請示範如何使用氣壓計判定一幢建築物的高度。」傳統的答案很清楚：使用氣壓計分別在建築物頂端和底端測量氣壓，然後再用測量出的壓力差計算高度。

但這名學生給出的答案並非如此：「拿著氣壓計到屋頂，繫上一條長長的繩子，把氣壓計垂墜到路面上，然後再拉上頂樓，測量放下的繩子長度，其長度即是建築物的高度。」

這個答案絕對是正確的，卻是一個與標準答案離得非常遠的做法。這不是那位教授在課堂上教導的、可以得到預期答案的預期路線。氣壓計應該要拿來測量氣壓，而不是拿來當做繩子的臨時掛墜。

這個氣壓計故事是解釋「功能固著」的好例子。就像心理學家卡爾．鄧克（Karl Duncker）解釋的，功能固著這個概念指的是：無法以新方式使用一項物品來解決問題的心理障礙。**如同我們視困難與問題都是固定的，也常常視工具為不會改變的**。一旦學會氣壓計是拿來測量氣壓的，就自動排除其他使用方法的可能性。先前提到西洋棋棋士會不停用眼睛描繪熟悉的棋步，我們也一樣，對於自己知道的物品功能念念不忘。

關於功能固著最有名的例子，或許是鄧克設計出來的蠟燭問題。他策畫一項實驗，請參與者坐在靠牆的桌子旁邊，並且給他們一根蠟燭、一些火柴及一盒圖釘。鄧克請參與者想辦法將蠟燭固定在牆上，讓蠟滴不會落在桌上。大部分的人都嘗試了這兩種方法的其中一種：嘗試用圖釘把蠟燭釘在牆上，或者使用火柴點燃蠟燭，再用融化的蠟油把蠟燭固定在牆上。

但是這兩種方法都沒有奏效。

他們會失敗，有一部分是因爲他們把思考重點放在這些物品的傳統功能：圖釘就該拿來固定東西、盒子就該拿來儲存東西。

然而成功的參與者無視盒子的傳統功能，把它變成一個平臺，讓蠟燭立在上面，然後他們再使用圖釘將盒子固定在牆上。

我們在工作或生活中都曾經遭遇種種不同形式的蠟燭問題，卻往往就像那些失敗的參與者一樣，僅僅視盒子爲容器，而不是一個平臺。所以我們要如何訓練自己在圖釘盒子外思考？如何從不同角度檢視自己提供的產品與服務？如何發現自己某項領域中的長處，在另一個領域中也有其價值？

羅伯特．亞當森（Robert Adamson）嘗試藉著一項在軍隊裡進行的研究來回答這個問題。他重複了鄧克的蠟燭實驗，不過做了個小小的改變：他將參與者分爲兩組，但提供兩組人的物品中有著一些差別。其中第二組的表現遠遠超過第一組。第一組中只有四一％的人成功解決問題，但在第二組中竟然有八六％。

我們該怎麼解釋這個明顯的結果？

第一組拿到三種材料：蠟燭、火柴與放在盒子裡的圖釘，於是第一組參與者將盒子視為容器，並落入功能固著的陷阱裡。他們很難不把盒子拿來儲存物品。

但是在第二組所得到的材料裡，這些物品都放置在盒子旁邊，而非盒子裡面，所以盒子是空的。當物品放在盒子外面時，參與者比較能發現「盒子也能當燭臺」的潛力。這個實驗的結論與西洋棋棋士的實驗結果類似，在兩個例子中，當我們移除熟悉的選項之後，人們的表現有了顯著改善。

功能固著是由我們的一系列假設（應該拿盒子或氣壓計來做什麼）所引起的。我們可以使用本書之前提過的「奧坎的剃刀」技巧，切除我們對工具的固定假設，來減少功能固著對我們的阻礙。如果你不知道那些自己已經知道的功能，你會用這項工具來做什麼？你可以簡單地捨棄物品最明顯的功能，如亞當森一樣從盒子裡拿出東西、從棋盤上移除最明顯的選項，或者把氣壓計拿來做任何測量氣壓以外的事情。

嘗試做出不同的組合，也會幫助你擺脫功能固著。你可以從其他領域的人使用同一物品的方式找到靈感，比如說我們團隊開發出的火星降落氣囊，實際上使用了跟汽車安全氣囊同樣的原理，可以在交通事故中彈出來緩衝碰撞；用來製造太空裝的纖維，則用來製造「溫暖擁抱」嬰兒保溫袋。喬治．梅斯倬在一次散步後，看到黏在褲腳上的蒼耳子刺果，進而發明了魔鬼氈。他在顯微鏡下詳細研究蒼耳子刺果，發現一個像鉤子的結構。於是他模仿這個構造，創造可以重複使用的固定裝置，其中有一面就像蒼耳子刺果一樣黏人，而另一面則是像他的褲子一樣光滑。

從形式上分離功能也是一個好方法。當我們觀看一樣物品時，往往看到的是它的功能：我們看到氣壓計就想到它是用來測量壓力的、鎚子是用來釘釘子的、盒子是用來裝東西的。但是這樣向功能靠攏的慣性，常常也會阻礙創新。如果我們可以忽略功能，而去研究物體的形式，就會發現使用我們產品、服務或技術的其他方式。舉例來說，如果能簡單地把氣壓計看做一個圓形物體，就可以把它當掛墜物來使用；如果能把盒子看做一個有邊角的平臺，那麼它也可以拿來當基座。

在一項研究中，有兩組受試者都被要求解開八個需要洞察力的問題——其中包括蠟燭問題——而每個問題都要求他們拋開功能固著。兩組中的控制組沒有接受任何訓練，另一組則是被教導要使用與功能無關的句子來描述物品。比如：與其說「插頭上的金屬接片」，他們要把這項物體描述成「一片薄的矩形金屬」。而接受這個訓練的小組比另一組多解了六七％的問題。

無視功能而著眼形式的這個方法，也能幫助我們重新建構手上握有的資源。讓我們舉亞馬遜網路服務公司（Amazon Web Services, AWS）來做例子，當亞馬遜從網路書店轉變爲什麼都賣的「百寶店」時，建立了一個巨大的電子基礎設施，包括儲存空間及資料庫。隨後，亞馬遜理解這些基礎設施並不只是公司內部的資源而已，也可以拿來當做雲端服務，賣給其他企業進行儲存、建立網絡與資料庫等。AWS最終成爲亞馬遜的金雞母，在二〇一七年產出了約一百七十億美元的營收，比零售部門還多。

而亞馬遜收購全食超市的行爲，又是一個創意利用圖釘盒的好例子。這項收購讓很多觀望的人都大惑不解，爲什麼亞馬遜這個網路巨人，要買下一間掙扎中的實體連鎖雜貨店？其中一個答案是，他們想要重新構想全食超市的實體店鋪。這些店鋪將不再是單純的雜貨店，而是人潮密集處的配送中心，能讓貨物以更快的速度送到亞馬遜Prime客戶的手上。

在這兩個例子中，亞馬遜的思維都超越了功能性，直接看進事物的形式中。全食超市的功能是販售生活雜貨，但是它的形式則是巨大的房地產網絡，並且擁有完善的倉儲、冷藏等專門爲貨品配送設計的實用設備。亞馬遜擁有的運算基礎設施功能，原本只是支援企業內部的運作，但是它的形式——一座巨型的資料庫——則可以將雲端服務提供給Netflix或Airbnb這樣的企業，賺取大筆收益。

如果你覺得很難把目光從功能性上移開、很難把圖釘盒看做燭臺，你可以試一試這招：翻轉盒子。

翻過來會怎麼樣

一九五七年十月四日星期五，蘇聯將史上第一顆人造衛星史普尼克（Sputnik）發射上近地軌道。史普尼克在俄文是「旅伴」的意思，這顆人造衛星大約每九十分鐘繞行地球一圈，如果你不相信人類眞的能夠打造出一顆屬於自己的「月亮」，可以帶著你的雙筒望遠鏡出門，日落後就會看到它飛過天際。

而你不只可以看到史普尼克，甚至還可以聽到它。那時，兩位年輕的物理學家威廉．蓋伊爾（William Guier）與喬治．威芬巴哈（George Weiffenbach）在馬里蘭州的約翰．霍普金斯大學應用物理實驗室工作。他們好奇是否可以在地球上接收到史普尼克發出的微波信號，經過幾個小時的努力，蓋伊爾與威芬巴哈鎖定了一串從人造衛星上發出的聲音。

嗶。嗶。嗶。

這個很容易聽見的信號可不是蘇聯的科技疏忽。蘇聯向來擅長政治宣傳，他們一開始就打算讓地球上的任何人，都可以用一臺短波收音機聽見史普尼克的訊號。

嗶。嗶。嗶。

當蓋伊爾與威芬巴哈聽著紅色電臺的廣播時，意識到他們可以用史普尼克發出的信號來推算它的速度與軌道。就像救護車呼嘯著經過你身邊時，警笛的音調會隨距離降低一樣，史普尼克從這兩位科學家所在地移動離開時，它發出的嗶嗶聲也會改變。這兩個人利用了都卜勒效應的原理，畫出史普尼克的路線。

史普尼克的升空引發許多驚嘆，但也讓美國社會掀起一陣狂熱的憤怒。《芝加哥每日新聞報》（*Chicago Daily News*）的一篇社論表示：「如果俄國人可以把一顆九十幾公斤的『月亮』送上離地九百公里的軌道上，並順著規畫好的路線移動，那麼離他們能送一顆掌握生殺大權的彈頭到地球任何一個地方的日子也不遠了。」

法蘭克．麥克盧爾（Frank McClure）也被史普尼克嚇到，但倒是爲了不同的原因。麥克盧爾當時是約翰．霍普金斯大學應用物理實驗室的副主任，他把蓋伊爾與威芬巴哈叫進辦公室，並且問了他們一個簡單的問題：「你們可以倒過來做嗎？」如果兩人可以在地球上的已知地點計算出未知的衛星軌道，那麼他們可以利用一個已知的衛星位置，計算出地球上一個未知的地點嗎？

這問題聽起來就像是個理論性的謎語，但是在麥克盧爾的心中，卻有著非常實際的盤算。當時美國軍隊正在發展可以從潛水艇上發射的核彈，但若要使用核彈精準攻擊某個地點，軍方必須要知道核彈發射的具體位置。然而，如果載著核彈的是在太平洋底巡迴的潛水艇，就無法精準描述所在地。於是問題就來了：我們可以利用一個已知位置的衛星，去推斷出未知位置的潛艇嗎？

答案當然是：「可以」。僅僅在史普尼克升空的三年後，美國就進行了這個思想實驗，並且發射了五顆人造衛星上近地軌道，以便引導美國的核彈潛艇。雖然這個系統在剛開發時被稱爲中轉系統（Transit system），但是在一九八〇年代，這個系統則改名爲我們現在日常生活中熟悉的名稱：全球定位系統，也就是所謂的GPS。

麥克盧爾的方法描繪出一種重新建構問題的厲害方式：**拿起一個構想，然後把它頭上腳下翻過來**。這個方法至少可以上溯到十九世紀，德國數學家卡爾·雅可比（Carl Jacobi）以一句有力的格言把這個概念介紹給衆人：「翻轉，永遠翻轉。」

法拉第應用這個原理，產生出史上最偉大的科學發現之一。在一八二〇年，漢斯·厄斯特——發明「思想實驗」一詞的人——發現電與磁之間的關聯性。他注意到帶有電荷的電線經過指南針上方時，磁針會產生偏轉。

法拉第之後則反轉了厄斯特的實驗。他不再將帶電的電線放在磁鐵上方，而是將一塊磁鐵繞著一綑電線旋轉，而這麼做使得電線中產生電流。而且當他快速旋轉磁鐵時，電流強度也跟著加強。法拉第的翻轉實驗打開了通往現代水力發電廠與核電廠的大門，這兩者都是使用纏繞電線的磁力渦輪來產生電力。

在另一個領域中，達爾文使用同樣的翻轉魔咒在生物學上。當其他田野生物學家忙著比較不同物種間的差異時，達爾文卻開始尋找物種間的共同點，如比較鳥類的翅膀與人類的手。針對看似差異很大的物種間相似性持續探索，最終累積成爲達爾文的演化論。

翻轉的力量遠遠延伸至科學領域之外。來看看一個商業上的範例：服裝公司巴塔哥尼亞（Patagonia）在二〇一一年的一場行銷活動中，就翻轉了產業中的範本。

他們想：「如果叫人們不要買我們的衣服，會發生什麼事？」這個想法產出的結果，就是在《紐約時報》上的黑色星期五全版廣告。黑色星期五是感恩節後那個星期五，美國民眾會蜂擁至商店，以極優惠的折扣購買商品。那篇廣告上放了一件巴塔哥尼亞的外套，然後配上一條標題：「不要買這件外套」，讓巴塔哥尼亞成爲「全美唯一叫人們在黑色星期五少買一點的零售商」。

廣告奏效了，一部分是因爲這個廣告響應了巴塔哥尼亞的減少消費主義、降低對環境影響的主張，而這則冷門廣告也引起認同這個價值觀的消費者分享，提高了品牌的營收。

在體育界，對常識的翻轉讓迪克．福斯貝里（Dick Fosbury）拿到奧運金牌。當時你要是見過福斯貝里本人，不會覺得他是運動員，因爲他長得古怪、高大且骨瘦如柴，還有著嚴重的青春痘問題。在福斯貝里進行訓練的那個年代，跳高選手通常是採用剪式跳法（straddle method），也就是跳躍時會面對著橫桿。當時公認這是一種完美到不須任何改進的跳高方式，沒有人想到要開發或實驗新的方法。

但是剪式跳法從來沒有在福斯貝里身上起過作用。當時他高中二年級，跳出的成績卻只有初中水準。在前往田徑賽的巴士上，福斯貝里決定要對自己不怎麼樣的表現做點什麼。跳高比賽只規定運動員單腳起跳，且可以用任何姿勢跳過橫桿，所以剪式跳法事實上只是一種手段而已，跳過橫桿才是策略。因此福斯貝里決定不要面對橫桿起跳，他翻轉了一下，背對橫桿。

他的方法一開始受到眾人嘲笑，有份報紙稱他為「全世界最懶惰的跳高選手」，而在他像條在船板上掙扎的活魚那樣跳過橫桿時，許多粉絲也放聲大笑。

然而笑聲最終轉為歡呼，福斯貝里證明那些體育評論家的錯誤。他做了跟所有人都相反的事情，然後拿到了一九六八年的夏季奧運金牌。時至今日，福斯貝里跳法 ❻ 已經成為奧運的標準跳高方式。福斯貝里回到家鄉，參與為他舉辦的慶祝遊行，然後上了《強尼．卡森今夜秀》（*The Tonight Show Starring Johnny Carson*）的現場直播，教主持人怎麼跳他的福斯貝里跳法。

連續創業者羅德．德魯利（Rod Drury）創立並領導了會計系統軟體公司 Xero，他比市場上其他規模大得多的競爭者都聰明，他在二〇〇五年自問：「現在市場預期我們不會做的事情是什麼？」之後便全心投入雲端平臺上的系統開發，而他的競爭者還陷在桌面應用程式的

❻ Fosbury flop，又稱為背越式跳高。

窠臼裡。

德魯利知道一個很多企業領導人忽略的祕密：枝條上垂得低的水果早就被摘光啦。你不可能僅僅使用複製貼上大法就戰勝你的競爭者，但是可以藉由做跟他們完全相反的事情，來贏得挑戰。

與其採用產業中的通用最佳解方或標準辦法，**你該詢問自己：「如果我反其道而行呢？」並且重新建構問題。即使你最後並不真的執行，但從相反方向思考這件事本身，就可以讓你重新質疑自己的預設想法，把你從現存觀點中拉出來。**

下次你再度得解決問題時，試試看先尋找問題在哪裡。詢問你自己：我問的是對的問題嗎？如果改變觀點，問題會如何跟著改變？如何用策略的角度（而非手段的角度）來看問題？如何將圖釘盒翻過來，看到資源的形式而非功能？如果反過來做會怎麼樣？

與一般想像不同，突破並不來自於一個聰明的答案。

突破來自於一個聰明的問題。

6 翻轉的力量

——如何窺見眞相並做出聰明的決定

在得到數據之前就提出理論，是個致命的錯誤。因為不知不覺間，我們會扭曲事實以貼近理論，而非調整理論去貼近事實。

——夏洛克・福爾摩斯

火星是個欺騙大師。自人類的起源伊始，這顆紅色星球就是夜空中最明亮的星星之一，從上方俯視著人類。它的暈紅色調看起來溫暖、舒適，甚至讓那些不疑有他的觀察者誤認自己的來訪將會受到歡迎。

但事實並非如此。火星是顆充滿敵意的行星，不只是因爲它的表面溫度低至零下六三℃，也不只是因爲它比地球上最乾燥的沙漠還乾燥，更不只是因爲它不時掀起大小橫跨數洲的劇烈沙塵暴。

火星是顆充滿敵意的行星，因爲它是人類太空飛行器最大的墳場。

當我最初開始在火星探測漫遊者計畫的營運團隊裡工作時，每兩次任務中就有一次是失敗的。我很快就學到：這顆紅色行星不會為我們鋪上任何紅地毯。我們只要一進入火星大氣層，就會受到那些「銀河食屍鬼」的熱烈歡迎，這是一種虛構的火星怪獸，以人類太空船為食。

一九九九年九月二十三日，火星氣候探測者號衛星（Mars Climate Orbiter）成為銀河食屍鬼嘴裡最後一位受害者。它是第一架設計用來從軌道上研究其他行星氣候的太空飛行器，而在它抵達火星的那個傍晚，我跟其他隊友擠在康乃爾大學裡，屏氣凝神地收看NASA電視臺。這不是我們的計畫，但是這顆衛星若發射成功，將對我們有極大的幫助。它可以在我們成功登陸火星後，成為我們主要的電訊轉接站，將指揮中心的命令送到火星地表的探測車上，並回傳探測車的回應。

火星氣候探測者號衛星按照預定計畫抵達火星，下一步就是要調整方向進入軌道：導航小組要啓動衛星的引擎讓它減速，進入環繞這顆紅色星球的軌道上。在太空飛行器繞到火星另一側時，訊號被火星阻隔了，這是預期中的事情，所以我們與任務控制中心的工程師們一起靜靜坐著，等待訊號重新連上，然後太空飛行器將再度出現在我們眼前。

但是信號就這樣消失了。時鐘的秒針滴答滴答響，衛星卻一直沒有出現，整個房間的氣氛很快就變得焦躁不安。就在幾分鐘前，我們失去了自己的對講機。

被銀河食屍鬼吃掉的太空船並不會有訃聞。如果有的話，火星氣候探測者號的訃聞應該會這樣寫：「一架非常健康的太空飛行器，由一群世界上最聰明的火箭工程師駕駛，直直飛入火星大氣層，並在那裡面對了一場可怕的死亡。」

如果你的目標是把一艘太空飛行器送去繞火星公轉，就該很小心地讓它保持在火星大氣之上。在低海拔的地方，火星的大氣層會變得非常險惡，太空飛行器可能會因爲摩擦力太大而燒掉或彈開，然後掉進無盡的宇宙深淵中。火星氣候探測者號衛星當初的設計是：安全待在大約離火星表面一百五十公里處，但是它卻深入火星大氣層，直至離地表五十七公里處。

NASA的一份新聞稿中，將這個一百公里的誤差歸因爲「可能的導航失誤」，但事發一星期後，我們就發現這次「導航失誤」是NASA十年來最輕描淡寫的一句話。這艘耗資一億九千三百萬美元的太空飛行器會失事，是因爲這次任務中的火箭工程師們，只顧著看自己想看到的事情，沒有注意到事實呈現在他們面前的樣貌。

在上一章中探索了如何重新建構、修飾在第一階段得到的點子，並提出比較好的問題，以便得到比較好的答案。

在本章中，我們會學習如何對那些已經修飾過的構想進行壓力測試。我會讓你看看：火箭科學家的防錯工具箱；教你在決策過程中找出謬誤、排除不正確的資訊，然後在錯誤滾成災難性的大雪球前就將其偵測出來。

你會學到一流的智慧測試法，也會學到一個「金牌問句」，讓你可以變成更好的問題解決者。我會解釋：爲什麼簡單換個詞，就可以讓你的大腦有更多彈性；爲什麼你可以從八成的人都解不開的基礎謎題上學到東西。我們也會探討：怎麼從「說服別人你是對的，轉變爲說服自己是錯的」，以及這麼做能爲你帶來的好處。

事實不會改變想法

身爲前科學家，我曾被訓練要在客觀事實的基礎上說話。許多年來，當我想說服他人，我會用冰冷、堅硬、無法反駁的數據替自己的觀點背書，並期待他人很快改變意見。我假定用事實淹沒對方是最有效的方式，可以讓對方相信氣候變遷是眞的、打擊毒品的戰爭失敗了，或者你那個選擇規避風險的老闆所採用的商業策略一點想像力也沒有，而且絕對不會成功。

但是我發現這方法有個非常大的問題：它沒有用。

我們的想法並不會跟著事實走，就像美國開國元勛之一的約翰·亞當斯所說，事實是非常固執的東西，但是我們的想法甚至更爲固執。無論這些事實有多麼可靠、多麼有說服力，即便對學識最淵博的人而言，也不一定總能在事實面前得到解答。大腦能驅動理性思考，也

每一天，在全台的秘密基地裡，都有不同的故事在發生

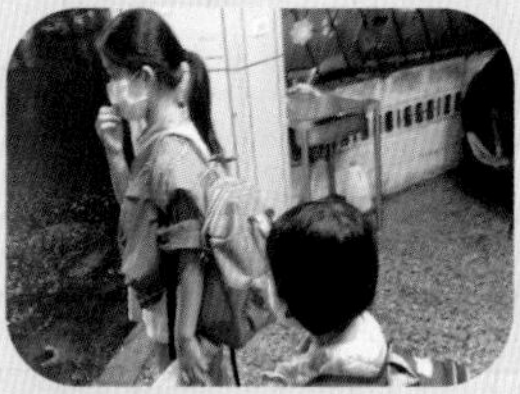

Love X Story **一張寫給爸爸的母親節卡片**

母親節前的某天上午，秘密基地的電話鈴響了，話筒的那一端傳來微弱的聲音，喊了一聲「老師」，說他是蓁蓁的爸爸，要住進加護病房了！由於時間不多，希望可以先跟老師說一下，以免發生萬一……

Love X Story **我們不是專家，但是都專門愛小孩**

眼看著整個教室要被高漲的情緒風暴淹沒，基地老師一把抱住小晴，用所有的力氣緊緊抱住她，很專心地抱著她，被抱住的小晴僵著身體呼吸急促，老師一邊陪她一邊等待她漸漸平穩下來……

Love X Story **紙箱男孩的真實色彩與斜槓日常**

阿哲，剛升五年級，被診斷出有妥瑞症的孩子。自從在基地老師關愛的「寶座」上得到肯定和學習動力，有時，完成自己的功課後，阿哲會教一年級的學妹，陪她慢慢地一遍遍念出注音符號的拼音……

加入我們，陪伴孩子安心長大

來到秘密基地的孩子或多或少都帶了點「傷」。這些孩子們生活中的變動和不確定總比一般的孩子多一些，也因此常會從孩子的眼中看見警戒與疑惑。如何讓孩子安心，「建立關係」是重要的第一課，基地老師們用心陪伴和照顧，尊重孩子的步伐，給予孩子空間以外，還需要再加上時間的考驗下才有機會讓孩子放下心防，而我們認為「孩子在安心之後，學習才有機會化為成長的養份」。

陪伴孩子的過程中，不間斷穩固的力量很重要，邀請您和我們一起成就這些改變的故事，在孩子成長的過程中，成為他的靠山，陪他走一段路，等待他長出羽翼，成長茁壯。

更多愛的故事

立即行動支持

能歪曲我們的判斷，造成主觀上對事物的扭曲。

我們偏好扭曲事實，有一部分可以說是確認偏誤（confirmation bias）的結果。**我們傾向低估與自身信念矛盾的證據，同時高估符合信念的證據**。美國著名哲學家暨作家羅伯．波西格告訴我們：「這是件複雜的事情。事實來敲門，然後你說：『走開，我正在尋找事實。』所以事實就走了。」

網路是個美妙的發明，卻很不幸地放大了我們最糟糕的傾向。我們會無視與心目中預設想法不符的搜尋結果，一直堅持往後翻找，直到在第十二頁看到一條符合我們信念的結果爲止。我們不會尋找多元的參考資料，也不會排除品質低落的資訊，而且很快就從「這聽起來很合我胃口」跳到「這是眞的」。

能確認自己理論的感覺很好，因爲每次證明自己是正確的時候，就會收到一份多巴胺獎賞。相反地，聽到反對觀點則常是很不愉快的經驗。這份不開心的感覺非常強烈，人們甚至會因此拒絕眞金白銀，只爲了留在自己的同溫層裡。在一份針對兩百多位美國居民的研究裡，即使提供額外獎金，還是大約有三分之二的受試者，拒絕聽取對立方關於同性婚姻的意見。他們拒絕獎金，並不是因爲他們已經知道對方的想法。不，受試者對研究人員解釋，對他們來說，聽到對立的意見會帶來太多的挫折與不適。這項研究發現：正反兩邊有一樣比例的受試者，會因爲必須聽取相反意見而拒絕報酬。

當我們把自己與對立的意見隔離之後，就會強化己身的觀點，最終已經建立的思維模式會變得越來越難以被干預。有些企業主管非常平庸，卻能一直安坐在位置上，是因爲這樣做能使我們對當初決定聘用這些人的決定感到安心；醫師們一直將食物中的膽固醇視爲大敵，即使研究顯示相反的結果；大學生們無視物理法則，持續相信自己想相信的學說。

伽利略利用思想實驗證明，質量不同的物品在眞空中會以同樣的速度墜落。在一項研究中，詢問一群大學生是否認爲較重物體的墜落速度會較快，而在寫下答案之後，他們會接著觀看一次物理實驗。實驗中有相同大小的鐵球與塑膠球，在眞空中從同樣的高度墜落。雖然兩個物體以同樣的速度落下，但最初認爲較重的金屬球墜落比較快的學生，在觀看實驗後，有較高的機率回報金屬球確實墜落得比較快。

在另一項不同的實驗中，研究人員將提倡麻疹腮腺炎德國麻疹混合疫苗（Measles mumps and rubella vaccine, MMR）接種率的衛教傳單，寄給超過一千七百位家長。傳單內容幾乎一字不漏地照抄政府的衛教手冊，但共有四種不同的編排形式。例如其中一種提供詳細的文字解說，反駁疫苗接種與自閉症之間的關聯；另一種則是放上染病幼兒的照片，而這些疾病都是疫苗可以有效防治的。這項研究的目標，是要判定哪種傳單比較容易幫助家長讓幼童接種疫苗。

令人驚訝的是，沒有任何一種傳單是成功的，甚至還造成了反效果。事實上，這些傳單讓那些對接種疫苗抱持著最敵對態度的家長，更不願意讓孩子接種；對於正在猶豫的家長而言，恐懼行銷的那份傳單（有感染麻疹孩子照片的傳單），竟然非常矛盾地增加了MMR疫苗會造成自閉症的想法。那些生動的圖片或許使家長更容易聯想到孩子將面對的風險——接種疫苗所要面對的風險。研究人員總結：「**提供正確資訊，並不一定是回應錯誤信念最好的方式。**」

你或許會想，事實或許不是說服家長最好的辦法，但是對火箭科學家這樣聰明又理性的人來說，應該會有用吧？畢竟他們是經過了重重訓練、學會使用客觀數據做出健全決定的人，也正是因爲如此，他們才能掌控昂貴無比的太空飛行器。但是下一節將會看到，即使是火箭科學家，也很難時時刻刻像火箭科學家那樣思考。

事情有點有趣

今天多數人口袋裡都有部智慧型手機。我們搖下車窗、挑個長相安全的路人問路，然後不可避免地再度走錯路、再問路的那些日子已一去不復返。現在我們只須在手機裡輸入目的地，就可以立刻得到詳細的路線解說。導航似乎已經是個只存在於過去的問題了。

然而，踏上跨行星旅程的太空飛行器，它的導航卻比較像傳統的問路。雖然太空人不用搖下車窗，但是在發射之後與接下來的航行中，太空飛行器會在旅途中慢慢失去準頭。這些失準原本就在預期之中，所以導航團隊會安排機動性的軌道校正，點燃太空飛行器的引擎以微調行進方向，確保它一直保持在正確的路線上，這就像是多向陌生人問幾次路一樣。

在火星氣候探測者號的發射過程中，JPL的工程師們安排了四次軌道校正。抵達火星的兩個月前，在第四次的調整中發生了一件奇怪的事情。收集的數據顯示，太空飛行器在抵達火星時，高度會比原先計畫的低。雖然只比計畫中的位置向下偏移了一點點，但是這個誤差是明顯且持續的，因此當太空飛行器越來越靠近火星時，它令人無法理解地一直往下偏離預期的路線。

當時有些預測指出，太空飛行器最後可能會距離目標位置七十公里遠，但是導航團隊仍然相信，他們一直處於目標位置的十公里誤差範圍內。根據一位專家的說法，「七十公里的誤差，是個會讓人尖叫著跑進指揮室的數字。這意味著你根本不知道太空飛行器在哪裡，因此路線很可能會與火星的大氣層交錯，而這是完全不能接受的錯誤。」即便如此，導航團隊還是一直認爲這是導航軟體出問題，而非太空飛行器本身的路線偏差，一切看起來「微不足道」——這是火箭科學界的行話，表示「皆如預期」。

在JPL裡，有傳言說火星氣候探測者號的表現可一點都不「微不足道」。在預定進入火星軌道的一至兩週前，馬克·阿德勒（爲火星探測漫遊者發明出氣囊著陸法的工程師）與衛星團隊的同事們聯繫，想要知道衛星目前的狀況。阿德勒不斷得到同樣的神祕回應：「事情有點有趣。」不過導航團隊的人非常有自信地告訴阿德勒：「它會自己找到路的。」

即使當初只排定四次軌道校正，時間上卻完全有可能進行第五次校正。然而導航團隊的人決定要忽略這件事，繼續相信太空飛行器會在一個安全的高度進入火星軌道，即便所有數據都敲鑼打鼓地喊出完全相反的事實。

最後發生在衛星身上的事，使我想自己的高中物理老師，會在所有忘記替答案寫上單位的考卷上打零分。她在這點上完全不通融：即便答案的數字是對的，如果只寫了「一五〇」而非「一五〇公尺」，我們就會被當掉。我一直不太關心物理單位，不太曉得它們爲什麼如此重要，直到我了解是什麼樣的導航錯誤害死了火星氣候探測者號。

後來終於發現，建造火星氣候探測者號的洛克希德．馬汀公司使用的是英制單位，但是爲太空飛行器導航的ＪＰＬ使用的是公制單位。使用洛克希德編寫的軌道控制軟體時，ＪＰＬ的工程師很自然地假設——後來發現大錯特錯——數字後面的單位是牛頓，也就是力的公制單位。而一磅的力等於四．四五牛頓，所以事實上相關的操作全都以放大四倍的方式進行。ＪＰＬ和洛克希德使用的是不同的語言，但是兩邊的工程師都沒有察覺，因爲沒有人在數字後附上單位。

這些火箭科學家統統都會被我的高中物理老師當掉。

不過，若是我們把這個一億九千三百萬美元的損失，歸因於NASA無法計算高中物理問題，或者洛克希德．馬汀不合時宜地使用過時的英制單位等等，都是過度簡化了這件事情。在這個專案中的火箭科學家們，都被偏誤給困住，因而降低了理性思考的能力。「人們有時會犯錯，」NASA副署長艾德華．韋勒（Edward Weiler）在意外發生後解釋，「問題不在於犯錯，而是NASA工程系統的失效，我們的查核與對比竟然無法在過程中偵測到錯誤，這才是我們失去這艘太空飛行器的原因。」在數據與火箭科學家們相信的故事之間，存在著一個巨大的鴻溝，卻一直沒有被偵測出來。

沒有人天生就帶著批判性思考的晶片，可以自動導正任由自我信念扭曲事實的糟糕傾向。無論你有多聰明，費曼的格言都非常中肯：「最重要的是不要欺騙自己，然而你正是最容易被欺騙的人。」

憎恨自己的基因並不是辦法，**科學家們必須要發展出一套工具，可以讓我們導正自我欺騙的人性傾向。這些工具並不只對科學家有用，事實上它們是一套手段——一組軌道校正行程——我們可以使用它來對自己的構想進行壓力測試，並找出真相。**

我們要從一個有點特殊的地方開始——一部科幻作品——它針對科學家的批判思考工具箱，提供了非常真實的內幕：來看看電影《接觸未來》的一個場景。

反對「主張」的例子

此時正是薄暮時分，在新墨西哥沙漠中間，茱蒂．佛斯特飾演的角色艾莉．艾洛威是研究外星生命的科學家。她躺在自己的車頂上，極大電波望遠鏡陣列❶裡白色的雷達盤在背景中徐徐轉動。艾莉閉起雙眼，戴上耳機，世界中其他一切都被消音。她正在聽取從外太空來的信號，等待著E．T．的電話。

正當她準備就緒時，一陣明顯、有節奏的信號從宇宙噪音中跳出來，將她喚醒。「我的天！」她大喊，然後跳進車裡，開始透過對講機向那些還沒意識到發生什麼事的同事們下指令，然後飆車回到辦公室。

艾莉一踏進辦公室，她的團隊就立刻動起來，移動器材、轉動旋鈕、確認頻率，然後把數據打進許多不同的電腦內。

「告訴我，我是個騙子！」艾莉對她的同事費雪喊道。

費雪開始丟出不同的假設，猜測信號的來源。「那或許是柯克蘭的空中預警機在干擾

---

❶ Very Large Array, VLA。座落於美國新墨西哥州。科學家已藉由這二十七座電波望遠鏡發現水星上的水、銀河系中的微類星體等。

我們。」但是空中預警機並沒有出動，所以這個選項被否決了，其他可能性也一一排除。「北美空防司令部也沒有追蹤偵測這個方向。」然後他們發現奮進號太空梭（Space Shuttle Endeavor）也處於睡眠狀態。艾莉接著從追蹤偵測器上確認，這個信號是從外太空而非地球上傳來的。而當判定信號來自太空時，她忍不住親吻了電腦螢幕並且大聲道謝。

之後找到信號源來自織女星，但是艾莉的團隊並不依此滿足，他們進一步想要證明這個假設是錯的：織女星太靠近我們了，並且太年輕，還不可能發展出有智力的生命體，何況他們在此之前已經進行過數次掃瞄，毫無所獲。

但是他們不可能錯聽收到的訊號。很快地，他們又發現這些信號代表一系列質數，而這很明顯是生物智力的象徵。有那麼一瞬間，艾莉想要立刻對大眾公布這個發現，但後來還是決定重新思考。她知道這個發現必須能獲得其他科學家的證實，並能在獨立的狀況下複製。或許這些信號只是個騙局、技術干擾或妄想，有太多東西可能讓她領導的美國隊迷失在宇宙裡。

所以她決定尋求國際資源。因爲織女星即將在美國落入地平線之下，她於是打電話給在澳大利亞新南威爾斯州帕克斯天文臺的同事，他們也有一架電波望遠鏡。而澳洲同事確認了信號的存在。

「你們找到來源了嗎？」艾莉問，並沒有透露自己的發現。

「讓我們把它放在中間看看。」澳洲同事說。此時短暫的一段停頓就像是好幾分鐘一樣，「織女星。」

艾莉從電腦前往後退，讓見證偉大時刻的顫慄充滿全身。

「我們現在要打給誰呢？」一位同事問。

「所有人。」艾莉說。

即將詳細探討的這個場景，來自卡爾．薩根的一本小說，而薩根小說裡的科學基礎往往非常堅實。不過這部電影的導演勞勃．辛密克斯的確稍微有點偏離事實，最明顯的就是科學家並不會跑到沙漠中間用耳機聽取電波信號，他們通常使用電腦。（「我必須有點自由發揮的空間，」辛密克斯解釋，「這只是爲了浪漫效果。」但說實在的，很少電影會在這樣的場景中放進浪漫元素。）

第一件要注意的是艾莉選擇不做的事情。即便她聽到一串來自遠方而且看起來像是智慧生物的信號，她依然煞了車，沒有立即脫口而出，輕率地判斷信號背後的意義。

從科學的角度看來，「主張」帶有多種問題。

主張有一定的黏稠度。當我們有了一種主張，就傾向將其視爲自己那「聰明的點子」並深深愛上它，尤其是在我們用擴音器（不論是實體或虛擬的）對大衆宣傳的時候更是如此。爲了堅持己見走下去，我們有時會將自己拗折成連瑜伽大師都無法達到的扭曲狀態。

而隨著時間推移，我們所相信的事情開始成爲自我認同的一部分。就像是若你相信混合健身❷，就是個混合健身者；若你相信氣候變遷，就成為環境論者；若你相信原始飲食法的話，就成為舊石器時代的穴居人❸。當你相信的事情與你的自我認同最終成為一體兩面的存在時，改變主張等於改變你的自我認同。這也就是為什麼人與人之間，常常因為不能相互同意，而轉變為存在意義上的殊死鬥。

因此，當科學家開始進行一項研究時，他們必須在主張形成之前提醒自己煞個車。他們會使用所謂的「實用假說」（working hypothesis），此處重點是「實用」（working）一詞，表示這是正在進行中的工作，是「實時使用」的觀點，而非確定的結論。「實用」也代表這個假說隨時可能被改變或被拋棄，一切全由得到的數據與事實決定。

我們必須捍衛自己的主張，但是實用假說則必須接受測試。地質學家湯瑪斯．克勞德．張伯倫說，進行測試「並非為了支持假說，而是要驗證事實」。有一些假說可以成為理論，但更多則胎死腹中。

在我進入學術界的頭幾年，完全忽略自己在這邊提供給大家的種種意見。我將自己的論文視為某種最終的主張，而不是以實用假說的方式對待它們。當有人在學術研討會上挑戰我的觀點時，我的防衛心就會變得非常重、心跳劇烈加速，整個人都緊繃起來。而我的答案也充分反映出，我視提問者及他的問題為找麻煩。

後來我回到自己的科學訓練上，並開始將我的主張重新建構為實用假說。我的用字便反映出這個心態上的改變。在學術會議上，我不會再說「我認爲……」，而開始說「我的論文中假設……」。

在我的例子中，一個簡單微小的詞彙轉變，讓我的大腦把自己的觀點從自我認同上剝離。雖然我的確是提出構想的那個人，一旦它們脫離了我的身體，這些構想就有了自己的生命。它們成爲分離並抽象的事物，因此我可以用比較客觀的角度去檢視。我的觀點不再與我個人有關，它現在是個實用假說，並且需要更多驗證。

不過即使是實用假說，也還是我們智慧凝結而成的產物，就像是自己的孩子一樣，因此很容易與其在情緒上有所連結。所以解方之一就是即將在下一節提到的：多生幾個孩子。

一窩假設

電波望遠鏡並不只能偵測外星生命，也可以撥打長距離、跨行星的電話，聯絡在太陽系

❷ CrossFit，也稱全面強健，綜合田徑，體操與舉重的許多動作進行無間歇練習，是近年來國外流行的一種訓練方式。

❸ 原始飲食法也稱舊石器飲食法，提倡以舊石器時代存在的食材與烹調方式飲食，包括排除穀物、牛奶等現代飲食中不可或缺的原料。

中穿梭的太空飛行器。深空網路包含三個巨大電波雷達陣列，成爲這個通訊網絡的中心。三個雷達站分別位於加州金石鎮、西班牙馬德里近郊與澳洲坎培拉近郊。三者在地表上大約等距，因此當地球自轉而其中一個雷達站失去信號時，另一個雷達站可以立刻接上。

一九九九年十二月三日，馬德里雷達站正追蹤著火星極地著陸者號慢慢向火星地表靠近，並如預定的即將著陸。在火星氣候探測者號令人蒙羞地因混淆測量單位而出意外的幾個月之後，著陸者號抵達火星。這是NASA扳回面子的好機會。

在太平洋時間早上十一點五十五分，著陸者號進入火星大氣層，並且開始在火星表面降落。就像預定的一樣，馬德里雷達站失去著陸者號的信號。如果一切都按照計畫進行，加州金石鎮的雷達站會在下午十二點三十九分開始接到信號。

但是下午十二點三十九分到了，著陸者號沒有傳回任何消息，接下來數天，工程師不斷向著陸者號發送指令，卻一無所獲。

就當NASA準備要宣布著陸者號的死亡時，奇怪的事情發生了。二○○○年一月四日，著陸者號沉默一個多月之後，史丹佛大學一部非常敏感的電波望遠鏡竟然收到來自火星的一個訊號。「那可以說是電波版的一聲口哨。」史丹佛大學的資深研究員伊凡·林斯考特（Ivan Linscott）這麼解釋。而這聲口哨的特徵跟火星極地著陸者號發出的信號相似。爲了確認這個信號的來源，科學家們向著陸者號下達發出烽火信號的指令：「送出一系列可辨識的電波開關訊號」，而這艘太空飛行器似乎聽從了命令。科學家們收到了烽火信號，然後像《科學怪人》裡的法蘭克斯坦博士一樣宣布：著陸者號還活著。

但事實並非如此。史丹佛的科學家們收到的信號，實際上是個僥倖的巧合，因爲他們體驗到的，正是所謂「如果我不相信，就不會看到」的現象。位於荷蘭和英國的電波望遠鏡曾經嘗試追蹤這些信號，但是並沒有辦法得出和史丹佛大學一樣的結果。

這個問題，法蘭西斯．培根早在四世紀之前就診斷出來了：「這是種人類專屬的長期認知錯誤。**我們總是比較容易受肯定所感動鼓舞，而非否定**。」史丹佛大學的研究方法是設計來獲取火星極地著陸者號的信號，因此研究人員預期——不，應該說是希望——會獲得信號，所以他們就看到了自己想看到的東西。

除此之外，史丹佛大學的科學家們也對於著陸者號的生存有了情緒上的連結。ＪＰＬ一位研究科學家約翰．卡拉斯（John Callas）解釋：「這就像是你的家人失蹤了一樣。」因爲心裡迫切希望著陸者號可以生還，所以他們得到了生還的結論。

這不是科學家們第一次被看似來自火星的信號給矇騙了。物理學家特斯拉也曾偵測到從火星來、由重複數字組成的訊息，類似艾莉從織女星上收到的質數信號。特斯拉認爲這些數字是「有實驗根據的絕妙證據」，證明火星上存在著有智慧的生物。

這些科學家中沒有任何人意圖誤導大衆，他們的結論都是從看似客觀的數據導出的。所以這些聰明絕頂的人們，到底是怎麼在空無一物之處看到東西的呢？

假說——甚至是實用假說——仍然是由我們自身智慧凝結而成的產物，就像是自己的孩子。如張伯倫解釋的，一個假說會與其作者越來越親近，即便此假說帶著某種試驗性，仍然是備受寵愛的試驗性，而非公正客觀的試驗性。而對一個被溺愛的孩子來說，這就足以使其成爲主宰，牽著作者的鼻子走。

當我們從單一假說出發，執行第一個在我們腦海中冒出的點子時，這個假說便很容易牽著我們的鼻子走。它在我們心裡生根發芽，並讓我們看不見潛藏在邊緣的其他選項。作家羅伯遜・戴維斯（Robertson Davies）說：「眼睛只能看見心靈準備好要接受的事情。」如果我們只預期接受單一答案的話——比如火星極地著陸者號還活著——那麼這就是我們眼睛會看到的。

在宣布一個實用假說前，問問自己：我的預設立場是什麼？我相信的事情是什麼？同時也問問：我眞的希望這個特定假說是眞實的嗎？如果是的話，你就要小心了。要非常小心。就像如果你很喜歡某人，通常會寬恕他們的缺點。導致你無論如何都會從自己喜愛的事物、你的太空飛行器上收到信號，即使它們並沒有發出任何訊息。

爲了確保你不會掉進執著於單一假說的窘況，嘗試著建構數個假說吧！當你有好幾個假說，就能不偏好單一假說，如此一來也讓你比較不容易一下就選邊站。張伯倫解釋，使用這個策略時，科學家們將變成「一整窩假說的父母」，而因爲與每個假說都有親子關係，就不能偏愛任何一個。

理想的狀況是，你提出的假說應該要彼此矛盾。短篇小說家費茲傑羅曾提到：「頂級的智者可以在心中兼容兩個相反的意見，並仍然保持良好的行事能力。」這個方法並不簡單，即便是科學家們也難以輕鬆自若地穿梭在不同觀點之間。幾個世紀以來，科學社群分裂爲兩個不同的陣營，其中一個認爲光是像塵埃那樣的粒子，另一邊的人則覺得光是一種波動，就像水上漣漪那樣。最終的結果是：兩個陣營都是對的（或都是錯的，看你怎麼想）。光其實橫跨了兩個類別，同時展現粒子與波動的特性。

大型強子對撞機是一個二十七公里長的粒子加速器，能讓一些比原子小、稱爲「強子」的粒子對撞。強子的對撞比起撞擊，更像交響樂，因爲它們事實上是以滑行的方式穿過對方。兩者的基本組成元素將以非常近的距離穿過彼此，近到可以進行一場對話。如果以正確的方式演奏出這場交響樂，那麼對撞的強子將能揭開一個深深被隱藏的世界。在那裡，迴響著獨特的樂曲——新的粒子將會產生。

不同的假說正是以這種方式共舞的。如果你可以在心中有幾個相互矛盾的構想，並且讓它們與對方跳支舞，它們將會演奏出一場交響樂，其中幾個新生的音符——新的構想——會比原本的更好。

但是我們如何產生相互矛盾的構想呢？該怎麼找出屬於自己主旋律的副旋律？一個有用的方法是：主動檢查一下你漏掉了什麼。

漏掉了什麼？

這位二十七歲的導演手中正握著一顆燙手的山芋。他片中的電影明星布魯斯，即便以好萊塢的標準而言，都算是非常難搞。

布魯斯是隻機械鯊魚，劇組充滿善意地以導演的律師替它命名。但是這隻鯊魚並不能行使它的主要功能之一：好好游泳。劇組開工的第一天，鯊魚先生就沉到水底，而一週後，它的電動馬達就壞掉了。即便在一些它正常運作的日子裡，布魯斯都需要被瀝乾、擦拭，然後重新上色，以便應付下一次拍攝。說實在的，電影明星很少需要這樣細心呵護。

這名導演於是做了所有導演在面對特別難搞的演員時，都希望能做的事情：解雇這隻鯊魚。「我必須想出辦法，不用鯊魚也能說完我的故事。」他解釋道。在這個巨大的挑戰面前，他問自己：「希區考克在這樣的情況下會怎麼做？」而他得出的答案激發了一絲靈感，最終幫助他把一個看似不可能克服的困境，轉變爲票房鉅片。

在電影開頭，克莉絲決定要在月光下夜泳。當她獨自在水中悠遊時，突然有股力量把她往下拉，接著在水中拖踐前行。她一邊呼救，一邊掙扎著想吸到一點空氣。鏡頭的焦點放在克莉絲身上，而水中的壞蛋則是一點蹤影都看不到。這頭怪獸完全留給觀眾的想像力去發揮，直到電影的第三幕，鯊魚才露臉。拿掉鯊魚的結果是，觀眾一直處於緊繃狀態，不祥的背景音樂又一直煽風點火（噔噔……噔噔……噔噔、噔、噔、噔）。

你大概已經猜到了。沒錯，這部電影正是《大白鯊》，而這位導演則是年輕的史蒂芬・史匹柏。即便當時初出茅廬，年輕的史匹柏卻已經懂得我們很多人都忽略的一件事：看不見的比看得見的更令人心生恐懼。

從人類的觀點來看，並非所有事實的分量都是相等的。我們傾向不停聚焦於面前的東西，而忽視了其他可能存在盲點中的事實。

而盲點之所以會存在，某種程度上是因為我們的基因裡如此編排。心理學家羅伯特・席爾迪尼這樣解釋：「記著某種事物的存在，比記住它的缺席更簡單。」我們對於明顯的徵兆有所反應：黑暗中的窸窣聲、瓦斯的氣味、飄起的煙霧、輪胎的尖響。我們的瞳孔會因此緊縮、心跳會加速、腎上腺素會釋放，大腦則快速瞄準潛在的威脅，並且暫時屏蔽其他的感官知覺。這些機制是人類生存的法寶，但是它們同時也凌駕於其他運作之上，並可能讓我們漏掉重要的資訊。

在一項著名的研究中，研究人員對一組球員進行錄影，六名球員中有一半的人穿著白衣，另一半則是穿上黑衣。他們必須把籃球傳給對方。受試者得到的指示很簡單（請容我說，絕對不像火箭科學那麼複雜）：「計算穿白衣的球員傳過幾次球。」而在影片開始十秒鐘之後，有個穿著大猩猩服裝的人以慢動作走進片中，很顯眼地站在拋球者中間，在球員繼續拋球時對著鏡頭搥胸，然後再走出去。這可不是什麼微小的干擾，你不可能忽略掉一隻大猩猩，但是依然有半數受試者在觀看影片時完全沒看到牠。他們太過於專注計算傳球的次數，以至於竟然忽略了房間中的大猩猩。

但是與常識有所出入的是，看不見或不知道的東西依然能帶來傷害：讓業餘律師看不見勝訴的關鍵、庸醫疏忽了正確的診斷、大部分駕駛人沒有意識到潛在的危險。

當我們全神貫注在面前的事物，就不夠專注於周遭，甚至完全沒有注意到被自己漏掉的事情。當有了急須關注的重要事實，我們必須要問：「我們漏看了什麼？有哪些東西應該要存在卻缺席了？」讓我們回憶一下電影《接觸未來》的場景。那些科學家們不斷詢問他們可能漏掉的選項：他們收到的信號可能來自空中預警機、北美空防司令部或奮進號太空梭。

在火星氣候探測者號衛星團隊中工作的科學家，就忘記要問自己這些問題。就像有種看不見的力量拽著克莉絲一樣，也有東西拽著探測者號，讓它在宇宙海洋中不斷下沉。在這裡，隱藏的測量單位問題就是那尾鯊魚。但是在面對眾多警告訊息時，沒有人眞正舉起手問：「我們是不是漏掉了什麼？」

探測者號失事後，內部檢討會提倡所有團隊成員採用「福爾摩斯式的謹慎、鬥牛犬式的緊追不捨，來面對異常的現象」。他們的團隊當初在得到所有事實之前，就先建構了理論，並且拒絕讓事實打擾他們的理論。如果你有讀過《福爾摩斯》，就知道這是一位研究人員能犯的錯誤中，最糟糕的一種。

尋找隱藏事實的重要性，在《福爾摩斯》系列的《銀斑駒》中占據了重要角色。福爾摩斯在查明該發生而沒發生的事情後，斷定竊盜案是內賊所爲。

葛雷格（蘇格蘭場的警探）：「你有其他想要讓我知道的事情嗎？」

福爾摩斯：「那隻狗在晚上做出的有趣反應。」

葛雷格：「那隻狗晚上完全沒反應啊。」

福爾摩斯：「這就是這件事情有趣的地方。」

看守莊園的狗晚上沒有吠叫，所以福爾摩斯認爲竊賊不可能是警察急忙逮捕的那位外來陌生人。

所以，親愛的華生，下次你再度覺得自信滿滿，想宣布自己的結論時，記得做你每次開車時都會做的事情，不要僅依賴在後視鏡中看到的片段影像，而要記得問自己：「還漏了什麼？」當你覺得自己已經窮盡所有的可能性，繼續問你自己：「還有什麼其他可能？」記得一再把頭轉過去，看看盲點裡的東西。

你會很驚訝地發現鯊魚在那裡逡巡。

找到疏漏之處，並運用這些資訊來產生多元的假設，對你會很有幫助，但是這仍然不能保證事物的客觀性。你仍然可能在不經意的時候，將這份懷疑的權利只給予其中一個假設，而讓其他假設依然建立於同樣的錯誤基礎之上。因此，在產出許多智慧勞動的成果後，還必須做一件難以想像的事：殺掉它們。

殺掉你的智慧勞動成果

一位實驗主持人走進房間裡，並且遞給你三個數字：二、四、六。她告訴你這三個數字遵循著一個簡單的規則，而你的工作則是要藉由提出其他由三個數字組成的數列，來推演出這個規則。你提出一條數列後，實驗主持人會告訴你此條數列是否符合規則。提問次數沒有上限，也沒有時間限制。

試試看吧，你覺得這條規則會是什麼？

對大部分的受試者而言，這個實驗有兩種走向。受試者A說：「四、六、八」，而實驗主持人回答：「符合規則。」然後受試者繼續提出：「六、八、十」，實驗主持人再次回答：「符合規則。」在幾個類似的數列都得到肯定的答案後，受試者A宣布這條規則是「每次往上加二」。

受試者B以「三、六、九」開始，而實驗主持人回答：「符合規則。」然後受試者繼續提出：「四、八、十二」，實驗主持人再次回答：「符合規則。」受試者B在提出幾個類似數列都得到符合規則的回覆後，他宣布這條規則是「第一個數字的倍數」。

但令人驚訝的是，兩名受試者都錯了。

眞正的規則是「一個遞增的數列」，受試者A和B提出的數列都符合規則，但是他們腦中的規則卻和實際上有所出入。

如果你也猜錯了，別擔心，大部分的人都如此。大約五人中，只有一人能在第一次嘗試中就正確辨認出規則。

解開這道謎題的關鍵是什麼？成功的受試者和失敗的受試者有何不同？

失敗的受試者認爲自己很快就找到規則，並且不斷提出能確認他們想法的數列。如果他們認爲規則是「每次往上加二」，就會提出像是八、十、十二或二十、二十二、二十四這樣的數列。每當實驗主持人確認這樣的數列符合規則時，受試者就越來越有自信，認爲自己最初的直覺是對的，並相信自己走在正確的路途上。他們太專注於尋找符合自己心中規則的數列，因此沒有嘗試用各種方法驗證規則。

成功的受試者則採用完全相反的辦法。與其提出符合心中規則的數列，他們嘗試推翻自己的假設。舉例來說，如果他們認爲規則是「每次往上加二」，那麼他們會提出「三、二、一」，而這個數列並不符合規則。然後他們可能會提出「二、四、十」。這個數列符合實驗主持人的規則，但是並不符合多數受試者心裡所想的正確規則。

是的，這個數字遊戲就是人生的縮影。**我們在個人生活及職業生涯中，往往想要證明自己最初的直覺是對的。每得到一次肯定的答案，都會感覺良好**；每一個「是」，都會讓我們更加相信自己認定的事實，並配上一顆閃亮的金色星星及一劑多巴胺。

但是每個否定的答案都會讓我們更接近事實，每個「不」都比「是」帶給我們更多資訊。只有在我們嘗試反駁最初的直覺、而非驗證它的時候，進步才會發生。

證明自己的錯誤並不是要讓你感覺良好，而是要讓你的太空飛行器不會失事、你的企業不會垮臺、你的健康不會崩壞。**每當我們再次確認已知的事實，等於是把視野變窄、無視其他可能性**。這就像剛剛提到的實驗中，每一次的肯定答案，都會讓受試者更加執著在自己錯誤的假設上。

上述的數字測驗出自認知心理學家彼得・華生（Peter Cathcart Wason）所設計的眞實實驗，使他提出「確認偏誤」。華生想要探討卡爾・波普所提出的可否證性（falsifiable），也就是一個科學假說必須要能被提出反證。

舉例來說，「所有鴿子都是白的」這樣的陳述具有可否證性，你只要找到一隻黑色鴿子、咖啡色鴿子或黃色鴿子，就可以證明這個假說的錯誤性——也就像是在剛剛的數字實驗中，一條不符合預期規則的數列，可以證明你心中的原始假設是錯的一樣。

一條科學理論從來不曾被證明是正確的，只是沒有人證明它是錯的而已。只有當科學家們努力想讓自己的構想出醜卻一直失敗時，他們才會開始對自己的想法有一點信心。而即便是在一項理論得到認可，也常常會出現新的事實，使我們必須修飾現存的理論，甚至完全拋棄。

物理學家艾倫·萊特曼提到：「在物理的世界中，似乎沒有什麼是恆定、永久的。星星會燃燒殆盡、原子會衰變、生物會演化、運動是一種相對狀態。」而同樣的原則也能應用在事實之上，因爲大多數事實有所謂的半衰期。我們今年信心滿滿認定的某種事實，往往來年就被翻轉。

而如同臨床醫師暨作家的克里斯·克萊瑟（Chris Kresser）所說：「科學史，其實是大部分科學家在大部分時間中，把大部分事情都搞錯的一段歷史。」亞里斯多德的構想被伽利略否定、伽利略的構想被牛頓的構想取代，牛頓的理論又被愛因斯坦修改，而愛因斯坦自己的相對論後來又被分裂成次原子等級的不同分支——在無法感知的領域裡，微小的粒子像是夸克、膠子及強子，皆受量子理論所支配著。直到我們發現錯誤的那一天，我們都十分確定這些理論。「今日是，明日非」可說是科學理論的本質，作家蓋瑞．陶布斯將其形容為科學理論的「自然節奏」。

即使科學家可以花上一輩子來交互驗證他們的構想，必須否證自己想法的運行模式還是違反了人類的天性。例如在政治領域中，一致性就比精確性更重要。當政治人物承認他們改變想法——無論是因為現實狀況的改變或因為出現更好的理論——都會被譴責為牆頭草。這樣的政治人物會遭批評為前後不一、優柔寡斷，因此不適合坐在民選政府中那個挑戰重重、必須保有固定意識形態的領導位置。

對大部分的政治人物而言，「這論點令人無法反駁」的陳述，聽起來確實再美妙不過了。但對科學家而言，這卻不是件好事。如果我們無法測試並證明一個科學假說是錯的，那麼這個假說就沒有價值。薩根就說過：「持懷疑觀點的人，必須有機會用你的邏輯進行同樣的實驗，然後看看他們是否得到一樣的結果。」

試想由哲學家尼克．伯斯特隆姆提出、由伊隆．馬斯克向大眾普及的「模擬假說」（simulation hypothesis）。這個假說認為，我們是活在電腦模擬世界裡的微小生物，受更聰明的未知力量掌控。這個假說無法被否證。如果我們像是電玩遊戲《模擬市民》系列裡的人物，無法從外界獲得我們所處世界的知識，就無法驗證我們的世界僅是某種幻象。

區分科學與僞科學（pseudoscience）的關鍵在於可否證性。當我們一直使用不能否證的論述來打擊其他論點，並使他人無法挑戰自己的信念時，假資訊就會蓬勃發展。

而在我們提出可否證的假說之後，必須像數字實驗裡那些成功的受試者一樣，嘗試證明這些假說的錯誤，而不是搜尋可以佐證它們的資訊。僵固的意識形態往往在我們沒意識到時，就已經發生。因此**我們必須刻意將自己放在自我否證的不適狀態下，而非只是嘴上一再重複「我很樂意否定自己」的陳腔濫調。當焦點從證明自己轉移到否證自己時，我們就會去尋找不同的資料來源、去消除根深蒂固的偏見，並對競爭的事實及論述抱持著開放的態度。**據信，林肯曾如此說：「我不喜歡這個人，因此我必須更深入認識他。」這也是我們對於反對論述應採取的態度。

就像期刊《全球概覽》創辦人史都華．布蘭德（Stewart Brand）常做的那樣，你可以定期地問問自己：有多少事情是我完全弄錯的？嘗試在自己最珍視的理論上戳幾個洞，尋找讓你不舒服的事實（什麼樣的事實會讓我們改變心意？）；遵循達爾文的「黃金法則」，發現一項與自身信念矛盾的事實時，就立刻記錄下來。達爾文知道，當你排除自己那些過時的不良構想，才有空間可以讓好構想浮上水面吸一口氣。強迫自己質疑根深蒂固的信念，也能幫助你進行基本命題思考。

讓我們看看丹尼爾．康納曼的例子。二〇〇二年，他因爲在判斷心理學與決策理論上的開創性成果，得到諾貝爾經濟學獎，但他是一位心理學家。抱一座諾貝爾獎回家是非常了不起的事，但在康納曼的故事中，這件事更不得了。

「大部分的人在得到諾貝爾獎後，只想去打場高爾夫球。」普林斯頓大學教授埃爾達．沙菲爾（Eldar Shafir）說：「但是，丹尼爾卻忙著否證讓他得獎的理論，這眞的是一件非常美的事情。」康納曼甚至邀請了他的批評者一起加入否證的行列，說服這些人與自己合作。

我最喜歡的美國最高法院判決意見書之一，是大法官約翰．馬歇爾．哈倫在一八九六年的普萊西訴弗格森案❹中所給出的。在這個案件中，除了哈倫的反對票，多數大法官認爲種族隔離並不違憲。而這個狀況在之後的布朗訴托彼卡教育局案❺中，得到反轉。

哈倫的反對票對許多人來說是意外的。他是位白人至上主義者，曾經有過黑奴。他堅定地反對美國憲法的重建修正案（Reconstruction Amendments），此案禁止政府基於種族及其他原因進行歧視。當哈倫的批評者譴責他是牆頭草時，他的答案很簡單。

> 「與其選擇一致，我願意選擇正確。」

傳記作家華特．艾薩克森曾講過：「偉大心靈的表徵之一，就是願意改變。」**當你身邊的世界改變時、當科技泡沫破裂時、當無人車變成常態時，能隨著世界改變的能力將給予你非常大的優勢**。「成功的經理人能比其他人更快辨認出不良的決定，並且進行調整；」嘉信理財集團執行長沃爾特．貝廷格（Walt Bettinger）表示，「而失敗的經理人則往往會深陷進去，嘗試說服其他人相信原始決定是對的。」

如果你不知道該怎麼挑戰自己的信念，可以假裝這些信念是其他人的。在寫這本書的時候，我採用了一條從史蒂芬．金學來的策略：將自己的草稿章節放置在旁數週，然後再重新檢視。帶著一些心理上的距離重新回到草稿上時，比較容易假想這些是其他人寫的。從一個全新觀點來審視自己的作品，使史蒂芬．金能移除障礙物、突破創作瓶頸。他的方法在科學研究中也適用。在一項研究中，發現受試者把自己的構想當成是他人提出的時候，比較能對其進行批判。

如果我們不能證明自己是錯的，總會有別人來做這件事；如果我們喜歡假裝全知全能，我們的偽裝總有一天會被揭開；如果我們無法辨認出自己思維中的謬誤，這些謬誤就會在未來陰魂不散地追著我們。就像認知科學家雨果．梅西耶和丹．史波博（Dan Sperber）所指出的，一隻「嘗試要自己相信身邊沒有貓」的老鼠，最終一定會成爲貓的盤中飧。

我們的目標是要找出正解，而非成爲正解。

彼得．華生出版許多書籍，開啓此領域的先河。多年後，他有天在街上被倫敦政經學

❹ Plessy v. Ferguson。控訴內容是爭論在火車等設施中，實施「隔離但平等」這種政策是否合乎憲法。

❺ Brown v. Board of Education，廢止「黑人與白人學童不得進入同一所學校就讀」的規定，宣告種族隔離政策違憲。

院科學哲學家伊姆雷．拉卡托斯（Imre Lakatos）攔下。拉卡托斯告訴華生：「我們讀過所有你寫的東西，而且我們完全不同意你的看法。」然後他加了一句，「來吧！我們辦場研討會吧。」

拉卡托斯正是使用了下一節會探索的策略：發張邀請函給他學術上的敵對學者。

一只充滿光的盒子

波耳與愛因斯坦可說是科學史上最偉大的敵對科學家。他們兩人針對量子力學進行過一系列的公開辯論，特別是關於不確定性原理的部分。此原理表明，不可能同時確定次原子粒子的位置與動量。波耳支持這個原理，但愛因斯坦反對。

即使他們在學術上針鋒相對，愛因斯坦與波耳之間的關係卻是互相敬重。愛因斯坦按照他以往的行為模式，進行了一系列的思想實驗，以挑戰不確定性原理。在聚集全世界最頂尖物理學家的索爾維物理學會議（Solvay conferences on physics）上，愛因斯坦會在下樓吃早餐時笑著說，他又發明了另一個思想實驗來推翻不確定性原理。

波耳則會花上一整天來應對愛因斯坦的挑戰。通常到了晚餐時間，波耳就能回擊，把愛因斯坦打回原形。此時，愛因斯坦會撤退到旅館房間中休養生息，隔天早上再度帶著一個新的思想實驗下樓吃早餐。

這種智識上的拳擊賽就像是電影《洛基》中，主角洛基與重量級金牌拳王阿波羅．克里德在競技場上互毆一樣。波耳與愛因斯坦兩位巨人在世人無法企及的領域裡切磋武功，並且在每次戰鬥過後都得到成長。在兩人的著作中，也可以很明顯地看到對方的痕跡。即使見不到名字，但精神在那裡。這場比試已經與輸贏無關，而是與比賽本身——也就是科學——有關。

波耳與愛因斯坦拿對方來測試自己的主張，是因爲兩人都與自己的理論太過靠近，往往無法看見自己的盲點。諾貝爾獎得主湯瑪斯．謝林如此說過：「無論一個人的分析再嚴謹、想像再狂野，還是有一件他絕對無法做到的事：列一張清單，寫出絕對不會發生在他身上的事。」這也就是爲什麼在電影《接觸未來》中，艾莉喊道：「告訴我，我是個騙子！」她正是在要求同事對她進行否證。

也因爲如此，我們可以說，爭論是科學進程中內建的一個環節。理論物理學家約翰．惠勒告訴我們：「事實上，比起知識的累積，構想的碰撞更能讓科學進步。」即使是在隔絕狀態下工作的科學家，都必須透過同儕審查制度，將他們的構想展現在同輩科學家面前，這是所有重要科學發表都必經的考驗。但是發表並不是旅程的終點，必須透過其他沒有理由支持此理論的科學家們，以獨立的方式驗證論文的結論。就像在電影《接觸未來》中，艾莉的澳洲同事確認她收到的質數信號一樣。

在我最喜歡的畢業典禮演講中，華萊士講述了一個關於兩條年輕魚的故事：這兩條魚在水中前行，然後偶遇一條年紀較大的魚往另一頭游去。這條魚對他們點點頭然後說：「早安呀，小伙子們，水溫如何？」這兩條魚繼續往前游，其中一條魚終於看向另一條魚發問：「水是什麼？」

我們透過雙眼觀察這個世界的一切，因此對其他人來說很清楚的事情（比如說我們在水裡游泳），反而對我們自己並不明顯。他人會有一種異常清明的能力，發現我們兩邊測量的單位沒有對上，或發現我們集體出現幻覺，以爲已經死亡的著陸者號從火星發來訊號。他們不活在我們的世界中，因此對我們的主張沒有同樣的情緒連結，並不會像我們一樣，在對立的資訊面前偏過頭去。心理學家大衛·鄧寧就告訴我們：「自我洞察的道路必須通過他人。」

但這條路常常是阻塞的。在現代世界中，我們住在一個充滿回音的空間。即便科技已經拆除某些藩籬，卻也同時樹立了其他屏障。我們在 Facebook 上與和自己類似的人交朋友、在 Twitter 上追蹤與自己類似的人、閱讀那些政治頻率和自己相似的部落格和報紙。只和圈內人連結、將自己與其他人隔離開來，是一件很簡單的事，只需要停止訂閱、停止追蹤或刪除朋友就好。

這個由網路所推動的部落主義，加重了我們的確認偏誤。當同溫層越來越厚，我們被與自身觀點類似的訊息重複轟炸。可以在其他人身上看見自己的主張時，我們的信心就像坐火箭般直直攀升；沒有任何地方可以讓我們看到反對的意見，就假設反對意見不存在；或者那些抱持反對意見的人，一定不夠理性。

我們必須要從同溫層中走出來。在做重要的決定前，詢問自己：「誰會不同意我的決定？」如果你不認識任何可能否定你的人，就想辦法找到他們。**就算這可能讓你覺得不太舒服或不太適應，你都應該將自己暴露在一個能讓主張接受挑戰的地方**。如果你是波耳，那麼會不斷向你提出思想實驗的愛因斯坦在哪裡？如果你是金斯伯格（Ruth Bader Ginsburg），那個會針對你的判決寫出一份無恥但有力的異議意見的史卡利亞（Antonin Scalia）在哪裡❻如果你是阿格西，那麼總是用漂亮發球讓你如坐針氈的山普拉斯在哪裡？

你也可以請平時會同意你的人試著反對你。舉例來說，我將本書的草稿寄給我信任的顧問，並且請他們指出覺得錯誤、應該要修正或移除的地方，而非他們覺得正確、喜歡的內容。這樣的方法提供一種心理上的安全感，讓人們不會因爲害怕冒犯你而保留反對的意見。

如果你無法找到對立的聲音，就自己製造一些吧！在心裡假想出一系列對手，並且想像

❻兩者都是美國大法官，其中金斯伯格屬自由派，提倡女權；史卡利亞屬保守派，反對墮胎。

與他們的對話，企業家馬克·安德森（Marc Andreessen）就是這麼做的。「我心裡住著一個小型的彼得·提爾，」安德森提到的彼得是創投家，同時也是Paypal共同創辦人。「他會坐在我的肩膀上，而我整天都在跟他辯論。有時路人的確會用一種古怪的神情看著你，不過這是值得的。」

反對意見可以來自於任何人，你可以問自己：「火箭科學家會怎麼做？」然後想像一位火箭科學家配備了這本書裡提到的所有特質，充滿批判性地質疑你的想法；試想一位不滿意的客戶會怎麼描述你的新產品；或即將取代你的新執行長，會如何對同樣的問題提出不同的解決方案（這是英特爾前執行長安迪·葛洛夫的妙招）。

在心裡建構一個對手的模型時，必須盡量公正客觀，避免直覺性地矮化與你對立的人，否則這一招很容易失去效果——這是我們稱做「稻草人論證[7]」的手法。舉例來說，一位候選人提倡對汽車排放的溫室氣體進行更多管制，另一位候選人則回應說，汽車是人們通勤生活的必需品，而降低溫室氣體的提案會摧毀經濟。這方法之所以稱爲「稻草人」，是因爲此項提案只是增加管制，並非反對汽車，但通常將對手的想法極端化會比較容易反駁。

避免使用稻草人論證的手法，而是使用與其相對的「鋼鐵人」手法。這個方法要求你必須找到對立意見中，最強大的論述（而非最軟弱的）。波克夏·海瑟威公司副主席查理·孟格是這個方法的主要提倡者，他警告我們：「在你能比反方意見中最聰明的人，都還要擅長反駁自己的主張前，你不該抱持這項主張。」

波耳與愛因斯坦之間的智慧角力能帶來如此豐碩的成果，一部分是因爲他們兩人都是使用鋼鐵人技巧的佼佼者。他們的遊戲一直持續到愛因斯坦過世爲止，而數年之後，波耳離世前，在自己的黑板上留下一幅圖畫。這張圖並不是什麼偉大的發現或對自我主張的辯護。正好相反，那是一只充滿光的盒子，而這是愛因斯坦對波耳提出的思想實驗挑戰之一。

直到嚥下最後一口氣之前，波耳都一直張開雙臂擁抱愛因斯坦給他的挑戰，相信這些挑戰能讓他的主張變得更強大，而非更軟弱。波耳在量子力學上的成就並非來自於堅忍不拔，而是出於自我懷疑。

你也應該在自己的生命中找到自己的光盒——針對你的中心思想的挑戰——並且在找到後緊緊抓著，不要放手。最後將會是勇氣、謙遜及決心讓你找到眞相，而不是捷徑，但這一切都是値得的。

電影《駭客任務》中，莫斐斯對主角尼歐說：「知道路怎麼走，和實際走上路途之間是有差別的。」而經過壓力測試及自我否證的過程，現在該將你的構想透過測試與實驗，跟現實碰撞。下一章你將會發現，火箭科學家如何在這兩件事情上都採用極端的手法。

---

❼ 曲解對方的看法，再攻擊曲解後的觀點，並宣稱已推翻對方論點。

7 邊飛邊試，邊試邊飛

——如何在產品發表或工作面談大獲成功

我們不可能表現得和預期一樣好，只會和訓練時一樣差。

——佚名

成千上萬的美國人正等待著這一刻：一位年輕總統許下的承諾、一場對於太空均衡的革命，即將在他們面前揭幕。

事實上，這個任務的發射時間遠遠落後原本排定的時程。在表定日期的數個月前，有許多聲音質疑這項計畫是否已經準備萬全。然而，檯面上的官員選擇閉上眼睛，並且希望那些刺眼的問題某天會突然消失。壓力測試在表定發射的前一天才做完，然後發現了一個缺陷，而這個瑕疵很可能會使整個任務毀於一旦。

但是這個測試結果被無視了。爲了趕上排定的日程，政府官員們於是按下發射器。當數據開始回傳進來，工程師們面前的螢幕很快就揭露這項任務的生死。他們盯著數據，下巴掉了下來，整片螢幕滿江紅。

悲劇發生了。在發射過後不久，它就墜落焚毀。

這並不是發射火箭的故事，而是啓動美國健保入口網站。這個網站是《患者保護與平價醫療法案》（*Affordable Care Act*）的關鍵部分，也是歐巴馬總統在位時推動的主要立法項目之一，提供可負擔的醫療服務給美國人民。立法是總統的承諾，而這個網站則是成果——或者說應該要是成果——讓美國人民能使用這個網站選購醫療保險。

因爲技術上的問題，這個網站一啓動就崩壞了。使用者無法進行創建帳號這類的簡單操作：網站在計算健康保險補助時出現錯誤，讓使用者必須不斷重複同樣的步驟。上線的第一天，只有六個人能利用網站註冊他們所須的醫療保險。

這個對於《患者保護與平價醫療法案》如此重要的工具，怎麼會是一團糟的失敗品？爲什麼要價近二十億美元的平臺，竟然無法完成它的基本功能？

火箭與網站是不同種類的怪獸，卻有個共通點，如果不按照基本原則進行，它們就會摔得很慘：這個原則就是「在飛行狀態下測試，在測試狀態下飛行」。

本章就是要說明這個原理。我會解釋如何用它測試在本書第一部分產生的構想，並保證著陸時一切順利。你將會發現：爲什麼我們在進行測試、預演時容易自我欺騙，又該怎麼導正這個傾向。我會向你展示：可以從吃掉十五億美元的哈伯太空望遠鏡瑕疵中學到什麼；一位頂級喜劇演員為什麼會固定突擊小規模的喜劇俱樂部；以及有名的律師和世界級的障礙賽跑選手，如何使用同樣的火箭科學策略，在自己的領域中脫穎而出。

測試帶來的問題

我們生命中大部分的決定並非來自測試的結果，而是奠基於直覺和有限的資訊上。我們發表一項新產品、轉換職業跑道、嘗試新的行銷方式，都不是任何實驗的結果。我們自認沒有資源而跳過測試階段，卻沒有意識到新的方法失敗時，我們所須付出的成本。

即便在進行測試時，我們還是傾向進行表面的彩排，但這只是再一次練習自我欺騙而已。進行測試並不是要證明自己是錯的，而是要確認我們相信的事情是對的。我們想辦法扭曲測試的條件，或將模糊的數據詮釋為對自己預設想法有利的結果。

哈佛商學院和華頓商學院的教授們，一起調查了三十二間頂尖的零售公司，以便了解他們的測試方法。研究發現，七八％的公司在發表產品前，會先在商店中進行測試。雖然這個數字看起來很漂亮，但實際的測試環境可不。研究人員表示，多數公司相信「即使測試的結果對產品不利，他們的產品仍會大賣」，並將不如預期的銷售數字歸咎於天氣（太好或太壞）、測試場地的選擇、較差的測試方式及其他種種原因。也就是說，這些零售商進行測試，只是想要確認自己心中的期望，而非按照測試結果調整產品。

設計良好的測試無法預先推斷出結果。你必須願意失敗。**測試必須要能揭露不確定性，而非本末倒置地回過頭來確認自己預期的結果**。費曼有段話說得很好：「如果實驗結果是負面的，就表示這件事情是錯的。這麼簡單的一句話就是科學的關鍵。不管你心中的猜想有多美麗非凡，無論你或任何提出想法的人有多聰穎絕倫，如果實驗結果是負面的，就表示這件事情是錯的。」

而自我欺騙只是這個問題的一部分而已，另一部分則是測試的結果與現實脫節。**受試者常常在人造的環境中進行測試，並且回答在現實生活中不會碰到的問題，因此這些「實驗」會吐出精心打磨但完全錯誤的結論**。

火箭科學提供一項看似簡單的原理給我們：在飛行狀態下測試，在測試狀態下飛行。根據這項原理，在地球上進行的實驗，必須在最大程度上模擬太空飛行器在宇宙飛行時的狀態，而火箭科學家應該要在類似於飛行實境的狀態下，測試他們的機器。如果測試是成功的，那麼真正發射時，這太空飛行器的航程也必須發生在類似於實驗環境的路線上，任何偏離測試環境的航行都可能導致災難。無論是一架火箭、一個政府入口網站、你的工作面談，或你的下一個新產品都一樣。

這項合適的測試並不是為了發現什麼可以正常運作，而是要發現所有不能正常運作的事

情，並且找到「斷點」。

斷點

要找到一個物體的斷點，最好的方式就是眞的把它打斷。火箭科學家嘗試著在地球上摧毀太空飛行器，以便在眞正飛上太空之前，找到它所有的瑕疵。他們必須將所有組成零件，小到一顆螺絲釘，都暴露在相同的環境下，用與太空環境中同樣的衝擊、震動、極端溫度去測試。科學家和工程師們必須通盤思考，找出所有能損壞這些零件的方式，以及任何電腦程式中可能會犯下致命錯誤的地方。

這個方法同時也可以有效降低不確定性。就像前幾章提過的，測試能將未知轉變爲已知。每一次測試中，如果能在與飛行狀況類似的環境下進行，那麼這些測試就能教導科學家關於太空飛行器的新知識，促使他們針對某項軟體或硬體進行微調改進。

但即便是在火箭科學中，測試的環境依然不能與實際發射的狀況完全相符，有些東西在地球上就是無法測試。比如無法眞實模擬火箭發射時所面對的萬有引力狀態、無法完全模擬探測器在火星上行進的環境。但是，我們可以盡量做得非常接近。

當我於二〇〇三年參與火星探測漫遊者計畫時，我們會定期讓漫遊者探測車在火星庭園（Mars Yard）進行旋轉測試。火星庭園是個網球場大小的區域，JPL在此區域中裝滿了在那顆紅色星球上可能會找到的岩石。那部漫遊者測試車被暱稱爲「費多」（FIDO，Field Integrated Design and Operations）。我們也會帶它到像是內華達州的黑石峰（Black Rock Summit）或亞利桑那州的灰山（Gray Mountain），讓測試車依照自己的步調前進，以觀察它是否能做出應該要有的反應，如避開危險、鑽探岩石、拍攝照片等等。

在地球上駕駛火星探測車是一回事，眞正在火星上運行又是另外一回事。因爲火星上的一切，從環境、大氣密度到表面引力都和地球不同。在地球上，你能找到最接近火星的環境是俄亥俄州的桑達斯基（Sandusky）。這個小型城市是NASA太空動力設施（Space Power Facility）的所在地，擁有全世界最大的眞空室。在這裡，我們能模擬太空飛行的狀態，包括高眞空、低壓及極端的溫度變化。

眞空提供了完美的環境，可以用來測試即將使用在漫遊者上的火星著陸氣囊。「進入、減速、著陸團隊」（Entry, Descent, Landing team，EDL team）前往桑達斯基進行某些測試。他們把一部假的探測車放在一系列氣囊中，將眞空室的氣壓和溫度狀態調整到跟火星一樣，並在房間底部放上一些我們相信與火星岩石相近的石塊，看看氣囊是否會被撕裂。

果然，氣囊被撕裂了。那些岩石完全穿透了表層，立刻使氣囊塌縮下去，破洞大到人可以直接穿過去。這次測試顯示我們計畫使用的氣囊強度太弱。

其中一塊岩石有個不祥名字——黑岩，被公認是氣囊最完美的敵人。ＥＤＬ團隊的亞當．施泰爾茲納（Adam Steltzner）描述這塊岩石「呈牛肝狀，頂端有輕微的山脊狀突起」。表面上，這塊岩石看起來並不特別危險，但是它能穿透氣囊，讓裡頭的組織破裂。與其把這塊黑岩當做統計上的極端值，僥倖地覺得不太可能在火星上遇到這樣的岩石，ＥＤＬ團隊做了完全相反的事情。

他們把問題獨立出來，並將其放大。他們做了「黑岩」的複製品，散布在眞空室內，然後開始把氣囊丟在這些岩石上。雖然同樣的氣囊曾經在一九九七年成功地讓火星拓荒者號（Pathfinder）降落在火星表面，並不代表氣囊的設計是沒有瑕疵的。運氣或許曾經避免我們的太空飛行器撞上一塊致命的岩石，但是ＥＤＬ團隊的任務並不能依賴運氣，他們必須爲最壞的情況做打算：火星上有一整片黑岩等著要撕碎氣囊。

而解決問題的方法是從一個看似不可能的地方出現的：腳踏車。大多數的腳踏車輪胎有外胎和內胎兩層，即使路上的廢棄物刺穿外胎，內胎仍能保持完整。ＥＤＬ團隊比較蘋果和橘子，複製了腳踏車輪胎的雙層結構，設計出雙層氣囊以便得到兩倍保護。即使外層結構破裂，整個氣囊及其中的太空飛行器還是能存活。這個新設計接受測試，然後不斷再度測試，直到氣囊在種種懲罰中存活下來。

你不需要一個別緻的眞空室或一筆龐大的預算，來找到產品的「斷點」。你能使用樣品或初始版本的產品或服務，讓一群具有代表性的客戶進行測試。你只須有意願去設計測試來應付最壞狀況，而非期待最好的狀況。

在太空飛行器升空之後，測試並沒有結束。即便成功發射，我們仍然必須保證在外太空未知且變化多端的環境中，所有工具都能正常運行，然後我們才能開始相信這些機器。

我們會「校準」以確保儀器的精準性。舉例來說，在火星漫遊者探測車上的每樣工具都有一個校準目標，其中最花俏的是專爲太空飛行器相機設定的。相機的校準目標是裝置在探測車甲板上的日晷，而在日晷的四個角落，各有一個包含不同礦物質的異色方塊，日晷表面不同的地方也有不同的反射比。「火星」一詞，用十七種語言分散寫在校準目標上（以免那些矮個子的綠色兄弟們不說英文）。日晷描繪了地球與火星的軌道，並鐫刻上一條銘文：「兩個世界，一顆太陽。」日晷的中柱會在校準目標上落下陰影，科學家們就利用這片陰影調整影像的明亮度。

我們在使用任何儀器前，都必須先校準儀器。比如說，太空相機會先拍一張日晷的照片傳回地球。如果在火星上的讀數與在地球上不同，像是日晷上綠色的方塊在校準照片上成了紅色，我們就知道這部儀器沒有正確校準。

在日常生活中，校正失準的情況比想像得更頻繁出現。我們需要一個校準目標，通常是幾位你信任的顧問，可以讓你知道自己得到的讀數並不正確（也就是看向綠色方塊卻見到紅色時）。小心謹慎挑選校準目標，並確定自己可以信任它們給出的判斷。因為如果校準目標的判斷失常，你的判斷也會隨之失效。

下一節將看到僅測試單個零件的可信度是不夠的，如果進行沒有系統測試，很可能一個不小心就把法蘭克斯坦的怪物給放了出來。

法蘭克斯坦的怪物

在某種程度上來說，一艘太空飛行器與你的企業、你的身體或你最喜歡的體育隊伍並沒有太大的差別。它們都是由較小又互相連結的次系統組成，而不同次系統之間彼此互動、相互影響對方的運行。

在飛行狀態下測試需要採用多層次的方法。火箭科學家由次級零件開始測試，如組成探測車視覺系統的單個攝影機，以及其電線與接頭。所有攝影機連接起來後，再測試一遍整個系統。

伊斯蘭教蘇非派的一句格言完美解釋需要這麼做的原因：「你認為，理解『一』，所以一定會懂得『二』，因為一加一等於二。但是你忘記了自己也必須理解『加』才對。」個體運作良好的零件，可能在組裝之後拒絕與其他零件合作。或者說，零件獨自運作的效果，和系統運作的效果可能會不一樣。

而這些系統層面的效果可能是災難性的。一項藥物可能在單獨服用時效果超群，與其他藥物共同作用時卻產生致命的後果；一個網站上的外掛程式可能單獨運作起來很順暢，但是卻在系統層面造成災難；有才華的運動員組成一個球隊時，可能反而表現非常糟糕。

我們可以把這樣的問題稱爲「法蘭克斯坦的怪物」。他的四肢是從人身上收集而來的，但是當這些碎片被縫起來時，得出的成果並不能稱爲人類。

讓我們看看另一個怪物的覺醒。

希特勒掌權時，德國憲法是當時世界上「最複雜精確」的憲法之一，裡頭含藏兩項看似無害的條款。其一是讓德國總統可以宣布國家進入緊急狀態，且只須國會多數決就能解除；另一條則是讓總統可以解散國會並重新舉行選舉。德國國會以派系分散、容易陷入僵局出名，第二項條款的原意便是要解決這個問題。雖然兩者單獨看來都是基於善意的立法，但合在一起運用時卻變得極度有害，產生了憲法法學家薛波勒（Kim Lane Scheppele）所稱的「法蘭克斯坦的國家」（Frankenstate）。

在一九三〇年代初期，德國總統興登堡曾經行使憲法賦予他的解散權，以重組陷入無望僵局的國會。在新的國會選舉開始前，興登堡在總理希特勒的慫恿下，宣布國家進入緊急狀態。這幾乎限制住所有德國人民的自由，即使國會有憲法賦予的權利，可以推翻緊急狀態的命令，但在國會被解散的情況下，沒有立法機關可以行使這項權力。納粹親衛隊與衝鋒隊成員立即開始清掃所有反對納粹的勢力，以緊急狀態當藉口，開始掌控國家，並建立以希特勒為中心的一黨專政。在完全沒有違反憲法的情況下，全世界最可怕的國家誕生了。

類似的設計缺陷，也可能是一九九九年火星極地著陸者號失事的原因之一。當它的著陸器使用火箭馬達降低高度以降落在火星表面時，著陸器收起來的三根支架在離地一千五百公尺處彈出，到達各自的預備位置。雖然我們並不知道確切發生的事情，不過著陸器或許把支架彈出的震盪，誤認為是接觸地表的結果，但是著陸者號根本還沒有落地，仍在下降中。控制電腦於是過早關掉降落引擎，使得著陸者號驟降失事。

火星極地著陸者號的團隊曾經測試登陸過程，包括三腳支架的使用。當他們第一次進行測試時，支架上的電流開關沒組裝好，所以並沒有發出信號。團隊成員發現了這件事情，並重新進行測試，但是因為已經跟不上預定的排程，所以他們只將重點放在著陸的瞬間，跳過了著陸前部署支架的過程。NASA沒有重新以正確的電流開關測試支架部署，得到的就是火星表面上一個冒煙的坑洞。

就像這些範例告訴我們的，**沒有進行系統層級的測試，會出現想都沒想過的後果**。當你臨時改變了一項產品，然後沒有進行測試就直接送到客戶面前時，你正冒著引起災難的風險；若你改動了案件摘要的一個章節，卻沒有檢視這個改變會對整體造成什麼影響時，你正與瀆職共舞：若你把一份政府案件的設計外包給六十個包商，卻沒有整個組合系統來測試（這就是美國健保入口網站遭遇的事情），你正向災難招手。

在火箭科學中，還有另外一個系統需要在起飛前接受測試，而這個系統比太空飛行器還要無法預測。這個系統會焦慮緊張、這個系統會忘記事情、這個系統可能會撞到東西，或不小心在控制臺按下錯誤的按鈕。這個系統可能會因為憤怒而沖昏頭、可能會感冒，或沉浸於欣賞宇宙景色而忘記了重要的工作。

一點也沒錯，我所談的正是在太空飛行器裡的人類。

正確的事情

「正確的事情」（The Right Stuff）是我們給予七位勇敢太空人的暱稱，他們獲選參與NASA的第一次太空任務——水星計畫。而有另外一群志願者也同樣值得擁有這個稱謂，但你從來不曾聽到他們的名字。他們是NASA招募的志願者，參與在地球上進行的一系列實驗，以便模擬人類在太空飛行的狀態。

一九六五年，七十九位空軍披上太空裝，進入固定在火箭試驗滑軌上的太空膠囊，隨著太空膠囊「頭上腳下、右面朝上、往後、往前、往旁邊、往四十五度角」的衝刺。一般人會在大約五倍重力（地球表面的加速度）下失去意識，但是那些志願者曾經最高承受過三十六倍的重力。

這些實驗是為了在飛行狀況下測試人類，讓那些毫無戒心的飛行員，面對太空人在登月旅程中可能會經歷的各種衝擊。志願者們的鼓膜因壓迫而損傷，還有人的胃在「屁股朝上」的模擬太空飛行後破裂，另一人則是被發現「眼睛好像跑出來了一點」。負責進行實驗的約翰．斯塔普上校（Colonel John Paul Stapp）在試驗後的記者會上如此總結：「我們在地球上付出了幾個僵硬的脖子、彎曲的脊背、瘀青的手肘，以及偶爾冒出的幾句粗話。現在，剩下的就留給三位太空人在第一次的登月旅程中體驗了。」

這個「在飛行狀態下測試」的規則，解釋了為何我們將人類送上太空之前，會先送與人類最接近的物種，因為我們不知道失重狀態對人體會造成什麼影響。最先登上太空的美國人其實是隻叫做漢姆的黑猩猩。牠從太空旅行中存活下來，只有鼻子上稍微有點瘀青，並在晚年自然老死（他在斯塔普上校的頌揚下，埋葬在國際太空名人堂）。

漢姆被訓練到可以進行基本操作，比如拉動搖桿。牠在十六分鐘的太空旅行中，成功複製了這個動作。雖然漢姆的飛行很成功，卻刺傷了水星計畫太空人脆弱的自尊。他們很快就意識到，黑猩猩也可以勝任他們的工作。當甘迺迪總統的女兒卡羅琳與太空人約翰．葛倫見面時，聽說這位四歲大的孩子很失望地問：「猴子呢？」

今天，我們不再將黑猩猩送上太空，或用中世紀的酷刑對待我們的空軍志願者。實驗的方法改變了，卻一直保持著背後的「在飛行狀態下測試」原理。太空人的日常與在好萊塢電影裡看到的酷炫狀態非常不同，他們實際上比較像是服勞役的馬匹，而非宇宙的探索者。他們的職業並不是太空旅行，而是無盡的訓練，以便爲太空旅行做準備。「我曾經擔任太空人長達六年，」克里斯．哈德菲爾說，「但只在太空中待了六天。」

剩下的時間都花在準備上。在太空人正式執行飛行任務之前，他們已經在模擬器中飛過同樣的路線無數次了。舉例來說，太空飛行的模擬器長得就和眞實的太空飛行器一模一樣，連控制面板和顯示螢幕都分毫不差。太空人會練習操作和太空飛行器一樣的模擬器，練習從發射、對接到著陸的不同階段任務運作。模擬器上的顯示螢幕會播放在眞正旅行中將看到的畫面，而隱藏的擴音器會播放在旅途中聽到的噪音，包括震動聲、煙火爆炸聲、機械部署的聲音等等。

但是有一件事情是模擬器做不到的：產生微重力。此刻就是「嘔吐彗星」上場的時候了。嘔吐彗星是減重力飛機的暱稱，是一架以拋物線路線飛行的飛機，有點像雲霄飛車，不斷攀升再忽然下墜，以模擬無重力的狀態。在每一個拋物線的頂端，乘客大約能體驗二十五秒的無重力狀態。這架飛機會得到嘔吐彗星這個暱稱，是因爲那些陡峭的攀升及尖銳下墜路線，通常會讓乘客暈眩不已。太空人必須在嘔吐彗星上，重複練習於無重力的漂浮狀態下吃東西或喝水等動作。

但是二十五秒並不足以練習更複雜的動作，所以在需要更長時間的無重力狀態時，太空人會潛入一個叫做「中性浮力實驗室」的巨大室內游泳池，讓水的浮力模擬在太空中面對的微重力狀態。哈德菲爾如此寫道：「我在那個水池裡眞的感覺自己像是重裝出發的太空人。我穿著太空裝，必須靠儀器協助呼吸，就像眞正在太空漫步一樣。」水池中有座國際太空站的模型，太空人會針對最終必須漂浮在外太空中（也叫做太空漫步）進行的修復任務，進行同樣類型的修復練習。他們會重複練習每一個步驟，直到這些動作成爲直覺反應。對哈德菲爾來說，要達到這樣熟悉的程度，意味著他必須待在泳池裡兩百五十個小時，爲六小時的太空漫步做準備。

在NASA中，太空人的模擬練習是由一位模擬指導長所管理。他會帶領一整個團隊的指導員，一部分是教導每項任務的正確程序，另一部分則比較殘忍——他必須殺死太空人。

這個模擬指導團隊有屬於自己版本的「企業葵花寶典」。前面提過這個工具：企業高層會運用角色扮演，假裝是競爭者來尋找機會，做掉自己的公司。「殺死太空人」的練習目標也是類似的。指導員必須迫使太空人在模擬器中做出錯誤動作，以便讓他們學會在太空中進行正確動作。

在太空中，事情不對勁時，通常沒有任何可以延長思考的彈性，因此「**在飛行狀態下測**

試」的目標，就是盡可能將反應時間縮到最短。對太空梭任務來說，這個準備的過程意味著要讓太空人經歷大約六千八百個錯誤場景、嘗試各種可能的失敗，包括電腦失靈、引擎問題及爆炸。就像作家羅伯特·克森（Robert Kurson）所解釋的，在阿波羅太空人的訓練過程中，這些模擬訓練一旦開始，就可能會持續好幾天。「結果越悲慘越好，直到不斷的重複行為開始讓參與者建立起直覺性反應。死亡教會人們如何生存。」

從各種意義上來說，這些模擬器比實際上的太空旅行還要艱困。他們遵循了這條古老的格言：「和平時流的汗越多，戰爭時流的血就越少。」當阿姆斯壯開始走在月亮表面時，他注意到實際上的經驗或許「比模擬器中輕鬆六倍」。這裡指的是，月亮上的重力場只有地球的六分之一。在地球上流過的汗，保證同樣的事情不會讓阿姆斯壯在月亮上流血。

不斷接觸問題，使太空人有了預防心態，並且能增進他們的自信心，相信自己可以處理大部分的問題。當物理學對他們丟出一顆曲球時，他們受到的訓練就會在此時發揮作用。哈德菲爾在成功達成一項任務並返回地球後，被問到事情是否有按照計畫發展。「事實上，沒有事情按照計畫發展，」他回答，「但是所有事情都涵蓋在我們的訓練中。」

阿波羅號的太空人尤金·塞爾南談到他所接受的訓練時，也有相同的感受。「如果太空飛行器航向我們不喜歡的地方，或基地臺不喜歡的方向，」他說，「我知道自己按下按鈕，就能控制三百五十萬公斤的火箭前端，讓它飛到月亮上。」塞爾南是阿波羅17號任務的指揮官，也是最後一個在月亮上留下足跡的人類。他說：「我操作過這部機器，並接受過非常多次訓練，所以我幾乎能放膽嘗試讓太空飛行器離開我。」經過重複的練習之後，太空人和太空飛行器幾乎已經成爲一體。「它呼出每一口氣時，」塞爾南如此回應，「我都與它一起吐息。」

當阿波羅13號的氧氣儲存槽爆炸時——這可是眞正地奪取了太空人的呼吸——他們先前的訓練就派上用場了。電影《阿波羅13號》展示了太空飛行器中混亂的環境和控制臺，以及火燒屁股的火箭科學家和太空人們，因爲太空飛行器的主體在爆炸中受損後，他們必須找出辦法利用登月艙當救生艇返回地球，而登月艙原本只是設計來讓兩個太空人在月亮表面短暫使用。

但實際發生的事情比好萊塢提供的版本平靜許多。飛航指揮官基恩．克蘭茨曾進行多次預演，訓練任務控制員在充滿壓力的情況下解決複雜的問題。事實上，他們曾經模擬將登月艙做爲逃生艇的意外訓練。「沒人能眞的模擬實際上會發生的事情，」阿波羅號太空人肯．馬丁利（Ken Mattingly）解釋，「但是他們曾模擬施加在整個系統及人員身上的壓力，因此他們知道可能的選項是什麼，並且在試行發生當下就已經大約知道能前進的方向。」

這種訓練策略在火箭科學之外的領域依然有用。比如說，美國最高法院中進行的答辯。最高法院身爲美國最高司法機關，每年只進行不到一百場庭審，其中只有整個國家最優秀的少數律師們，能有機會在法庭上陳述自己的論點。

我記得自己第一次以訪客身分走進法庭時，注意到的第一件事並不是那些雄偉的挑高天花板或大理石牆。不，我注意到的第一件事是，律師專屬的講臺和最高法院大法官的桃花心木座位，距離近到令人毛骨悚然。當律師對法庭陳述自己的觀點時，經常會被大法官們非常銳利、質問性的問題給打斷。在半小時的口頭陳述中，一位律師大約必須面對四十五個問題，通常甚至在律師第一個句子結束前，問題就已經像炸彈般落下。在講臺和法官席如此靠近的情況下，律師們基本上是被大法官們出奇不意的問題轟炸攻擊的。

苦情牌在陪審團面前可能會有用，但在九位全國最專業的法律人士面前，想都別想。律師必須非常冷靜、集中，並且能在猛烈火力下即時回應。「你不只需要想到該怎麼回答面前的問題，」最高法院的常客西奧多．奧森律師（Theodore Olson）說，「還必須思考你的回答對接下來尚未出現的問題意味著什麼。你不會想要在取悅一位大法官的同時，讓兩位大法官站到你的對立面去。」

而**我們需要火箭科學的心態和準備，才能面對這樣的心靈雲霄飛車**。在現任最高法院首席大法官約翰．羅勃茲（John Roberts）成爲法官前，曾被公認爲是史上在最高法庭裡表現最好的律師之一。在準備辯論的過程中，羅勃茲起草幾百個他相信會從法官嘴裡問出來的問題，並爲每一個問題準備答案。他同時知道，只是寫下答案並不足夠，因爲在庭審當天，不同的法官會以隨機的順序丟出這些問題。而爲了讓測試更接近飛行的狀況，他會「在卡片上寫下問題，洗牌之後進行自我測試」，所以他可以準備好以任何順序回答所有問題。

當羅勃茲站上講臺發表自己的論點時，他看起來再自然不過了。他的同事回憶道：「他能處理複雜的論點，將它們蒸餾到最精華的程度，並且在回答問題時使用最少的冗詞。這使他的論點看起來非常直白且正確，因此人們會不自覺地相信他。」他的演說非常順暢，因此不知情的旁觀者還以爲羅勃茲好像早就聽過這個問題，並且知道如何回答。

另一位律師也用同樣的心態在面對她的體育訓練。艾梅利亞．布恩（Amelia Boone）開始參與比賽時，她還在一間芝加哥的大型法律事務所擔任律師。在典型的訓練日程中，她會穿上潛水防寒衣去跑步，來回浸泡在密西根湖中，讓冬天刺骨的寒風吹過她的面頰。穿著厚厚冬衣的旁觀者，大概會認爲她是個精神錯亂的受虐狂，但是外號「疼痛女王」的布恩，已經準備好要參加世界最強悍泥人賽（World's Toughest Mudder）。

跟世界最強悍泥人賽相比，馬拉松就像是出門散個步一樣。這場比賽是二十四小時不停的障礙挑戰，參賽者必須抵抗睡眠的召喚，並同時征服大約二十個分布在八公里路程上「最大、最困難」的挑戰。這是一個適者生存的遊戲，完成最多圈挑戰的人就是贏家。

有些障礙設置在水中，水溫可能幾乎低到冰點。爲了避免體溫過低，所有參賽者必須穿著潛水防寒衣跑步。當跑者在陸地上時，這能維持他們的體溫，因爲經過二十四小時的非人挑戰後，體溫容易過低。

布恩剛開始進行訓練時，肌力還很弱。她花了六個月想學會引體向上，卻悲慘地失敗了。她在第一次比賽中，每個障礙處都跌倒。「我眞的很不擅長做這些。」賽後布恩對自己這麼說，「但讓我試試看能不能做得更好吧！」於是她嘗試了，並且眞的做得非常好。她現在是世界最強悍泥人賽的四屆世界冠軍，並且是全世界最好的跑者之一。注意，我說的可不只是女性跑者而已。

布恩的祕密與任何有自尊心的太空人都一樣：在飛行狀態下測試。你在比賽的實際環境下訓練，而你的競爭者在體育館裡舒適地待著，因爲外面正在下雨。「你不會在飛輪上一邊看Netflix一邊完成比賽，」布恩說，「所以你也不應該用這種方式訓練。」

下雨、下雪、黑暗、寒冷、潛水防寒衣都召喚著布恩。當比賽眞正開始，她已經對那些殘忍無情的環境感到麻木了，能微笑對這些障礙打招呼，然後說：「再看見你眞好，我們跳支舞吧。」

在我們的生活中，我們不會效法羅勃茲或者布恩做的事情，而是在並不擬眞的環境中訓練自己、在舒服的家中精神充沛地準備一場重要的演講；我們穿著運動褲，跟朋友用早已擬定好的一系列問題來模擬工作面試。

如果我們應用「在飛行狀態下測試」的規則，你會在一個不熟悉的環境裡，吞下幾杯讓你精神抖擻的濃縮咖啡後，開始練習你的演講；你會穿著不舒服的西裝，與一個準備丟給你曲球的陌生人進行模擬面試。

企業也可以從這個原理中獲利。三位教授在《哈佛商業評論》中提到，**企業在模擬測試時，如果能遵循「在飛行狀態下測試」的規則，將能「增加組織做高風險決定的能力」**。舉例來說，摩根士丹利公司會進行員工訓練，決定如何回應不同的威脅，包括駭客攻擊及自然災害；航太公司會進行預演，決定如何回應競爭者的動向，例如收購或結盟。**藉著進行預演，參與者能知道團隊中衆人的強項和弱項，因此應對危機時的角色扮演就會變得清楚**。

就像下一節將揭曉的，「在飛行狀態下測試」的規則能幫助所有人，包括企業能針對焦點小組進行測試，知道大衆對於新產品的想法，喜劇演員也能預估觀衆對新笑話的反應。

民意的火箭科學

如果蘋果沒有遵守「在飛行狀態下測試」的規則，iPhone就不可能見到天光。**iPhone**身爲現代歷史中利潤最高的消費性產品之一，上市前的調查卻認爲它是一支悲慘的賠錢貨。問卷中詢問群衆是否「希望有個隨身器材」能一次達成所有需求，只有大約三〇%的美國人、日本人及德國人回答「是」。大衆似乎比較喜歡分別帶著一部手機、一部相機及一臺音樂播放器，而非能同時滿足全部需求的機器。微軟當時的執行長史蒂芬·巴爾默（Steve Ballmer）也說了和問卷結果一樣的話：「iPhone不可能得到任何具有影響力的市占率，絕不可能。」

事實上，iPhone後來的表現並沒有違反測試的結果。就像作家德瑞克·湯普森解釋的，這份調查精準地測出，受試者一向「對於從沒看過也不理解的產品無感」。也就是說，這份調查並沒有遵守「在飛行狀態下測試」的規則。在心裡假想一支iPhone與實際上眞正看到是有巨大差別的，當消費者在蘋果零售店中看到iPhone、當他們踏進蘋果品牌商店裡，把這臺革命性的裝置握在手中之後，就再也放不了手。他們的無感很快就轉變爲渴望。

在企業進行的消費者定價實驗中，經常會問到這個問題：你願意爲這雙鞋付出多少錢？想想看，在實際生活中，上次有人問你這個問題是什麼時候？我猜大概其實從來沒有發生過吧。要求消費者用假想的價錢去買一雙假想中的鞋子是一件事，讓他們眞正拿出錢包、掏出辛苦賺來的錢，然後把錢遞給收銀員，這又是另外一回事。如果製鞋公司能製作一雙樣本鞋並放在實體店面中，再嘗試賣給眞正的客人——也就是在飛行狀態下測試——那麼這間公司將能得到更多有用的資訊。

有個人比任何人都了解這個概念。如果你關注過美國的民意調查，一定聽過他的名字。喬治·蓋洛普想要找出一種客觀的方式，判斷讀者對報紙的興趣。他決定要在自己的博士論文研究這個主題：〈判斷讀者對於報紙內容興趣的客觀方法〉。對蓋洛普來說，這裡的關鍵字是「客觀」，他非常懷疑以主觀判斷讀者興趣的方法，尤其是利用各種調查或問卷得到的結果。他相信人們描述自己的行爲時容易扭曲事實，而後來證明他是對的。讀者會在問卷調查中聲稱自己讀完頭版的全部內容，但事實上是，他們會直接跳到運動版或時尚版。

也就是說，這些調查並沒有使用「在飛行狀態下測試」的規則。塡寫一份關於閱讀報紙的問卷與實際閱讀報紙，是兩件不同的事情。蓋洛普知道如果要讓這個測試有用，測試狀態必須和眞實飛行狀態非常類似。

所以他怎麼解決這個問題呢？他將一個訪問團隊送到人們家裡，觀察人們如何閱讀報紙，並將報紙的每一個部分標注爲已讀或未讀。聽起來很奇怪嗎？是的。但是比問卷要精準嗎？絕對是。

「我們幾乎沒有看見例外，」蓋洛普寫道，「這證實了我的質疑，人們在問卷裡給出的原始答案是錯的。」蓋洛普的類比實驗是當代電子追蹤技術的先驅。如果你覺得這個方法聽起來令人不舒服，可要記得 Netflix 知道你觀看的每一檔節目、你什麼時候觀看這些節目，以及你是否在上一季《紙牌屋》結束前就已經棄追了。Netflix 知道，就像蓋洛普一樣，他人的觀察比自我描述精準許多。

偉大的喜劇演員也跟火箭科學家想的一樣。他們會在一群眞正的觀眾面前測試表演內容，並觀察觀眾的反應。他們會突然出現在小型喜劇俱樂部，在充滿陌生人的低風險環境下測試自己新的表演內容。舉例來說，在主持二〇一六年的奧斯卡頒獎典禮前，克里斯．洛克拜訪了洛杉磯的一間喜劇俱樂部，測試他的講稿內容。知名喜劇演員瑞吉．葛文和傑瑞．賽恩菲爾德也會造訪小型喜劇俱樂部，並根據觀眾的反應來調整（甚至完全拋棄）他們準備的笑話。

無預警地出現在隨機的喜劇俱樂部做表演、觀察人們如何閱讀報紙是一回事，但是邀請陌生人走進你家浴室看你的孩子怎麼刷牙，又完全是另外一回事了。但跨國設計公司IDEO接到歐樂B的訂單，希望打造出更適合幼童的牙刷之後，就做了這件事。歐樂B的高階主管最初聽到IDEO這個不同尋常、甚至有點惹人厭的方法時，忍不住翻了白眼。「這又不是火箭科學，」那些高階主管抗議，「我們談的是小孩怎麼刷牙。」

而事實上，這正是火箭科學。要設計出好牙刷跟設計出好火箭一樣，都需要測試和飛行共同作用。讓我們暫且忽略這個好笑的畫面：一個五歲孩子很努力地專注在刷牙這件困難的事情上，身旁還有個IDEO員工忙著寫筆記。在IDEO加入市場前，幼兒牙刷的製造商假定孩子們因爲手比較小，所以也會需要比較小的牙刷，因此將成人牙刷變細提供給幼童使用。

這個方法聽起來非常直觀，卻完全忽略了重點。IDEO的田野調查發現，孩子刷牙的方式和成人不一樣，他們會用整個拳頭抓住牙刷，因爲他們沒有成人的靈敏度，無法用手指移動牙刷的位置。細長的牙刷實際上讓他們更難刷牙，因爲刷牙的過程中，牙刷會在拳頭中滑來滑去。因此，孩子們需要的是寬扁的牙刷柄。雖然歐樂B起初懷疑IDEO的研究方法，但是他們最終還是採用了IDEO的建議，因而製造出市面上最暢銷的兒童牙刷。

IDEO也利用相同的策略，重新設計病人在醫院中的經驗。醫院應該是要照顧病人，使其重返正常生活的機構，但絕大部分的醫院病房卻有著完全相反的設計。病房不僅是死板、毫無靈魂的白色房間，更使用螢光燈管照明。

當一間醫療照護機構把IDEO帶進重新設計病人經驗的專案中，他們的高層大概期待看到充滿時尚感的簡報，展示新穎、充滿創意的病房設計。然而他們卻看到一段讓人心靈痲木的影片。在六分鐘的影片中，唯一出現的是一片醫院病房的天花板。「當你一整天都躺在醫院床上，」IDEO的創意長保羅・班尼特（Paul Bennett）解釋，「你唯一能看到的就是房間裡的天花板。老實說，這個經驗實在是糟透了。」

讓員工站在目標使用者的角度思考，班尼特稱之爲「對再明顯不過的事實驚鴻一瞥」。一位IDEO設計師就像真正的病人那樣入住醫院，在一張真正的病人床上躺了好幾個小時，被到處推來推去，直直地盯著天花板的磁磚，並且把這些痛苦的經驗都用攝影機拍了下來。事實上那六分鐘的天花板影片，只不過是病人日常生活的微小縮影而已，IDEO執行長提姆・布朗說：「病人的日常是一種無聊、焦慮、迷失、資訊不足，以及對事情失去控制的混合體。」

不過六分鐘的影片就足以讓醫院員工們開始改變。他們開始裝飾天花板、架設白板讓訪客可以留言給病人，並且把病房的擺設與顏色都變得更加個人化。他們同時也在病床上架設後視鏡，讓病人被推行時，可以與身後的醫護人員有所交流。IDEO的簡報最終激起了更廣泛的討論，改善了病人在醫院中的整體經驗，讓病人「不再像是要被放置安排的物品，更像是處於緊張和痛苦中的人類」。

就像這些範例告訴我們的，**與其打造和現實脫節的人造測試環境，我們最好在現實生活中觀察使用者的行爲**。如果你想設計一份更好的報紙，該觀察人們如何閱讀報紙；如果你想設計更好的兒童牙刷，該觀察幼兒如何刷牙；如果你想知道人們是否會喜歡iPhone，該把一部iPhone放進他們手中。「如果你想改善一個軟體，」IDEO創辦人大衛．凱利說，「那麼你該做的事情就是觀察人們如何使用它，並且看看使用者何時會翻白眼。」

這樣的方式大大改善了在人造環境下主觀描述的弊病，但依然沒有完全排除測試和實際飛行的差異，因爲當人們處於被觀察的狀態時，容易改變他們的行爲。

觀察者效應

觀察者效應該是科學中最常被誤解的概念之一，它讓僞科學興起，聲稱心智可以如魔術般改變現實世界，或讓湯匙在餐桌上移動。但事實上，這個科學概念很簡單，它要說的是藉由觀察一個現象，你可以改變那個現象。接下來讓我解釋一下。

我開始當教授時，也同時開始戴起眼鏡。但是就像大家對學者的刻板印象，我常常恍恍惚惚地忘記眼鏡放到哪裡去了。如果我在黑暗的房間裡尋找眼鏡，就會做一件所有人都會做的事：開燈。開燈的這個動作將一大堆光子送到我的眼鏡上，然後反射到我的眼睛裡。

不過，假設今天找的不是眼鏡，而是一顆電子。爲了要觀察它，我會做一樣的事，送一些光子到它所在的方向上。我的眼鏡相對是個大物體，所以光子碰撞到眼鏡時，眼鏡不會移動。但是當光子與電子碰撞時，會移動這顆電子。你也可以把這個情景想像成一枚卡在沙發彈簧中的硬幣，想要抓住硬幣的動作只會讓它移得更遠。

觀察這個動作對人類也有影響，不過是以不同的方式。當人們知道自己被觀察，他們的行爲會改變。

想像你是電視新節目的測試觀衆，身爲焦點小組❶，看節目時的感覺一定和在你家客廳裡觀賞非常不同，如此一來，這個測試並不是在與實際飛行的相同狀態下進行的。即便這檔電視節目在你家客廳裡會非常受歡迎，但在焦點小組中，卻可能看到非常多節目的瑕疵，因爲你正被那些請求你找出瑕疵的人們觀察著。

舉例來說，在測試觀衆群中，電視節目《歡樂單身派對》表現得極其糟糕。當初在創建這檔節目時，製作人問了一個前幾章提到的問題：「如果我做的事跟所有人做的完全相反，會怎麼樣？」當時的情境喜劇劇本都是固定的：劇中角色會遇到一個難題、和衆人一起解決難題、學到一些東西，然後最終謝幕大擁抱。

但從一開始，《歡樂單身派對》的製作人就很清楚自己的任務：他們要翻轉腳本。劇裡不會有擁抱、不會有學習點，歡樂單身派對裡的人物們，會因爲不斷重複自己的失誤及無視自己的錯誤而引人發笑。爲了讓所有人知道他們是認眞的，編劇團隊還特地穿上印有「不擁抱、不學習」的夾克。但是他們請來的測試組觀衆卻非常習慣標準的喜劇模式，因此期待看到滿滿的擁抱與學習。《歡樂單身派對》被焦點小組判定爲失敗作，卻在後來成爲史上最受歡迎的情境喜劇之一。

觀察者效應往往是一個不自覺的過程。即使我們認爲自己並沒有影響受試者、即使我們很小心地不要移動夾在沙發彈簧裡的那枚硬幣，還是可能以輕微卻顯著的方式影響著他們。

讓我們看看「聰明的漢斯」這匹馬。牠是表現最接近火箭科學家的馬，讓全世界的人們都因爲牠的數學能力而驚嘆不已。牠的主人會請觀衆丟出一個數學問題，比如有人會大喊

❶ Focus Group，也稱焦點群衆，是行銷領域常見的方法，會就某產品、服務、概念、廣告和設計，以詢問和訪談的方式採訪，以獲取其觀點和評價。

「六加四是多少？」然後漢斯會用它的蹄子拍地十下。而牠不只能運算加法，還可以進行減法、乘法，甚至是除法。人們曾經懷疑這是什麼騙人的把戲，但幾個獨立的調查都沒有發現作弊的行爲。

最後是一位年輕的心理學學生奧斯卡．芬格斯特（Oskar Pfungst）找出究竟發生了什麼事。漢斯只有在看到問問題的人類時才能找到正確答案，如果戴上眼罩或無法看到問問題的人，那麼牠的數學天才也就隨之消失了。眞相其實是，問問題的人類在無意間暗示了這匹馬。神經科學家史都華．費倫斯汀（Stuart Firestein）寫道：「漢斯開始答題時，人們臉上與身上的肌肉都處於緊繃狀態，漢斯踏出正確答案時，人們就放鬆了下來。」非常驚人的是，即便在芬格斯特發現漢斯的祕密之後，仍然不能阻止自己在無意間洩露訊息給這匹馬。只要芬格斯特知道答案，他的行爲就會在違反他意願的情況下，對漢斯的正確答案有所反應。

觀察者效應所造成的扭曲是顯著的，而且這個效果具有欺騙性，能讓你錯誤地以爲一檔熱門節目會失敗，或一匹馬是數學天才。

而可以減輕此效應的一種方式是，讓人類和馬匹都戴上眼罩，也就是我們所謂的雙盲實驗。舉例來說，在新藥測試的過程中，無論是參與實驗的病人或主持實驗的科學家，都處於未知的黑暗中，也就是雙盲。兩者都不知道在實驗中究竟哪些測試者得到眞藥，哪些得到假藥（也就是所謂的安慰劑）。如果此項測驗不是雙盲的，科學家就有可能將自己的希望和偏見帶入實驗中，因而像問漢斯數學題的人類那樣，下意識地對不同受試者發出不同暗示。

我們也可以從暢銷書作家提摩西．費里斯那邊得到一點暗示。大部分作家在選擇書名和封面設計時，常常憑感覺而行。最好的狀況是，他們會諮詢幾位朋友。其中最機敏的人可能會針對目標客群做一份問卷調查，但是費里斯卻在出版他的第一本書時，用上了火箭科學層次的分析。

在書名的選擇上，費里斯應用「在飛行狀態下測試」的原理，買下十幾個書名的同名網域，並且跑了一次 Google 廣告關鍵字測試，去觀察各個書名的點擊率。當一位使用者在 Google 搜尋引擎上，輸入與他的書本內容相關的某幾個關鍵字，一條廣告就會跳出來，裡面含有書名及副標題，將使用者導向一個並不存在的書籍測試廣告頁面。Google 會自動隨機混合搭配不同的書名與副標題呈現給使用者，藉此得到客觀的數據分析。結果一週之內就出來了，很明顯地，「一週工作四小時」這個標題吸引了最多注意力。費里斯把這個結果拿給他的出版社，而出版社毫無異議地採用這個最受歡迎的提議。

但一切並沒有就此停止。爲了替他的新書選擇一個封面，他帶著幾個封面選項走進一家書店，從新書區裡拿起一本書，再用他自己的封面重新包裝後就坐在書店裡，觀察有多少不知情的消費者拿書起來查看。每一個版本的封面設計，他都用這樣的方法測試了三十分鐘，直到出現一款吸引人的勝利封面。

不過，在測試的過程中，有一塊重要的拼圖常常被忽略：如果測試的儀器有瑕疵，那麼即使是一項經過完美計畫的測試，也可能產生錯誤的結果。

多重測試

這件事實在是再諷刺不過了。一部設計來拍攝影像的太空望遠鏡，竟然吐出了扭曲的照片。

哈伯太空望遠鏡在一九九〇年發射升空，當初承諾會拍出高解析度、充滿細節的宇宙影像，比地球上望遠鏡能產出的影像清晰十倍。哈伯太空望遠鏡大約是一輛校車的大小，漂浮在地球上方，因此能避免大氣層的折射現象造成影像扭曲，並拍攝下人類從未見過的宇宙清晰樣貌。但是哈伯太空望遠鏡回傳的照片卻和天文學家們所預期的大相逕庭。這部耗資十五億美元的天文望遠鏡正爲近視所苦，把模糊不清的照片傳回地球。

他們最後發現，望遠鏡中的主要鏡片被打磨成錯誤的形狀，因爲用來保證打磨過程不出問題的測試儀器，竟然沒有調整正確。測試儀器中有個稱爲「反射像差消除校正器」（reflective null connector）的透鏡偏移了一．三毫米，造成哈伯太空望遠鏡大約只有五分之一張紙厚的鏡面出現了誤差。一．三毫米聽起來只有一點點，但是在極爲敏感的儀器身上，這可能是山一般大的差異。在五年不間斷地磨擦與拋光之後，哈伯太空望遠鏡的主鏡片被精準地打磨成錯誤的形狀。

之後召開的檢討委員會批評這個可恥的鏡片錯誤，認爲不該只用一架儀器測試鏡片。因爲成本和時間的考量，打造哈伯太空望遠鏡的團隊忽略了應該要用第二部儀器進行獨立測驗的需求。

哈伯太空望遠鏡給你的教訓在這裡：如果只依賴一部儀器進行測試，並且把所有萬眾矚目的蛋放在同一個籃子裡，那你必須先測試那個籃子，確定它不會落底。但是在哈伯太空望遠鏡的案例中，沒有執行這件事，沒有人去測試那部測試儀器是否正確放置，以及儀器中所有透鏡間的距離是否精準。

不幸中的大幸是，哈伯太空望遠鏡還是能在太空中執行任務。太空人做了你在視力模糊時會做的事情：他們幫哈伯太空望遠鏡戴上眼鏡。因爲主鏡片上的瑕疵是個經過精密計算的瑕疵，因此也可以透過精密計算調整回來。在一九九三年的一項太空任務中，太空人替哈伯望遠鏡裝上了眼鏡，讓它重返光榮，並且重新回到任務崗位上，拍攝出令人目眩神迷的美麗影像，妝點了現今地球上無數電腦桌面。

來看看另一個不在火箭科學領域裡的例子。Facebook的網站最初在二○○六年架設起來，「當時網路上的文字遠比影像多。」Facebook的產品設計副總卓茱莉這麼告訴我。隨著照相手機的興起，Facebook想要創造更著重於影像的經驗。經過六個月的努力，他們的團隊打造出一個處於時代尖端的現代化網站。內部測試時，新網站的運作成果非常好，於是他們點擊了發布鍵，並且期待收到雪片般的讚美。

但是他們等來的卻是晴天霹靂。數據結果顯示，新版本的網站是個徹頭徹尾的失敗。卓茱莉告訴我：「人們使用Facebook的頻率降低，在他人貼文下留言按讚的次數也減少了。」

Facebook的團隊接下來花了數個月調查，試著找出原因。事實上，他們針對新網站進行內部測試時，使用的是公司內的高科技電腦，然而絕大部分的使用者並沒有這些頂級設備。幫他們連上網站的是老舊的電腦，無法支援新版網站中花俏的各種設計。換言之，對大部分的Facebook使用者而言，實際飛行與測試的狀況非常不同。最後，Facebook團隊拋棄了他們的高端電腦，使用只裝載基本功能的低階機器，這才重新設計了符合使用者需求的網站。

這些例子讓我們學到重要的一課：用對待投資的方式對待你的測試儀器，並且盡可能使其多樣化。如果你架設了一個網站，該使用不同的瀏覽器和電腦測試；如果你要重新設計兒童牙刷，該好好觀察幼兒們如何刷牙，除非你正好碰到一個用成人方式刷牙的神童；如果你得決定是否接受一份工作，該多問問不同的校準目標。來自於單一對象的意見可能讓你產生模糊的視角，唯有通過獨立的確認過程及多元的測試來源，你才能擁有二．〇的視力。

無論是發射一架火箭、爲體育活動進行訓練、在最高法院進行答辯，或設計一架太空望遠鏡，背後的原理都是一樣的。**你必須在飛行狀態下測試，讓自己面對飛行中會遭遇的相同狀態。如此一來，你才能展翅高飛。**

03

第三階段

成功

在本書的最後一個部分，
你將學習爲何成功與失敗，
都是能讓你釋放全部潛力的終極燃料。

8 失敗才能讓你更成功

——如何將挫敗轉型爲勝利

一個人若是進取，便難免犯錯。

——歌德，德國作家

在最開始的研發階段，火箭經常在空中發生爆炸意外、偏離路線，或乾脆在升空前直接就地爆炸。那些發射出去做爲登月任務先鋒的火箭們也不例外，幾乎每一趟任務都發生過問題。

一九五七年十二月，蘇聯的人造衛星史普尼克成爲第一個成功進入近地軌道的衛星之後，美國人便非常努力地想要扳回一城。先鋒火箭（Vanguard）曾經從發射臺離開地面大約一百二十公分，遲疑了一下，然後又一屁股坐回原處，在全國電視觀眾面前爆炸。當時的人戲稱這架火箭爲「噗通尼克」「完蛋尼克」或「留在家的尼克」。蘇聯反應非常快，馬上在美國人的太空傷口上灑鹽，詢問是否有興趣接受蘇聯提供給「未開發國家」的援助。

一九五九年八月，未載人火箭「小喬1號」（Little Joe 1）有點太興奮，因爲一些電源上的意外，在預定起飛前半小時就決定將自己發射出去，把一群NASA工作人員留在地面上目瞪口呆。小喬1號只飛行了二十秒就墜毀。在一九六〇年十一月，水星—紅石運載火箭（Mercury-Redstone）進行了「四吋航行」，只離地十公分（四英吋）之後就落回發射臺上。

而載人火箭上也發生過許多次不幸的意外。讓我們看看一個非常令人印象深刻的例子：雙子星8號（Gemini 8）上的一個問題，讓阿姆斯壯在成功踏上月球的三年前就差點小命不保。這是一個很複雜的任務，也是首次有兩艘太空飛行器在近地軌道上對接。先發射由電波控制的對接目標阿金納飛行器（Agena）到近地軌道，雙子星8號再接著升空，兩艘太空飛行器將在空中進行會合。

對接成功了，出人意表的緊急情況卻隨之而來。電影《阿波羅13號》裡的經典臺詞其實早在先前任務中就出現過了，雙子星8號的太空人大衛．史考特（Dave Scott）呼叫基地：「休士頓，我們有麻煩了！」因爲雙子星8號開始不受控制地以每秒超過一轉的超高速度旋轉，讓太空人的視線變得模糊，並且極有可能接著失去意識。當雙子星8號還在亂轉時，冷靜、精神集中的阿姆斯壯決定拋棄飛行器，切換到手動控制，並且啓動對向的推進器讓旋轉減速。

「早點失敗、經常失敗、向前失敗」（fail fast, fail often, fail forward）是矽谷的流行格言。

矽谷視失敗爲靈感的最佳肥料、某種過渡儀式，以及內行人共同分享的祕密經驗。無數的商業書籍教導企業家們要擁抱失敗，並且將失敗當做榮譽勳章那樣高掛出來。在業界有許多如失敗集會（FailCon）、搞砸之夜（FuckUp Nights）等商業會議，集結超過八十五國的上千名與會者對失敗乾杯。他們會爲失敗的新創企業舉行葬禮，佐以風笛、DJ還有烈酒公司的贊助，以及像是「讓葬禮好玩一點」這樣的標語。

大部分的火箭科學家聽到這種讚揚失敗的騎士精神會毛髮倒豎。因爲在火箭科學中，失敗意味著可能的人命損失，也等於把納稅人的幾百萬稅金都丟進水裡，更表示數十年來的努力化爲煙塵——在實質上與象徵意義上都是。沒有人慶祝登月競賽中無數的爆炸與不幸，那是非常令人羞恥的、非常災難性的事情，沒有人能輕輕放下。

在本章中，我會使用火箭科學的框架來解釋：爲什麼「慶祝失敗」與「妖魔化失敗」一樣危險。**火箭科學家會使用比較中庸的方式來對待失敗，他們既不慶祝，也不讓失敗阻擋自己前進的腳步**。

在本書的第一與第二階段探索了如何點燃、修飾及測試具有突破性的構想。進行有野心的構想意味著勇於嘗試，勇於嘗試代表著某些點子會在與現實碰撞時，不可避免地產生失敗。所以我們即將開始本書的最後一個階段：「成功」——在失敗的陪伴之下。

你會學到：爲什麼大部分的人都用錯誤的態度去思考失敗，以及我們能如何重新定義與失敗的關係。我會解釋：頂尖企業們如何將失敗編排到商業模式中，並且創造一個讓員工願意坦承失敗（而非掩藏失敗）的工作環境。我會分享：在好萊塢大片中出現對火箭科學最大的誤解，以及威而鋼的開發如何教導我們關於失敗的種種。

當你讀完本章，將能以科學背書的方式優雅失敗，並創造能從失敗中學習的正確條件。

太害怕失敗了

我們天生就知道要害怕失敗。在幾個世紀以前，如果我們不害怕失敗，可能會成爲一隻飢餓灰熊的獵物。在成長過程中，失敗意味著我們要進校長室聽訓；失敗代表著禁足或被沒收零用錢；失敗表示著從大學輟學，無法得到夢想中的工作。

這沒有什麼好掩藏的，因爲失敗的確令人非常洩氣。在生命中的各個層面，並不存在參加獎。我們被當掉、破產或失業時，一點都不會想要慶祝，反而會認爲自己沒價值又軟弱無能。比起成功時很快就平靜的高漲情緒，失敗帶給我們的痛苦往往效期更長，有時候甚至一輩子都在身邊徘徊不去。

爲了避開失敗這個討厭鬼，我們很自然地會與其保持安全距離，避免對健康造成風險的事物、盡可能在安全模式下玩遊戲。如果不保證能贏得遊戲，就假設這個遊戲不值得玩。

這個趨避失敗的自然傾向，正是導向失敗最好的祕笈。在每一架沒有發射的火箭、每一張沒有塗彩的畫布、每一次沒有嘗試的射門、每一本沒有寫出來的書，以及每一首沒有唱出來的歌後面，都能看到對失敗的恐懼正如鬼影一般晃動著。

像火箭科學家一樣思考，迫使我們重新定義自己與失敗的複雜關係。同時，我們也必須導正一部好萊塢票房鉅片中，對火箭科學最大的誤解。

失敗是個選項

在電影《阿波羅13號》中，太空飛行器在飛往月球途中遭遇氧氣儲存槽爆炸後，一群火箭科學家集結在一間會議室中。當時，太空飛行器的電力低到一個危險的程度，太空人剩下的生命不斷在倒數。控制室裡的科學家們必須找出一個方法，在電力耗盡前將太空人帶回地球。

「我們從來沒有在太空中失去任何一位美國人，他媽的絕對不能在我的監視下失去任何一位。」飛行總監基恩·克蘭茨咆哮道，然後說出他的經典臺詞，「失敗不是一個選項。」克蘭茨在那之後寫了一本自傳，就用這句話做爲書名，並聲稱這句話是在任務控制中心裡「遵循的信條」。NASA的紀念品商店很快就資本化這個信條，開始販售印著「失敗不是一個選項」的官方T恤。

當我們手上握著人命時，這條眞言是正確無誤的，但是如果我們以爲這正是火箭科學家工作的方式，就是充滿誤導性的想法。沒有所謂零風險的火箭發射，你仍然要與物理搏鬥。你或許可以預估一些失敗的空間，但是宇宙裡的香蕉皮永遠都在下一個轉角等著你。再怎麼說，在火箭這麼複雜的機器裡來次人爲啓動的爆炸，意外都是不可避免的。

如果失敗不是一個選項，我們根本不可能把腳趾頭放進宇宙的大海裡試試水溫。做任何具有突破性的事情絕對都需要冒險，而承擔風險意味著你有可能會失敗，至少在某些狀況下便是如此。「有一句可笑的話說：『在NASA，失敗不是一個選項』，」馬斯克說，「在SpaceX裡，失敗是一種選項。如果沒有任何事情失敗，就表示你做的東西還不夠新。」只**有當我們踏進未知的領域中，並且在從未有人到達的高度探索——並且在這麼做的時候打破東西——人類才有可能前進。**

這對在實驗室中工作的科學家也是一樣的。對他們來說，如果沒有犯錯的能力，將無法找出正確答案。有些科學實驗成功了，另一些卻沒有。如果事情沒有按照預期發展，就證明了假說是錯的，而科學家們能修改假說、用不同的方法進行實驗，或整體拋棄。

英國發明家詹姆士·戴森把自己發明家的生涯描述爲「充滿失敗的生涯」。他花了十五年、製作了五千一百二十六個樣品，才讓他那個革命性的吸塵器能運作。愛因斯坦嘗試要證

明 $E = mc^2$ 的過程中，也經歷數次的失敗。在某些領域，例如研究型的製藥工業中，平均失敗率超過九〇%。如果這些科學家的座右銘爲「失敗不是一個選項」，那麼自我厭棄、羞愧及恥辱感，將會使他們失去行動的能力。

對於失敗的延遲就是對於進步的延遲。

如果你在有創新計畫的企業工作、如果你要嘗試大膽的想法，失敗的次數絕對比成功次數多。「實驗在本質上就是容易失敗的，」貝佐斯解釋，「但是一項巨大的成功，就可以補償其他成千上萬的失敗。」

還記得亞馬遜的Fire phone嗎？亞馬遜在這場「火」中損失了一億七千萬美元。或者是由Google登月工廠X設計出來的Google眼鏡？這原本應該是繼智慧型手機之後最棒的發明失敗了。消費者認爲，把智慧型手機放在口袋是一件事，把智慧型手機跟角膜連在一起又是另外一回事。尤其這個裝置對運動來說非常不方便，戴Google眼鏡的人更因此被戲稱爲「眼鏡渾蛋」（glassholes）。

這些失敗統統都會被編寫進登月工廠X的商業模式。對他們來說，殺死各種企畫案是「營運的常態」。就像負責人阿斯特羅．泰勒說的一樣，對他們來說，一年殺死幾百個構想並非罕見的事。員工凱西．庫柏（Kathy Cooper）解釋：「因爲我們認定的目標，是進行高風險的各種計畫。大家都有共識，有很多計畫最終是不會成功的，所以失敗並不是令人驚訝的，也不是某人的錯，或有什麼東西不管用。」正是因爲這份將失敗正常化的企業文化，使登月性思維這條道路上的阻力變得非常小。

雖然並非每個人都有一億七千萬美元，可以像亞馬遜那樣冒險後接受失敗。你能投資的金額或許非常不同，但背後原理是一樣的：**讓失敗成爲一個選項，是激發原創力的關鍵**。

亞當．格蘭特在《反叛，改變世界的力量》中寫道：「當我們談及創造力，數量是對品質最好的保證。」例如莎士比亞只因爲一小部分的經典作品爲人所知，但是他在將近二十年中，寫了三十七部劇本、一百五十四首十四行詩，其中有許多因「未臻完善的用詞、不完整的情節與角色發展而遭到抨擊」；畢卡索一生創作了一千八百幅油畫、一千兩百座雕像、兩千八百件陶瓷，以及一萬兩千幅紙本畫作，而其中只有非常小的一部分值得注意；愛因斯坦發表的數以百計論文中，只有幾篇眞正產生重大影響；我最喜歡的演員之一湯姆．漢克斯也承認：「我拍過一大堆糟糕至極的電影，既不是什麼值得一看的片子，也沒有讓我賺到錢。」

但是當我們評斷以上這些人物的偉大成就時，並不會將焦點放在他們的低谷，而是望向他們的頂峰。我們記得亞馬遜的Kindle而不是Fire phone；我們記得Gmail而不是Google眼鏡；我們記得湯姆．漢克斯的《阿波羅13號》而不是《紅鞋男子》。

不過承認失敗是種選項是一回事，慶祝失敗又完全是另外一回事了。爲了反轉失敗所帶來的痛苦和羞恥感，矽谷實在做過頭了。他們的鐘擺朝另一個方向晃得太遠。

快速失敗的問題

快速失敗這個信條在火箭科學裡並不管用。當每次失敗的財務或人命代價都非常慘烈時，我們無法趕忙將一部破破爛爛的火箭放上發射臺，然後希望它越快失敗越好。

而火箭科學之外的領域，「快速失敗」這句警語也存在著誤導性。只要企業家們忙於快速失敗然後慶祝失敗，就停止從錯誤中學習。香檳的碰杯聲，把他們原本可能從失敗中得到的反饋給消音了。換句話說，**快速失敗並不能像變魔術般產生成功。當我們失敗時，通常是因為沒把某件事情搞清楚**。

讓我們看看這項調查將近九千位美國企業家的研究，這些人都在一九八六至二〇〇〇年間創立自己的公司。研究比較了「初次創業」與「曾經失敗而再度創業」的兩種企業家成功機率（這邊成功的定義是公司要公開上市）。你或許預期比起從沒創業過的人，有經驗的創業者會因為從失敗中學習而更容易成功。但是研究結果並非如此，因為兩者的成功率幾乎是相同的。

另一項研究也證實了這點。研究人員在十年中檢視了七十一位外科醫師所做的六千五百百件心血管手術，發現在一次程序中出現問題的醫師，在下一次手術時甚至會表現得更糟。顯示外科醫生不僅沒有從錯誤中學習，反而還養成了不好的習慣。

我們可以怎麼解釋這些違反直覺的結果呢？

當我們失敗時，常常隱藏失敗、扭曲失敗或否認失敗。我們讓事實看起來對自己的理論有利，而非讓理論符合事實。我們傾向把自己失敗的原因，推卸給自我無法控制的因素。在我們自己的失敗中，常常高估壞運的成分（希望下次幸運點）；我們將失敗怪罪給其他人（她得到這份工作是因爲老闆比較喜歡她）；我們想出幾個膚淺的理由，來解釋事情爲什麼出錯（如果我們有更多存款就好了）。但是自我責怪卻很少出現在清單上。

「說個白色謊言有什麼關係？」你或許會這樣問。畢竟給失敗來點正向的詮釋，可以挽回我們的面子。但這裡的問題是：**如果我們無法坦率承認自己的失敗、如果我們避免正視失敗，將無法學到任何東西**。事實上，如果我們只能從失敗中得到錯誤的訊息，那麼失敗只會讓下一次變得更糟糕。當我們把失敗歸因於外在的因素：主管機關、客戶、競爭者等，我們就沒有理由改變自己做事的方式了。我們不管不顧地投入資金，複製從前的策略，然後擺個祭壇，希望這次的風能吹往正確的方向。

而多數人對於堅持不懈都有種誤解。堅持不懈並非一直重複去做會失敗的事情。一直做重複的事情卻期待不同的結果，不過是徒勞無功。**我們的目標不是要快速失敗，而是要快速**

學習，我們要慶祝從失敗之中學到的東西，而非失敗本身。

快速學習，而非快速失敗

登陸火星的任務中，最困難的事情其實是在地球上解決問題。NASA並非獨自建造並運轉一艘太空飛行器。計畫一項新任務時，他們會發布正式公告，說明任務的條件、打算發射的太空飛行器類型，以及期待完成的研究任務等等。這份公告會吸引任何想要把科學儀器送上太空的單位遞交企畫書，而NASA收到的企畫書數量遠遠超過他們資金可負擔的範圍，所以這裡就用上達爾文的方法論：NASA只選出最好的企畫案，其他都會被打回票。而這個系統中競爭性這麼高，是因爲即使是趟便宜的火星任務，都會讓美國納稅人付出五億美元的成本。

我的前老闆史蒂夫．斯奎爾，從一九八七年就開始撰寫領導火星任務的企畫書。在接下來的十年中，他每次送上的構想都被拒絕。「當你花上數年的時間及金錢在這份企畫書上，最終被拒絕時，那種感覺實在是非常苦澀。」斯奎爾回憶道。但是他不曾怪罪NASA不欣賞自己企畫中的天才思想，反而很直截了當地怪罪自己並承認：「我早期的計畫的確寫得不夠好，不值得被選上。」

面對可靠人士給予的負面回饋，你可以有兩種做法：否認它或接受它。所有偉大的科學家都選擇後者，斯奎爾亦然。結果，他提交給ＮＡＳＡ的企畫書一次比一次要好。

經過十年的學習、煩惱與改善，斯奎爾的企畫書終於在一九九七年入選，這就是後來成爲二〇〇三年火星探測漫遊者計畫任務的那份企畫書。但是入選並不保證能實現，這個任務前前後後被拆解重組了三次，而最後一次是在火星極地著陸者號的意外之後。就像稍早提過的，我們的任務原本預計使用與著陸者號同款的著陸系統。這項任務被兩個重新定義過後的問題所拯救：如果我們不使用三腳著陸器，而改用氣囊的話會怎麼樣？如果我們不送一部漫遊者上火星，而是兩部會怎麼樣？

在我們買一送一地打造了兩部漫遊者——分別命名爲精神號和機會號——並重新拿到起飛的機票之後，幾乎每個月都發生機器故障。在測試的過程中，我們的降落傘出現一種叫做「烏賊傘（squidding）」的現象。由於未知的原因，降落傘會出現像烏賊一樣呼吸搏動的狀態，張開再收起、再張開再收起。在我們使用的那型降落傘身上，已經有三十年不曾出現這個問題。我們裝置在漫遊者上的攝影機，更出現一種無法解釋的「髒斑」，使影像上充滿雜訊。而在發射的兩個月前，我們燒斷了精神號的保險絲。

二〇〇三年六月底，我飛到佛羅里達參與機會號的發射。在發射之前，我們聚集到可可比奇市開一場沒有議程的團隊會議。會議中衆人抬頭望向我們的目標火星，當我們拔出香檳瓶的軟木塞，決定來紀念這個深具意義的時刻，卻被告知我們火箭上的軟木也脫落了。火箭上的軟木層是用來隔熱的，它現在卻不肯好好黏附在結構上，一直脫落下來。火箭的發射日期被往後延了幾天，而我們像熱鍋上的螞蟻想辦法解決問題，幾乎要錯過基地撥給我們的發射檔期。直到團隊中某人想出一個巧妙的辦法，用市售的一種高溫密封膠把東西黏了起來。在紅色高溫密封膠的救援之後，我們起飛航向紅色星球。

每一次的失敗都被證明是可貴的學習機會，每一次的失敗都揭露了需要導正的錯誤，每一次的失敗都使得我們往目標更前進一步。即使這些失敗曾讓我們焦頭爛額，但是沒有這些失敗，我們無法安全登陸火星。

這些失敗就是商學院教授希特金所說的「智慧型失敗❶」。這些失敗會在你探索極限、想辦法處理未曾解決的問題、打造可能不會成功的東西時發生。

我們常常把這種智慧型失敗當做損失：「我損失了五年的時間」「我們損失了幾百萬美元」。但是，這些損失是你自己定義的，你大可將其視爲投資。失敗讓你得到的是種種數據，並且通常是在那些速成書裡看不到的數據。如果你願意對智慧型失敗多用點心，它們將是你最好的導師。

❶ intelligent failure，指能獲得寶貴資訊、幫助組織超越對手、確保未來成長的失敗。

這些失誤可以具有非常強大的黏著力，這是無法從成功案例中學到的。**智慧型失敗可以讓你產生一種急須改變的認知，並且讓你放下已經學會的東西**。經濟學家維弗雷多．帕雷托（Vilfredo Pareto）就告訴我們：「給我一個豐饒的錯誤，滿載了種籽，能在各種自我修正中萌發出新芽。你可以把貧瘠的眞相留給自己。」

愛迪生複述了他與夥伴在經過上千次實驗後，依然一無所獲時的對話。「我很高興地告訴他，我們已經學到東西。我們學到事情不能這樣和那樣做，因此該變個花樣再去嘗試。」

學習也能洗去失敗的汙名。「傷心對我們最好的就是讓人能學習，」作家懷特寫道，「這是唯一一件永遠不讓你失望的事情。你可能會年華老去、內心充滿恐懼；你可能躺在床上卻失眠地聽著自己混亂的心音；你可能錯過此生眞愛；你可能看到某個邪惡的瘋子毀壞了你的世界，或者你的榮耀遭卑鄙之人踐踏。只有一種方法可以讓你從痛苦中超脫，那就是學習。學習爲何這個世界震盪不已，以及究竟是什麼使這個世界震盪。」

如果我們沒有機會學習爲何世界如此瞬息萬變，那麼失敗將一無是處。但是如果你能學到一些什麼、如果這次失敗意味著下次嘗試時比較有可能成功，那麼失敗對你來說，就不是那麼嚴重的事情。學習會帶走絕望，並將之轉化爲興奮。**當你用成長的心態看待失敗，就可以一直保持著前進的動能**，即使在接連的爆炸、越來越困難的工作，和看似不可跨越的障礙面前都一樣。就像《富比士雜誌》的創辦人邁爾康．富比士所說：「如果我們能從中學習，那麼失敗就是成功。」

斯奎爾那些被拒絕的火星任務企畫書還放在他的書桌上。「我可以翻看這些舊的企畫書，」他說，「然後看看我們做錯了哪些事情、看看我們學到了什麼、看看如何把事情變得更好，以及看看為什麼我們在第四次嘗試時才終於獲選。」

在我們的漫遊者往紅色行星出發的幾年後，另一個科學家團隊也要嘗試個四次才會成功呢。

開幕與閉幕

第三次就會成功了。

二〇〇八年八月，SpaceX的員工等待著他們的第一架火箭「獵鷹1號」升空時，這麼告訴自己。當時公司外部早已有許多人在替馬斯克又一次充滿虛榮心的計畫起草訃告。當馬斯克創辦SpaceX時，從自己口袋裡拿出一億美元來投資，這份資金足以支持三次發射。

而前兩次都失敗了。

獵鷹1號在二〇〇六年的處女航只維持了三十秒。燃料外洩造成引擎無預期起火，之後引擎自動熄滅，讓火箭掉進太平洋中。「第一次的發射失敗讓人非常心碎。」SpaceX的高層漢斯．康寧斯曼說，「我們學到自己做錯了很多，也感到這樣的學習又痛又深刻。」燃料外洩的原因是管道上一顆鋁製螺帽生鏽了，爲了矯正這個問題，他們將鋁製扣件都換成不鏽鋼。不鏽鋼較爲可靠，也比較便宜。

獵鷹1號在一年後的二〇〇七年重新回到發射臺上，進行第二次嘗試。這次飛得比較遠了，總共飛行了七分半，但是依然無法到達近地軌道，燃料在中途就停止流向引擎。「這次的失敗遠不如第一次那麼令人難受，」康寧斯曼說，「實際上我們的裝置飛了非常遠，雖然沒有到達近地軌道，但是至少飛出我們的視線之外了。」即使最終結果是失敗的，但其實達成了大部分的任務目標：獵鷹1號能發射並到達太空。SpaceX團隊很快就診斷出造成問題的異常，並且修復完畢。

第三次的嘗試在一年之後到來。即使二〇〇八年對很多人來說是糟糕的一年，但是對馬斯克來說，那是他生命中最糟的一年。他的電動車公司特斯拉在破產邊緣盤旋，而世界正捲進金融危機之中，馬斯克同時又剛剛離婚，甚至必須從朋友那裡借錢付房租。他將大部分的積蓄都投入SpaceX，而獵鷹1號的兩次失敗幾乎已經吃光他的老本。他剩下唯一能做的事情就是坐上發射臺，再冒險一次。

在第三次嘗試中，獵鷹1號重新啓動引擎，將三顆衛星及詹姆．督漢（James Doohan，在影集《星際爭霸戰》中飾演工程師史考提）的骨灰帶上太空。獵鷹1號翱翔上藍天，它的第一節火箭完美執行了任務（記得前面說過的，火箭是一節搭一節建造起來的），而在第一節火箭將飛行器帶入太空後，就該進行階段分離了。這是航行中的關鍵，第一節火箭會在燃料使用完畢後脫離本體，掉回地球，此時比較小的第二節火箭會接手，把太空飛行器送入軌道。階段分離如預期發生了，但是第一節火箭沒有停下，它再度啓動後撞上第二節火箭。SpaceX 營運長格溫．肖特維爾回憶：「我們追撞了自己。這實在超級搞笑又荒謬。」

這個問題在測試階段中被忽略了，因爲 SpaceX 並沒有遵循「在飛行狀態下測試」的原則。導致這次突然啓動的原因是引擎壓力，而此壓力比他們在地球上測試時的大氣壓力要低，所以這個問題在地表上並沒有顯現出來。但是在外太空的眞空狀態，同樣的壓力足夠讓火箭產生災難性的碰撞。

對 SpaceX 來說，這可是一連三次的失敗。過去六年來，每週工作七十至八十小時的員工們尚未從震驚中平復過來。數以百計的員工聚集在公司位於加州霍桑鎭的工廠中，想聽聽他們的老闆怎麼說。「整幢大樓裡的空氣中都充滿了厚重的絕望。」SpaceX 的前員工多莉．辛（Dolly Singh）如此回憶道。馬斯克原本在控制室中，與資深工程師們一起指導任務的進行，他現在走出來穿過媒體，直接對員工說話。他們剛剛輸掉了第三場重要的戰役。

馬斯克告訴他們，大家從一開始就知道這個計畫非常艱難。他提醒衆人，他們正在做的畢竟是火箭科學。SpaceX 的火箭已經成功到達外太空，而這是世界上許多有實力的國家都尚未做到的事。然後驚喜來了：馬斯克宣布自己得到一份資金挹注，可以讓他們再進行兩次發射。而這還不是故事的結尾，馬斯克告訴他的團隊，他們將會「從今天晚上發生的事情學到知識，讓下一架火箭變得更好。而他們會使用更好的火箭再去建造比那還要好的火箭。總有一天，他們的火箭能載人登上火星。」

是時候回去工作了。「在短短幾分鐘內，」多莉．辛回憶道，「整幢大樓從極端的絕望與挫敗，轉化爲充滿決心的繁忙，人們開始把焦點放在向前進而非向後看。」幾個小時後，他們就找出這次失敗可能的罪魁禍首。肖特維爾解釋道：「當我重新播放錄影時，我心裡在想：『來吧，我們一定可以找到的。』」而解決方式很簡單：在階段分離之前稍微等久一點，以預防像這次的碰撞。康寧斯曼發現：「在第三次和第四次發射間，我們只改了一個數字，就這樣。」

兩個月內，SpaceX又回到發射臺上。「現在一切的一切都繫在這次發射上，」馬斯克的大學同學阿迪歐．瑞西（Adeo Ressi）這麼回憶：「伊隆損失了很多錢，但那不是問題，重點是他把自己的信用拿去冒險。如果第四次還失敗，那麼一切都完了。我們就會在哈佛商學院的案例分析裡看到他：某個想進軍火箭市場但是輸到脫褲子的有錢人。」

但這次發射沒有失敗。二〇〇八年九月二十八日，SpaceX的獵鷹1號突破大氣層，登上世界紀錄，成爲全世界第一架到達近地軌道的私人火箭。

當SpaceX經歷了第四次火的洗禮並存活下來後，每個人都注意到了，尤其是那些希望在美國太空梭於二〇一〇年陸續退休後，能繼續進行太空計畫的NASA官員們。二〇〇八年十二月，在獵鷹1號成功起飛的三個月後，NASA對SpaceX拋出一條救命繩——一份價值十六億美元的合約，內容是進行國際太空站補給任務。當NASA官員打給馬斯克，告訴他這個好消息時，一向堅定冷靜的馬斯克無法自持地大喊：「我愛你們！」對SpaceX而言，這無疑等同聖誕節提早來臨了。

讓我引用費茲傑羅的話：在單次失敗和最終戰敗之間，是有差別的。單次的失敗，就像SpaceX的故事告訴我們的，可以成為故事的起點而非終點。當時外界有許多人將獵鷹1號的三次意外稱為失敗，認為這是一個有錢公子哥在帶領一群業餘玩家打造昂貴的玩具。但是把這些意外貼上失敗的標籤，就像在網球比賽結束前就宣布成績一樣。偉大的網球冠軍阿格西說過：「我有太多次逆轉勝的經驗，也體驗過太多次對手回頭對我咆哮，認為那樣做是個好點子。」

開幕不一定要車水馬龍，只要曲終時眾望所歸就好。

時間會改變我們對事情的看法。某些短期內看來像是失敗的事件，用比較寬闊的視角去觀察時，就會改變我們的看法。皮克斯共同創辦人之一的艾德·卡特莫爾，把工作室賣座電影背後的原初構想稱為「我們的醜寶寶」。皮克斯所有電影都是從「非常古怪且不成形，易碎又不完整」的構想開始的，但是如果一切到電影上映時才算結束，那麼一個**「初期不夠好」的版本並非一場災難，那只是短期性的震盪、暫時性的失靈而已，是個待解決的問題，而非最終的結果**。

突破通常是進化性而非革命性的。讓我們從科學發現的過程思考，就會看到這其中並沒有什麼魔法，更沒有突然茅塞頓開的時刻。科學總是想辦法在失敗與失敗間編織出比前一次更好的版本。**從科學的觀點來看，失敗並不是路障，而是通往進展的大門**。

在孩子身上最能找到這種心態。當我們學習走路時，不會第一次就成功。不會有人告訴我們：「你最好在踏出第一步前仔細想想，因爲你只能踏出一步，然後一切就結束了。」我們不斷跌倒，然而每一次跌倒，我們的身體都學到該做什麼、不該做什麼。而藉由學習不要跌倒，我們學會了如何走路。

沒有任何東西初期就是完美的，就像古諺語所說，羅馬不是一天造成的。將阿姆斯壯與艾德林送上月球的阿波羅11號，並不是某天就突然從工廠裡冒出來。實際上，它是從先前的任務（包括水星、雙子星及早先的阿波羅任務）中得到經驗，才能設計成正確的樣子。

對科學家來說，每一次的重複都是一種進步。如果我們能對那個黑暗的房間多瞥上一眼，對科學發展都是有貢獻的；就算我們沒有找到原先以爲會找到的東西，這仍然是一種貢獻；如果我們把一項「未知的未知」變成一項「已知的未知」，這是一種貢獻；如果我們提出比過去的問題更好的問題，這也是一種貢獻，就算我們並沒有找到答案也一樣。

這裡得說說麥特．戴蒙的故事。電影《絕地救援》翻拍自精采絕倫的同名小說，其中戴蒙飾演的角色馬克．瓦特尼負責教導訓練計畫中的太空人，遇上迫在眉睫的末日時該如何反應。他說：「在某個時間點你會意識到一切即將失敗，而你會對自己說：『就是這樣了，這就是我的下場。』你可以接受失敗，或選擇行動。你想點辦法，就能解決一個問題，然後你會解決下一個問題，然後再下一個問題。如果你能解決夠多問題，最終就能找到回家的路。」

如果你能解決夠多問題，就能把你的漫遊者探測車放到火星上；如果你能解決夠多問題，就能建立起羅馬帝國；如果你能解決夠多問題，就能登陸月球。

這就是你能改變世界的方法，一次一個問題。

而藉由這樣一步一腳印的方法改變世界，則需要將享受的時刻往後延遲。生命中大部分的事情都是「乍看可喜，細思極恐」，就像華爾街部落客沙恩．帕里什（Shane Parrish）所寫的，很多事情在短期內能帶給我們愉悅，長期下來卻會帶來痛苦。例如把金錢花在當下的享受而非為退休存起來、使用石化燃料而非再生能源、飲用含糖飲料而非白開水等，都算是這個類型的行爲。

當我們只注重短期效果，就會尋找立即的成功、立即的暢銷、立即能填補空白的事物；我們尋求捷徑、成功祕訣及各種自吹自擂的人生導師建議。克里斯．哈德菲爾便這樣寫道：

「我們讚賞錯誤的事物，去獎勵適合炫耀的、能破紀錄的短跑，而非去鼓勵經年累月頑強的準備，或是在一系列失敗後仍然展現的堅定心志。」因爲短期來說，失敗是非常昂貴的。當我們嘗試把明天的利益與舒適最大化，會因而降低失敗的長期正面價値。正因如此，失敗會無情地打擊我們。而我們爲了增進短期的享受，更盡量避免去做任何會失敗的事情。

而在生命中能穩定前進的人，使用的是完全相反的觀點。「對於那些能先苦後甘的人來說，他們握有了非凡的優勢。」帕里什這麼寫道。在衆人皆爲利益瘋狂的世界，這些人能將人生的享受往後推遲，所以他們不會因爲火箭在發射臺上爆炸、某一季營收不如預期，或者試鏡不成功就退出產業。他們將校準的目標放在長遠處，而非眼前咫尺。

當我們想要創造長期的改變時，不會有捷徑或銀彈 ❷，而是像創投大亨本・霍羅維茲所說，你會需要使用很多鉛彈。

輸入比輸出重要

回頭想想你生命中的失敗經驗。

如果你像多數人一樣，就會描繪那些淒慘的後果，比如沒有成功的企業、沒踢進的罰球或搞砸的一場面談。安妮・杜克在《高勝算決策》中提到，職業撲克選手把這種「將決策品質與成果品質同等化」的思考方式稱爲「結果論」。但就像杜克說的，決策的品質往往不等於成果的品質。

只注重成果會讓我們容易迷失方向，因爲好的決策有可能導致壞的成果。在具有不確定性的狀況下，成果不完全在你的掌握之中。一場無法預期的沙塵暴，可能會吹飛一艘設計完美的火星太空飛行器；一陣妖風，可能使完美的射門產生偏差；一位充滿敵意的法官或陪審團，可能讓有機會勝訴的案件轉爲敗訴。

如果使用結果論來看事情，將滿足於帶來好結果的壞決策，怪罪產生壞結果的好決策。我們會開始大風吹、重新組織公司架構、辭退或降職員工。有一則研究顯示，國家美式足球聯盟的教練在比賽失去一分後會重新調整陣容，贏了一分卻不會這麼做，但比分差距這麼小，並不能當做選手表現不佳的證據。

大部分的人都和美式足球教練一樣，將成功和失敗視爲二元的結果。但是**我們並不住在一個二元論的世界，成功和失敗的那條界線其實非常模糊**。「失敗往往靠在偉大身邊漂浮著。」發現DNA雙螺旋結構的詹姆斯·華生如此寫道。在一個場景中導致失敗的決策，在

---

❷ silver bullet，最早來自宗教和傳說，因銀彈可殺死多種怪獸，因此用來比喻可解決任何問題的萬靈丹，也指具強大功能的工具、系統或方法。

另一個場景下反而可能帶來勝利。

於是，**你的目標應該放在能掌握的變數上，也就是輸入的部分，而非輸出**。你應該要問：「是什麼導致這次的失敗？」如果你的輸入因子需要調整，就應該調整它。但是這個問題仍不足夠，你應該還要再問：「這次的失敗中，有什麼是我做對的？」即使結果是負面的，你仍該保留那些品質良好的決策。

想想亞馬遜對 Fire Phone 慘劇採取的對策。從一些客觀的數據上（例如收益率）來看，這完全是個災難性的失敗。但是亞馬遜的眼光卻放在單次成敗之外。亞馬遜網路服務公司執行長安迪．傑西（Andy Jassy）如此說：「當我們要嘗試一個新計畫，會著眼在輸入的因子：我們雇用了一個好團隊嗎？這個團隊有深思熟慮的構想嗎？他們把所有的構想都追根究柢研究過一遍了嗎？他們的計畫執行有跟上時程嗎？產品的品質好嗎？使用的科技具有創新能力嗎？」即便整體計畫是失敗的，還是可以將表現良好的保留下來，在未來的計畫中使用。「我們不僅從 Fire Phone 的技術開發上學到東西，還將這次計畫中建立起來的技術，應用到許多不同服務項目上。」

輸入因子並不是什麼吸引人的東西，「輸入」這個詞最好還是保留給某種無聊的資料庫軟體吧。但是將焦點放在能掌握的變數上，是所有曾獲得優異成就者共同的心態。業餘者總希望可以很快得分，期待得到短期的結果；職業玩家則希望在長期的遊戲中勝出，因此會著眼在自己能掌握的部分上，並花上數年使其臻於完美，卻不期待立即的回報。這也就是為什麼網球選手莎拉波娃說，專注在結果是網球初學者犯下的最糟錯誤，而是該盡量將注意力集中在球上面。因為拿掉對於結果的執著，技術反而會更加進步。**成功只是一種結果，而非一個目標**。

這樣做還有另一個好處：如果你發現自己很討厭輸入階段需要做的事情，那麼你在追求的就可能是個錯誤的目標。在那些心靈雞湯書中，常常提到一個問題：如果你知道自己不會失敗，你會怎麼做？這並不是我們該問的問題。實際上，我們該學伊莉莎白．吉兒伯特把問題翻轉過來：「即使你知道自己很有可能會失敗，你會怎麼做？你非常非常喜歡、喜歡到失敗這兩個字都阻止不了你的是什麼？」**當我們轉換心態，聚焦在自己能掌握的東西上，就能讓自己看見事物的內在價值，我們所做的努力也就成為我們得到的獎賞**。

聚焦在輸入因子上，就能自由變換目的地。擁有目標能協助你保持專注，但是如果你拒絕從原始的路徑上移開眼睛的話，這份專注也可能限制了你的視野。

舉例來說，Google眼鏡曾被批評成一無是處的產品，不過登月工廠X找到一條新的道路。產品上市時，他們立刻就意識到Google眼鏡不會是消費性產品，而他們記取了經驗，重新將它升級為商業工具。你現在可以在非常多工作場合看到Google眼鏡，包括在飛機上工作的波音員工，以及醫院裡的醫師使用臉上的最新科技來查閱病歷。

來看看製藥產業裡的另外一個例子。一九八九年，輝瑞藥廠的科學家研發出一種叫做昔多芬（sildenafil citrate）的新藥物，研究人員希望這款藥物能擴張血管，用來治療心絞痛、高血壓及心臟相關疾病。在一九九〇年代早期，證實這款藥物對原本想要治療的疾病沒有幫助，但是臨床實驗的受試者卻回報了一項非常有趣的副作用：男性勃起。研究人員迅速放棄原本的假說，投身去研究這個看似驚人的選項，威而鋼就此誕生。

專注在輸入因子上還有另一個好處：能避免自己在追逐結果時，擺盪在過程中產生的悲痛和狂喜之間。相反地，你將著迷於不斷進行改善。

太迷人了！

麥克．尼可斯是一位非常多產的電影導演，出品過無數經典，其中包括《畢業生》。即使人們常常記得尼可斯的大片，其實很多他執導的電影都未獲得成功，而這些失敗的作品偶爾會在深夜的電視頻道上播放。當尼可斯偶爾在電視上看到這些失敗作時，他會坐在自己的沙發上，把電影從頭到尾看完。

最重要的是，他坐下來觀影時不會畏縮、不會把頭轉過去、不會咒罵那些電影評論家。他就只是坐著看，然後思考：「這眞是太有趣了，這個場景效果竟然這麼差。」而不是

「我是個輸家」「這太可怕了」「簡直太丟臉了」。因爲他選擇不下判斷，而有機會可以思考：「這麼做，有時候效果很好，有時卻很差，這不是很有趣嗎？」

尼可斯的做法告訴我們如何**從失敗中學習的祕密：好奇心能輕輕舉起失敗、轉低悲劇的音量，因此讓失敗變得有趣**。**好奇心能提供我們情緒上的距離，讓我們轉換觀點、讓我們有機會能從不同鏡片裡重新觀看事情**。

在《自我轉變之書》這本很棒的書中，作者羅莎姆．史東．山德爾與班傑明．山德爾提供了把這個心態應用在實際生活中的方法：每次犯錯、每次失敗，你都應該要高舉雙手然後大喊：「太迷人了！」

誠心提醒：如果你的個性像我一樣，那麼第一次做這件事情時應該會小聲抱怨。當你試著把雙臂舉向空中，它們感覺是如此沉重，好像你正躺著往上舉起非常重的啞鈴一樣。而「太迷人了！」這句話，聽起來會比較像是無理的抱怨而非愉快的陳述。

沒關係的，還是做吧。當你沉浸於這份迷人的光榮時，可以同時開始嘗試問自己一些問題：**我可以從中學到什麼？會不會對我來說，這次失敗其實是好的呢？**

如果你需要一點靈感，那就在腦中想像尼克斯坐在他家沙發上，並不抱怨上帝爲什麼播出他最失敗的作品，讓全世界都能看見，而是微笑、點頭，同時知道能坦然地用好奇心面對這次失敗，只會讓自己下次做得更好。

盲目飛行

失敗是通往發現、創新及長期成功的康莊大道，但是大部分的企業組織都會忘記失敗的發生。企業中的錯誤，往往會因爲員工太害怕承認而被掩蓋起來。多數公司會直接或間接告訴員工：如果成功了，就會得到一大筆獎金、一間更好的辦公室、更好的職稱；如果你失敗了，就什麼也得不到，或者更糟的是你會被請出門外。

這樣的獎勵機制只會更加惡化根深蒂固的慣性，讓人們越來越不願意承認失敗。當我們獎賞成功而懲罰失敗時，員工會低估失敗、誇大成功，並且用最樂觀的視角去分析所有事情。當我們殺掉信差，人們就不會再遞給我們有用的訊息了，尤其是這些人爲我們工作的時候。根據一項研究，在九間聯邦科學機構（包括NASA）中，有四二%的科學家害怕說眞話會引來報復；在某間科技公司裡，針對四萬名員工所做的調查也顯示，有五〇%的人認爲在工作上暢所欲言是不安全的。

但是**失敗能給我們無價的信號，而你的目標應該是要能在競爭者發現前，截取這些信號**。但是在多數的工作環境中，這些如難解耳語般的信號常常淹沒在各種噪音中。如果你聽不到這些信號、如果你壓制這些信號、如果你在這些信號能留存前就想辦法擺脫它們，那你就無法從失敗中學習。

這也就是爲什麼飛機會載著稱爲黑盒子的飛航紀錄器。黑盒子記錄所有的事情，包括與塔臺的對話，以及從飛機電力系統傳來的所有資料。「黑盒子」這個名稱其實有點誤導，因爲其實它是非常亮眼的橘色，以便能在飛機失事後立即找到它。這個盒子通常防火、防震也防水，畢竟這些資料非常重要，能找出飛航事故發生的原因。

從生命中移除黑盒子，對我們自己實際上是有害的。讓我們把視線放回一九九九年火星極地著陸者號的事故，它的失事原因很可能是出於引擎過早停止運轉，但是我們並不確切知道發生了什麼事。因爲預算吃緊的緣故，著陸者號缺乏可以在降落過程中與地面控制中心溝通的能力。設計團隊在預算壓力下必須有所取捨，而他們捨去的這個功能，使他們自己及未來所有火箭科學家們，都沒有機會從這個要價一億兩千萬美元的課程中學到些什麼。

而捨棄通話裝置的這個決定，一部分是因爲管理階層僅視火星極地著陸者號爲單一計畫，而非整體宏觀計畫中的一分子，也不是許多跨行星探測器中的一個，不然它應該要配備對長期發展與學習有關鍵效果的通話裝置。

爲了使我們更容易從失敗中學習，NASA將太空飛行器所犯下的各種錯誤集結成一本叫做《飛行規章》（*Flight Rules*）的檔案，裡面充滿從數十年間各種錯誤步驟、錯誤計算中得來的知識，以確保這些經驗會傳承下去。事實上，這是藉由記錄過去以指導未來。這本檔案中集結了從一九六〇年代的載人太空任務開始，發生過數以千計的各種異常，以及解決這些異常的方法，爲後代的科學家保存了系統性的知識。其中，每一次的失敗都在更大的藍圖裡占有重要的位置。這份檔案同時也使未來的科學家不必重新發明輪子，可以專注在新的問題上。不過就像所有規則一樣，這些規則也應該要成爲我們的護欄，而非我們的手銬；應該要指引我們，而非限制我們。稍早也提過，歷史程序有時會僵化成硬性的規則，進而阻擋我們進行基本命題思考。

NASA的《飛行規章》會有用，一部分是因爲他人的失敗是讓我們了解自己的最好方法。我們總難免無法眞誠看待自己的失敗，容易將自己的失敗歸咎於外在的原因。但是當其他人跌倒時，則比較容易指出原因：他們粗心大意、無能或不夠注意重要的事情。

觀看他人的失敗時，我們比較客觀，這也就是爲什麼他人犯的錯誤會是我們學習的好對象。在一項研究中，看到同事犯錯的心血管外科醫師們，在之後的手術中明顯表現較好。因爲他們會注意到其他醫師犯的錯，並且提醒自己不要重複這些錯誤。

企業們在包容錯誤及記錄失敗上，可能只是口頭應付的敷衍態度，現實中也很少眞的有企業能做到包容失敗。我與企業高階主管們談到失敗時，有些人會直言，如果可以容忍失敗，那麼失敗就會一而再、再而三地出現。失敗意味著錯誤，而錯誤必須要咎責，如果這些高階主管無法追究該負責的人，那麼公司文化將變得鬆散，人們會認爲做什麼都可以被包容。

不過，這樣的想法卻與一項研究結果背道而馳。你其實是可以創造一個環境，既通融智慧型失敗卻又不造成志得意滿；你可以讓人們冒高品質的風險，並同時設下高工作標準；你不需要包容彆腳的失敗，例如重複的錯誤或粗心而犯的錯，但你可以獎賞智慧型失敗、制裁不良的表現，並且在打造不一定會成功的新事物時，接受犯錯的可能性。可是，**人們不應該單純期待犯下智慧型失敗，而是應該要從失敗中學習**。

「失敗可以分成兩個部分，」皮克斯共同創辦人艾德・卡特莫爾寫道，「事件本身及它所帶來的失望、困惑和羞恥感是一部分，對失敗的反應則是另一部分。」我們不須控制第一部分，但是必須掌控第二部分。就像卡特莫爾所說，目標是要「能分開恐懼和失敗，創造良好的環境，讓員工不害怕犯錯」。

獎賞智慧型錯誤聽起來很簡單，但是卻難以實行。膚淺地提倡「創新」或「勇於冒險」，並不會培育出適合智慧型失敗的企業文化。

在下一節中，會藉由醫學與航太業的範例，來探索如何為智慧型失敗創造理想的環境。在手術檯與發射臺上並沒有那麼不同，兩者風險都很高、壓力都很大，最微小的一點點錯誤都可能是致命的。在這樣的環境下，很難創造智慧型失敗的環境，卻也不是不可能，畢竟我們要做的不是火箭手術。

心理安全

在醫院中給錯病人藥品的醫療過失，意外地很常見。一九九五年的研究發現，在一位病人住院期間，平均會出錯一．四次，其中大約有一%會造成複雜的後果並傷害到病人。哈佛商學院教授艾美．艾德蒙森想要探討原因。她自問：「較好的醫院團隊犯的錯會比較少嗎？」對艾德蒙森來說，這個答案很明顯：較好的團隊是由表現較好的成員和領導者組成，當然應該比較少犯錯才對。

但是研究結果正好相反：較好的團隊，事實上犯的錯比較多。我們要怎麼解釋這個違反直覺的結果呢？

艾德蒙森決定更深入探討，於是送一位研究助理到醫院去，近距離觀察這些醫療團隊。而研究助理發現，較好的醫療團隊並不眞的犯下比較多錯誤，只是呈報了比較多的錯誤。**在氣氛開放的團隊中，工作人員對於討論錯誤比較有安全感，而因爲員工比較願意分享失敗的經驗，並且主動研究如何避免失敗，團隊的表現也因此較好。**

艾德蒙森稱這樣的團隊氣氛爲「心理安全」。我必須承認，第一次聽到這個用語時，我認爲這只是某種浮誇的詞彙。它讓我想起一堆員工圍著會議桌坐下，手拉手分享工作心得這樣的場面。但是仔細讀過這份研究後，我收回之前的話，因爲關於「心理安全」的證據其實非常扎實。引用艾德蒙森的話，心理安全指的是：「沒有人會因爲犯錯、提問或求助，而被處罰或羞辱，因爲這個團隊擁有遠大的目標。」

研究顯示**心理安全能刺激創意的產生**。當人們覺得可以直言不諱、問出具有挑戰性的問題、提出未成形的想法時，要挑戰現狀會相對比較簡單。心理安全同時也促進團隊學習的效果，因爲在心理安全的環境中，員工會願意挑戰上級有問題的指示，而不只是盲目服從命令。

在艾德蒙森的研究中，表現最好的醫院團隊是由一位注重實務操作、很有親和力的護理長所領導的，她刻意爲團隊創造了開放的環境。在訪談中，這位護理長表示她知道自己的團隊會犯「一定數量的錯誤」，而一個「非懲罰性的」環境可以幫助他們發現並改善錯誤。在這個病房中的護理師肯定護理長說的話，其中一位說：「人們在這裡比較願意承認錯誤，因爲護理長會願意替你據理力爭。」在這個團隊中，護理師們必須爲自己的錯誤負責，就像護理長解釋的：「我的護理師們通常會爲自己的錯誤責怪自己，她們對待自己比我對待她們要嚴苛多了。」

而醫院裡表現最差的兩個團隊中，氣氛顯著不同。在這些團隊裡，犯錯意味著處罰。一位護理師描述她在抽血時不小心傷到病人，她的護理長因此把她放在「試用組」。她解釋：「這非常羞辱人，好像我是兩歲小孩一樣。」另一位護理師則說：「醫生們總是高高在上，如果你犯了錯，他們會咬掉你的頭。」還有一位護理師說，犯錯就像「要被叫到校長室一樣」。因此，如果發生了醫療過失，護理師們絕不會大張旗鼓地說出來，以避免羞辱和痛苦。然而她們忽略了長期保持沉默的代價——因醫療過失對病人造成傷害甚至致死。

這樣的環境會使錯誤惡性循環。表現最差的團隊，就是最需要改善的團隊，也是最不願意舉報錯誤的團隊。然而如果沒有說出錯誤，團隊的表現也無法進步。

爲了鼓勵大家舉報錯誤，Google的登月工廠X採用了一個特殊的方法。在大部分的公司中，通常是由資深領導人決定何時停止一個不穩定的計畫，但是登月工廠X的員工則被賦予權利，能殺死自己的計畫。一旦他們發現不可行，無論什麼原因，他們都有喊停的權利。

有趣的事情就來了：整個團隊會因爲這樣切腹自殺的舉動而受到獎賞。前面提過，登月工廠X曾有個霧角計畫，要藉由把二氧化碳吸出海水之外來產生燃料。即使在科技上非常可行，卻無法達到生產規模，所以霧角團隊決定終止這個計畫。「謝謝你們！」負責人阿斯特羅．泰勒在公司的一次員工大會中這麼說，「因爲決定結束計畫，這個團隊本月在加速公司的創新上，比這間會議室裡其他任何團隊都還要有貢獻。」

「獎勵失敗的團隊」聽起來或許很古怪，畢竟包容失敗是一回事，獎賞失敗可完全是另一回事。然而這個動機卻有其天才之處：讓不能實現的計畫繼續運作下去，實際上得付出更加高昂的成本，因爲它們會浪費金錢和資源。如果一個計畫沒有未來，那麼終止它等於是釋放寶貴的資源，讓其他登月計畫有更多著陸工具。「在一個不斷產生智慧型失敗的環境中，這麼做可以移除恐懼，並讓人們覺得放棄自己的計畫是安全的。」登月工廠X的歐碧・費爾頓這麼解釋。

亞馬遜也採用同樣的方法。如果一個失敗計畫的輸入因子品質是好的，那麼團隊成員將會被指派到更好的工作職位上，而非遭受處罰。亞馬遜的安迪・傑西說：「若非如此，你永遠無法讓優秀的人才在新的計畫上冒險。」

這樣的心態能以一句話總結：「獎賞優秀的失敗，處罰平庸的成功。」**在企業中，必須有一套清楚的制度來支持智慧型失敗與合理的風險；人們必須知道，想成功，智慧型失敗是不可或缺的，而且他們不會因此受處罰、職涯不會因此結束。如果企業給出的訊息不清楚，員工就會走安全路線，選擇隱藏而非揭露錯誤。**

心理安全還有另一個重要的組成元素：如果期待員工分享他們的錯誤，領導者也必須做到同樣的事。

爲你的錯誤打廣告

對聰明又具競爭力的人而言，要揭露自己犯的愚蠢錯誤並不容易，尤其是沒人注意到這些錯誤的時候更是如此。但是大家期待太空人分享所有他們做錯的步驟，並且把這些錯誤放在顯微鏡下讓每個人仔細觀察。能公開討論曾經搞砸的事情有其必要性，因爲一位太空人承認某件蠢事，就可以拯救另一位太空人的生命。

即使在沒有生命危險的情況中，爲我們的錯誤打廣告，還是能使學習變得更加容易，並且發展出心理安全。這也是爲什麼我開辦了《著名錯誤》（*Famous Failures*）的播客，在其中訪談全世界最有趣的人，討論他們的失敗及他們從失敗中學習到的事情。你也可以想像，邀請來賓上節目的過程可能引發許多有趣的對話。

「嘿，丹，我有個專門談論失敗的播客，我覺得你非常適合做節目來賓。」

不過令人驚訝的是，我邀請的大部分來賓都非常渴望上節目，因爲他們親身經歷過許多人無法承認的事實：**做過有意義事情的人，都必定曾在某個時間點失敗過**。我的節目訪談了許多能人，包括頂級的企業家、奧運得獎選手及《紐約時報》最暢銷的作家們。我發現他們的共通點就是：每個人（眞的是每個人），都是會走路的瑕疵品。

即便是天才，都無法避免犯錯。

愛因斯坦曾在公開場合談論他做過最蠢的事情。就如同天文物理學家馬里歐・李維歐所寫的：「愛因斯坦的原始論文中，超過二〇％都包含了某種程度上的錯誤。」美國內衣公司 Spanx 創辦人暨執行長莎拉・布蕾克莉（Sara Blakely）在全公司的會議上分享她犯錯的「唉呀」時刻；皮克斯共同創辦人卡特莫爾在新進員工訓練時，也談論過自己的錯誤：「不要讓人們假想因為我們很成功，所以我們做的事情就都是對的。」經濟學家泰勒・柯文在二〇〇八年金融海嘯前，針對「低估某些系統性問題，如何對美國經濟造成危害」寫過一篇詳細的分析，柯文承認：「我很後悔自己想錯了，我很後悔那麼有自信地認為我是對的。」

如果你現在覺得這些報章雜誌上的名人，終於比較像活生生的人了，你正在經歷一種所謂的「美麗的混亂效應」（beautiful mess effect）。暴露你的弱點，事實上會讓你更吸引人，但前提是在暴露弱點前，你必須先展示自己的能力，否則將會減損你的可信度，造成一個並不美麗的混亂效應。

即便有美麗的混亂效應，大部分的人還是非常不擅長承認自己愚蠢的錯誤，畢竟我們的公眾形象等同於我們的自我價值。我們將自己充飽氣，想辦法用完美的肖像蓋住自己不完美的人生。我們磨平稜角、彈飛負面消息，然後呈現出一個完美無缺、從不失敗的形象。即便我們必須訴說自己的失敗，我們依然用一種誇大矯情的態度在談論。

我知道，**失敗是痛苦的，向大眾宣布你的失敗甚至是加倍的痛苦。但是否認和無視，只會讓事情更糟。為了學習和成長，我們必須勇敢承認錯誤，同時不去慶祝錯誤。**

這個建議對領導者格外重要。因為人們會加倍注意領導者的行為，希望從他們身上得到肯定。研究顯示，人們總是期望領導者可以引領改變，如果他們無法承認自己的失敗、如果人們認為領導者不會犯錯，那麼要期待員工願意冒險挑戰領導者或公開談論自己的錯誤，就非常不切實際。

在一項研究中，十六間擁有頂級心臟外科的醫院，採用一種新的開刀技術，顛覆了傳統手術。每個團隊必須能忘卻從前根深蒂固的習慣，從零開始學習新技術。那些學得比較快的團隊有三項共通的特質，而其中一項就是我們在談的這點。這些表現良好的團隊，都是由比較願意承認自己錯誤的外科醫師所帶領。比如一位外科醫師不斷告訴他的團隊：「我需要你們的意見，因爲我很可能會有所疏漏。」另一位外科醫師則會說：「我搞砸了，我的判斷在這個案例裡是錯誤的。」

而這些訊息更因爲「重複性」，能展現出眞正的效果。慣性行爲並不會因一次可有可無的發言而改變，當團隊成員一再聽到同樣的訊息，他們就會眞正感受到心理安全，讓他們即使是在手術室如此等級分明的環境中，也能自在發言。「這裡沒有聖人。」手術團隊中的一位成員解釋，「無論是外科醫師或護理師，如果有人必須知道某事，我們就會直言以告。」

當你在手術室中、在董事會裡或任務控制室內，事情的原則都是一樣的。**通往成功的路上總是充滿坑洞，承認洞的存在，會比假裝沒有洞對你更有利。**

如何優雅失敗

並不是所有失敗都以同樣的形式出現，某些失敗就是比較優雅一些。火箭科學家使用一系列的工具來管理失敗，所以一件蠢事並不會造成災難性的骨牌效應。前面幾章已經談過一些工具了，比如火箭科學家進行思想實驗，因此失敗不會造成實質上的損害；他們建立冗餘度，所以一個零件損壞，整個任務不會因此失敗；他們使用各種測驗降低風險，因為地表上的失敗可以避免太空中更大的災難。

在火箭科學之外的領域，你依然可以使用各種測試幫助你失敗得更優雅一些。與其馬上在公司實施全新政策，你可以利用一個部門或一部分的客戶群做為實驗環境或實驗內容。即使一個部門出了錯，整間公司依然可以運行；如果客戶群討厭你的新政策，那麼損害還是在控制範圍內。舉例來說，擁有威斯汀和喜來登等高檔飯店品牌的喜達屋集團，便經常使用集團中的W Hotel做為創新實驗室，測試如個人化香氣、起居室般的酒店大廳等構想。如果這在小型的先鋒群組W Hotel成功了，喜達屋集團便會將這個構想推展至旗下的其他飯店。如果失敗了，損失也在控制範圍內。

測試還有另一個好處。從定義上來說，它可以讓你在相對安全的環境中練習如何失敗。火箭科學家經常失敗，但是對大部分的科學家，尤其是新一代的科學家來說，失敗可能並不是很熟悉的經驗。就像記者潔西卡・班尼特（Jessica Bennett）在《紐約時報》中所寫的：「史丹佛大學和哈佛大學使用『缺乏失敗』這個詞，來描述他們觀察到的現象：雖然學生的成績看起來比較好，但是他們似乎無法應付人生中微小的不如意。」

要治療這份恐懼，需要「暴露療法」。也就是說，**我們必須定期將自己暴露在失敗之中**。你可以把這個方法看做是種疫苗，把被弱化的病原體打進身體裡，以此刺激我們免疫系統的「學習力」，預防未來的感染。長期的曝曬可以讓我們辨認出智慧型失敗的樣貌，並且從中學習。**每次的劑量都能強化我們的恢復力，同時增加對失敗的熟悉度，也因此讓每次的危機都是對下一次危機的行前訓練**。

這並不代表我們要成爲自虐狂，強迫自己失敗。相反地，這代表我們必須給自己呼吸的空間，才能往外拓展、處理棘手問題，以及好好失敗。

讓你自己摔在草地上吧；允許自己能在鋼琴上胡亂彈奏吧；容許自己寫一份潦草不堪的初稿吧（就像我一直對自己說的那樣）。

父母們可以從莎拉・布蕾克莉身上得到啓發：她從必須家家戶戶敲門兜售傳眞機的銷售員，轉變成全世界最年輕的白手起家女性億萬富翁。布蕾克莉將她成功的原因，一部分歸因於她父親問的一個問題：「妳這個禮拜有沒有失敗？」如果莎拉沒有答案，她父親會很失望，因爲對他而言，**未曾嘗試失敗比失敗本身還要令人氣餒**。

我們常常假設失敗總有個終點。我們會一直失敗，直到某一天取得成功，然後就該停止失敗，以便從新到手的階級秩序中獲利。

但是**失敗並非某種缺陷，當我們成功後就該被驅趕出境。失敗才是亮點。如果我們無法發展出定期失敗的習慣，終將迎來一場災難。**

下一章你就會看到，當失敗終止，必敗的驕兵就出現了。

9 驕兵必敗

——成功如何導致火箭科學史上最大災難

如果可以面見勝利和災難，並且平等對待這兩個冒牌者……地球及其上的一切都將為你所有。

——魯德亞德·吉卜林，英國作家

「來呀，羅傑，過來一起看。」

羅傑·博喬利（Roger Boisjoly）可一點都沒有心情。博喬利（是的，就跟「薄酒萊」發音差不多）是位訓練扎實的機械工程師。他在航太產業中待了二十五年，首先在阿波羅登月模組團隊中工作，而後加入莫頓·賽奧科公司（Morton Thiokol）的團隊，製造固體火箭助推器（solid rocket booster，SRB），將火箭從發射臺往上推升。

一九八五年七月，博喬利寫下一張備忘，警告關於助推器的O形環問題。這張遞給他長官的紙條，後來被證實是極有遠見的。

O形環是一種薄橡膠環，用來牢牢封起助推器上的接縫，避免高溫氣體溢出。每個接點上都有兩個O形環，一個主要的和一個次要的，做個雙重保險，因爲它們太重要了。在數次的發射中，工程師們發現主要和次要的O型環都毀損了。在一九八五年一月的一次任務中，主要O型環破裂，次要O型環雖然受到輕微損傷，還是完成了它的任務。博喬利要求長官立刻行動，一點也不委婉地在信件中寫道：「這會造成極其悲慘的災難，我們將因此失去人命。」

一九八六年一月二十七日，大約在博喬利寫下這張備忘的六個月後，他又再次聽到警鐘響起。博喬利與其他工程師一起在視訊會議中告訴NASA，原定於次日發射的排程必須延遲。那個晚上，通常溫暖宜人的太空梭發射地卡納維拉爾角突然變得非常寒冷，氣溫甚至低到〇℃以下。博喬利及他的工程師同事警告，O型環必須要保持彈性才能發揮正常功能，因爲在低溫下，它們會變得脆弱易碎。但是莫頓．賽奧科公司的管理階層與NASA否決了工程師們的意見。

「來呀，羅傑，過來一起看。」

隔天早晨，一月二十八日，博喬利的同事們慫恿他一起在資訊管理中心觀看火箭發射。博喬利的態度最終還是軟化了，呑下反對意見，不情不願地與同事一起踏進資訊中心。當時靠近發射臺的氣象塔觀測到的溫度是二℃，靠近助推器接點的O型環所在處應該更冷，估計只有零下二℃。

火箭發射倒數聲慢慢往零靠近時，博喬利突然感到一陣恐懼竄過。他想，如果O型環破裂了，會在起飛時就出事，而這是窺見眞相的瞬間。助推器發出雷鳴聲響，從發射臺緩緩上升，當太空梭完全脫離發射塔時，博喬利懸著的心終於放了下來。「我們剛剛閃過了一顆子彈。」一位同事在他耳邊悄悄地說。

太空梭繼續往上攀升，任務控制中心對機組人員下了一個命令，讓他們用全速前進：「油門加速。」

機組人員回答：「收到。油門加速。」

而這是從挑戰者號太空梭（Challenger）上收到的最後一條通訊。發射後大約一分鐘內，灼熱的高溫氣體開始從助推器溢出，甚至形成肉眼可見的羽狀雲霧。博喬利放心得太早了。整艘太空梭分解成一陣濃煙與融化的殘骸，造成機上七位太空人死亡。這些影像牢牢烙印在電視機前觀看直播的數百萬名人們心裡。而令人特別印象深刻的是，第一位被送上太空的非太空人，高中教師克莉絲塔．麥考利芙（Christa McAuliffe）也在太空梭上。

雷根總統指派一個特殊的調查委員會，認定太空梭是因爲其中一個O型環出現問題而爆炸。在一場聽證會上，理查．費曼在目瞪口呆的電視觀衆面前，把一個O型環丟進冰水中。在與挑戰者號發射環境類似的溫度中，O型環明顯失去密封作用。

這個不斷出現的O型環問題，在NASA文件中被分類爲「可接受的風險」，也就是標準做法。一次又一次圓滿達成飛行任務後，雖然O型環遭受顯著的破壞，但NASA計畫負責人勞倫斯．穆洛伊（Lawrence Mulloy）認爲：「既然O型環的問題是可接受且被預期的，這就不是需要在下次飛行前修正的異常狀況。」

於是，這個異常變成了正常。費曼稱NASA的決策過程爲「俄羅斯輪盤」。因爲過去無數次的飛行中，O型環並沒有出問題，於是NASA相信「下次的飛行標準可以不要那麼高，因爲上次也沒出事嘛」。

事後諸葛很容易，我們大可假裝早就知道不應該發射挑戰者號；後見之明很容易過於簡化事實，讓人以爲壞結局似乎是不可避免的。但是即使從這樣的角度，還是可以在這些事件中學習些什麼，尤其是因爲挑戰者號的慘劇及本章中將提及的其他意外，基本上都複製了同樣的行爲模式，而這些在我們個人生活及職業生涯中也常常出現。

本章就是關於我們從這些悲劇中學到的事情。

我會解釋：爲何慶祝成功就和慶祝失敗一樣危險；爲什麼在勝利或失敗之後，都應該要舉行檢討會。我們會探索：爲何成功是頭披著羊皮的狼；成功如何隱藏微小的失敗，這些失敗最終又將如何雪球式地累積並造成巨大的災難。你會學到：一間財星五百公司如何藉由兩次的自我革新，一直保持在競爭的最前線；如何搶在他人之前先使自己瓦解。你會發現：爲什麼使挑戰者號發生意外的同類瑕疵，在二〇〇八年也造成了房市崩盤；德國計程車司機及火箭科學家為什麼有著共通點。

在本章結束之後，你會知道如何抵擋驕傲自滿，並從成功中學習。

「成功」這個壞老師

在挑戰者號意外的十七年後，壞事又再度發生。

二〇〇三年二月一日星期六清晨，哥倫比亞號太空梭在完成十六天的太空任務後，正在返回地球的路上。太空梭以二十三倍音速切入地球大氣層時，機翼前端會因為大氣層摩擦力的關係，加熱到大約一三〇〇℃。但此時溫度的讀數卻意外地忽上忽下。當休士頓的任務控制中心嘗試與太空人通話時，太空梭指揮官里克．赫斯本德（Rick Husband）回應：「呃，休——」接著就失去了信號。赫斯本德再次想要聯繫地面控制中心時，也只簡短說了一句「收到」就失去消息。一分鐘後，哥倫比亞號的所有信號都消失了。原先認為只是接收器失靈而導致信號中斷，但這個微薄希望在電視播出哥倫比亞號解體的畫面後便完全破滅。飛航指揮官勒羅伊．凱恩（LeRoy Cain）不可置信地看著影片，一顆淚珠不受控制地滑下臉頰。但他迅速重整自己，並且命令「把門鎖起來」，開始了發生太空災難後的標準隔離程序。

太空梭在進入大氣層時爆炸，機艙內的七名太空人無一生還，他們的遺骸分布在超過五千平方公里的區域內。罪魁禍首是一片大約「只有啤酒冰桶大小」的泡沫隔熱層。在發射的過程中，它從太空梭的外部燃料槽上剝離，並且砸中太空梭左翼，把原本應該發揮保護功能的隔熱系統打出一個破口。

在災難發生的幾天後，計畫負責人嘗試閃避那塊泡沫的致命性。他使用了與八○年代前任者相似的用語，解釋在所有任務中，泡沫隔熱層皆會剝離並損壞太空梭。NASA內部甚至發展出「泡沫散落」（foam shedding）這個術語，並將其歸類爲「可接受的飛行風險」。哥倫比亞號事故調查委員會的飛安專家詹姆斯·哈洛克（James Hallock）解釋：「大家不僅預期發生泡沫散落，甚至最後還接受它了。」這被正式描述爲一個「可以通報，但曾經歷過、分析過且已被理解」的問題。

但大家顯然沒有理解這個問題。NASA不曉得爲什麼太空梭上的泡沫隔熱層會脫落，也不曉得這些泡沫殘骸是否會影響任務安全，或者可以怎麼預防。

哈洛克決定自己來找答案。他問了一個很簡單的問題：要毀損太空梭機翼上回程須用到的隔熱層，需要多大的力量？根據NASA的規格文件，它必須承受○·○○○八千克力米（kgf.m，這個單位指把一公斤物體提高一公尺所須的力量），而哈洛克做了一件讓人想起費曼演示O型環的事：他做了一個簡單的實驗，拿起一枝HB鉛筆與一個小磅秤。他發現，從約十五公分高落下的鉛筆，就擁有足以毀壞隔熱層的力量。爲了保證飛航安全，實際上會製造得比規格要求的更堅固，但是這個低落的標準卻顯示出NASA多麼有信心，認爲不會有東西打到太空梭，進而影響飛航安全。

但實際發生的事情，卻使我們不得不懷疑這份信心。大約在哥倫比亞號發生意外的三個月前，亞特蘭提斯號太空梭（Space Shuttle Atlantis）在發射時遭遇了泡沫碎片的攻擊，但NASA卻沒有停止其他計畫並調查發生了什麼事，他們依然發射了哥倫比亞號太空梭。

哥倫比亞號發射隔天，進行例行檢查的工程師重新觀看發射影片時，發現泡沫散落對機翼的衝擊。但現場的攝影機要不是沒拍到詳細的畫面，就是只記錄了模糊的影像。而且因爲預算縮減，也沒有好好保養攝影機的鏡頭，更因爲有限的器材，工程師們只能說：「那塊掉下來的泡沫非常大片，比任何我們見過的泡沫碎片都還要大。」但他們沒有更多資訊了。

NASA結構工程師羅德尼．羅查（Rodney Rocha）看到影片中那塊泡沫碎片的長度和大小時，非常大聲地倒抽了一口氣。他寄了一封email給他的主管保羅．沙克（Paul Shack），想確認太空人是否能檢查受損的區域，並且或許進行太空漫步來修復太空梭。但是他並沒有收到回音。羅查之後又寄給沙克一封email，詢問NASA是否可以「向外界請求協助」。他指的是使用五角大廈的間諜衛星拍攝太空梭受損區域的影像，並調查受損的情況。在這封email中，羅查指出幾種可行的選項，以應對太空梭的損壞及如何安全降落回地球。換句話說，就算是一個會對員工說「不要只帶給我問題，要給我解決方案」的老闆，對此也應該感到高興才對。

但是沙克回絕了羅查的請求，表示管理階層拒絕繼續處理這件事。而當羅查不斷催促，沙克卻毫不軟化地說：「我不會在這件事上當隻憂天小雞❶。」羅查和其他同樣憂慮的工程師們，甚至遭到NASA署長尚恩·奧基菲（Sean O'Keefe）不屑一顧地稱爲「泡沫學家」。

高階主管們認爲，泡沫學家只是對於例行公事發出警告，任務管理團隊主席琳達·哈姆（Linda Ham）提醒小組成員，雖然前一次飛行經歷了泡沫散落衝擊，卻圓滿完成任務。「我們沒有改變任何事情，」她說，「我們在一百一十二次航行中，並沒有遭遇任何危及『飛航安全』的損害。」而根據哈姆的想法，哥倫比亞號太空梭「能安全無風險地繼續飛行」。

而這條訊息稍後傳到哥倫比亞號的組員手中，一封寫給太空人的email裡甚至提到「泡沫衝擊根本不值一提」，但是他們還是應該要知道狀況，以免到時候記者提問。這封信件結尾再度強調NASA曾經在其他航行中也見過同樣的現象，因此確定太空梭進入地球大氣層

❶ 出自美國經典故事《Chicken Little》。述說一隻小雞被果實打中，以為天要塌下來。打算去告訴國王時，路途中遇見各種動物。而一旁的狡猾狐狸想出詭計，打算把這些動物一網打盡當大餐。

時不會有任何問題。

在聽到種種保證後，哥倫比亞號組員啓航返回地球。就在距離降落地點只有幾分鐘的距離時，太空梭傷痕累累的隔熱層擋不住高溫的氣體穿透機翼，最終導致太空梭在空中解體。

就像蕭伯納所說的，在認爲自己達成目標後，科學就會變得危險。在挑戰者號的意外前，即使有O型環脆化的問題，NASA依然成功地進行了許多次太空梭任務；在哥倫比亞號的意外前，即使有泡沫散落的疑慮，還是有無數太空梭順利升空。**每一次的成功都加深了對現狀的執著，每一次的成功都培養了無視風險的盲目態度**。原本不能接受的風險，就因爲一次又一次的成功，竟然成爲任務的新常態。

成功就是頭披著羊皮的狼，在表象和眞相間見縫插針。事情成功時，我們就相信事情都按照計畫進行，因而忽略警告的訊號及改變的需求。每一次的成功都讓我們更加有自信，更敢大膽下注。

但你不斷拿到好牌，並不代表就一定能大殺四方。

比爾．蓋茲說過，成功是「最壞的老師」，因爲它讓聰明人以爲自己不會輸。研究也支持這個看法。在一項具有代表性的研究中，短期表現高於平均水準的財務分析師，容易變得過於自信，因而在未來做出較不精準的市場預測。

文學評論家西里爾．康諾利（Cyril Connolly）說：「如果上帝要摧毀某人，會先讓他們充滿自信。」**當我們認爲「做到了」的那個時刻，正是我們停止成長學習的時刻；當我們領先的那個時候，會認爲自己知道答案，所以拒絕聆聽**；當我們認爲自己注定要偉大的那個時候，要是事情不如預期就會開始怪罪他人。

成功讓我們以爲自己擁有煉金術士的能力，隨便摸摸都能點石成金。

NASA藉著阿波羅登月任務，在極爲不利的情況下，將不可能轉變爲可能。這份空前的成功使人盲目，並且使他們的自尊心無限膨脹。阿波羅時期那些令人不可置信的成功，在NASA中造就一種「我們什麼都做得到」的態度。

但重點來了：你可能犯了一些錯，卻還是成功了，也就是「瞎貓碰到死耗子」。只要當地條件不觸發瑕疵，一艘有設計瑕疵的太空飛行器仍然能順利登陸火星；如果球不小心彈到某位球員身上，一次蹩腳的射門仍然有可能得分；一旦事實和法律都站在你這邊，一條不良的庭審策略仍然能使你贏得判決。

但是**成功往往會掩蓋愚蠢的錯誤**。當我們忙著點燃雪茄、打開香檳，便忽視了運氣在我們的成功裡扮演的角色。而運氣，就像作家E．B．懷特所說的，不是白手起家的人會告訴你的事。因爲我們如此努力，汗水和才華以外的成功因素都令人厭惡。但是如果無法面對鏡子，好好查看成功的原因，卻看輕那些我們犯下的錯誤和不智的風險，終究會招致災難。不良的決定與危險因子會被我們自己帶進未來，而曾經嘗過的成功滋味則會一直誤導我們。

這也就是爲什麼「小時了了，大未必佳」；爲什麼衆人認爲是美國經濟基礎的房市，最終會垮臺；爲什麼柯達、百視達及拍立得栽了跟頭。在每一個案例中，不可能沉沒的消失了，不可能出事的發生意外了，不可能被摧毀的則自我摧毀。這是因爲我們固執地以爲，過去的勝利會確保未來的成功。

在成功後生存，可能比在失敗後生存還艱難。我們必須把成功當成貌似和善又送上特洛伊木馬的希臘人；我們必須讓自己在希臘人進攻前保持謙遜；我們必須將自己的工作及我們自己，都當成一種永久的半成品。

永久的半成品

在早期的太空計畫中，不確定性無所不在，而NASA是個新玩家。因此他們的產品——水星號、雙子星號及阿波羅號等太空飛行器，都明確處於建構中的狀態。「我們根本就不知道自己在做什麼，」NASA總工程師米爾頓．西爾維拉（Milton Silveira）說，「我們會請任何受尊敬的學者不斷重新檢視、監看這個東西，以確保我們做的都是對的。」

在阿波羅計畫轟動地成功之後，NASA這個受政府支持的太空機構，內部的態度卻開始改變，慢慢將載人太空飛行任務視爲常態。一九七二年一月，尼克森總統公布美國太空梭計畫時，宣布太空梭將會「把太空飛行常態化，爲近距離的太空運輸帶來革命性的影響」。根據最初的估計，一架太空梭預期將可以重複使用並頻繁飛行，在一年中執行五十次任務。太空梭會變得像是進階版的波音747那樣，可以在降落後掉頭再度起飛。以對待飛機的方式處理太空梭還有個額外的好處：吸引客戶爲燃料買單。

一九八二年十一月，兩位研究員評估太空梭任務是「夠安全、不出錯、可以成爲常規、可靠、有效率的」。NASA對太空梭的安全措施非常有自信，因此在挑戰者號的意外前，管理階層完全沒有想到爲機組人員安排逃生系統。而在挑戰者號的時代，太空飛行器被描繪成非常親民的載具——親民到小學老師都可以坐著上太空。

隨著時間流逝，NASA開始在安全性與可靠度上做出種種妥協，裁減了三分之二的品保人員。從一九七〇年的一千七百人，調整到一九八六年的五百零五人，而這正是挑戰者號升空的那年。位於阿拉巴馬州、負責火箭推進的馬歇爾太空飛行中心則受到最嚴重的打擊，從六百一十五位員工縮減到了八十八位。人事上的精簡意味著「安全檢查更少、執行程序時較不用心、較不深入探討異常，以及較少記錄發生的事實」。

常規化也使NASA將一系列的規則與程序標準化，讓每一次的發射都只是應用這些標準程序而已。常規化意味著無視異常、執著於預先排定的計畫。NASA因此漸漸轉化成一個等級森嚴的組織，遵守命令、規則與程序，比任何事都重要。

等級制度也在工程師和主管間造成鴻溝。NASA的管理階層拋棄在阿波羅時代親力親爲的作風，不再參與太空飛行的技術部分，因此與技術完全脫節。NASA內部的文化從聚焦於技術研發，漸漸轉變爲像是企業那樣具有生產壓力。大部分的工程師身爲實際操作者，依然相信太空梭是種具風險、實驗性的技術，但此種意見卻無法上達天聽。

讓我們再回頭看挑戰者號的災難。在發射前一夜，莫頓．賽奧科公司的工程師認爲不應該在室溫低於一一℃的狀態下發射，但是計畫經理穆洛伊卻進場阻礙：「你們正在做的事情，就是在已經發射成功二十四次後，卻在這次要求改動標準。」這番論調的假設是，只要遵循之前成功的規則，就不可能出現壞結果。

我們視某件事情爲常規任務時，就是放鬆警戒、在冠軍寶座上打瞌睡的時候。要改善這個狀況，就是從你的字典中去除「常規」這個字，並且將所有計畫（尤其是成功的那些），都視爲永久的半成品。

在早年的太空飛行中，唯一一次致命性的錯誤發生在地面試射的過程中，阿波羅1號因而起火燃燒。但我們眞正失去太空人，則是在NASA將太空飛行視爲常規任務之後的事情。雷根總統在挑戰者號的事故後說：「我們已經太過習慣太空的概念，或許已經忘記我們還是初學者。」

心理學家丹尼爾．吉伯特解釋：「人類誤以爲自己已經是完成品。」不過，五次世界田徑冠軍莫里斯．格連（Maurice Greene）卻把自己視為永久的半成品。即便已經成為世界冠軍，他還是會不斷警告自己，必須將自己當成第二名來訓練。當你是第二名或假裝自己是，比較不會志得意滿。你會把演講練到滾瓜爛熟、你會充分準備面談直到胸有成竹、你會比競爭者更努力工作。

這也就是為什麼，史上唯一入選棒球和美式足球名人賽的博．傑克遜（Bo Jackson）不會在打出一支全壘打或完成一次衝鋒達陣後，就顯得欣喜若狂。他會說自己「並沒有做得完美」。在他揮出大聯盟的第一支安打後，他違反傳統，拒絕將球留下做紀念，因為對他而言，那只是「一顆中場滾地球」。米婭．漢姆（Mia Hamm）用同樣的心態面對足球。「許多人會說我是世界上最好的女性足球員，」她說，「但我不覺得。而正因如此，我才有成為最好女性足球員的一天。」投資大師巴菲特的商業夥伴查理．孟格，也將同樣的心態視為選才的首要條件：「如果你認為自己的ＩＱ有一五〇或者一六〇，你就是個災難。ＩＱ一三〇，卻覺得自己只有一二〇會好得多。」

研究也支持這個論點。丹尼爾．品克在《什麼時候是好時候》中提到：「在任何運動項目中，當一支隊伍在比賽進行到一半仍保持領先時，比較有可能贏球。」但是在另一種狀況中，動機可以超越數學計算。一項分析超過八千場職業棒球比賽的研究顯示，比賽進行到一半時，輕微落後的情況可以使一支隊伍勝利的機會暴增。這個結果在遠離球場的實驗室中也適用。一項研究將受試者配對進行打字比賽，比賽分成上下半場，中間有短暫的休息時間。此時，受試者被告知他們的成績遠不及對方（輸五十分）、稍微落後（輸一分）或些微領先（贏一分），而相信自己稍微落後的受試者，在第二階段明顯比其他人更努力。

要培養出這種永不滿足的心態，你可以想像自己在競賽中稍微落後，而你故事裡的壞蛋穩坐第一。對NASA而言，壞蛋可能是蘇聯；對adidas來說，則可能是Nike。而當你推出一項新產品，你能解釋下一個版本如何改進；當你起草一份備忘錄或一本書，你可以指出它的不足之處。

現代社會並不要求完成品，它追尋著種種半成品，因此才有不斷改進的可能。

偶爾的成功

瑪丹娜是自我改造大師。她隨著時間進化，與不同的製作人和作家合作。她的不斷創新，是高踞一流明星之位三十年不衰的最好註腳。

但是大企業與瑪丹娜不一樣，企業改變的速度是出了名的緩慢，尤其在基礎改革上更是如此。但是有間大公司不僅重新改造了自己，還改了兩次。

Netflix一開始進入市場，就打破傳統實體店面的租片模式，他們改用郵寄，將DVD送到消費者手上。但是即便他們已經開始侵占市場，Netflix執行長暨共同創辦人里德・哈斯廷斯卻依然保持警戒。就像在前幾章提過的，我們可以重新建構問題，並且用策略代替手段，以得出更好的答案。Netflix利用這個原理，理解到自己不該把重心放在郵寄服務上，因爲這僅僅是手段而已。核心任務應該是將電影送到消費者手中，而這才是策略。郵寄DVD到消費者家裡，不過是眾多手段之一，而串流同時也是一種手段。

「我最擔心Netflix的地方，」哈斯廷斯說，「就是我們無法從DVD市場跳躍到串流市場。」哈斯廷斯看到了先機，知道DVD終究會變成過時的科技，因此他嘗試在大勢已去前轉型。

對Netflix來說，從DVD跳到串流的這一步似乎走得太前面。二〇一一年，當他們宣布專注在串流市場，並且把DVD事業分離爲一個獨立公司後，Netflix的客戶們跳腳了。但是這個錯誤——如果我們可以稱其爲錯誤的話——還是比什麼都不做來得好。哈斯廷斯聽取客戶的意見，拾起幾片有用的零件，然後開始加強公司的串流服務，同時維持著郵寄DVD的服務。

Netflix的第二次大躍進，則是決定開發自己的節目內容，而不是只向好萊塢送上大筆銀子來換取節目。這次的躍進顯然在所有方面都非常成功，訂閱比取消的人數多了太多。但對哈斯廷斯而言，這個過分的成功似乎不是種好兆頭。「我們的成功訂閱比率太高了，」他說，「整體來說應該要有更多取消的用戶才對。」

哈斯廷斯覺得自己太成功的這種想法，可能讓你覺得不理性，但是他這麼做是有理由的。我們經常將個人生活或職業生涯中高低起伏的成功當成一種錯誤。如果可以的話，我想所有人都會喜歡毫無間斷的成功高峰，而非帶著失敗低谷的偶爾成功。但是商學院教授希特金解釋：「規律且毫無間斷的成功是種問題，這是脆弱的信號，而非強大的象徵。」

就像挑戰者號與哥倫比亞號所提醒我們的，規律的成功意味著長期的麻煩。研究顯示，**成功與自滿是手拉手的好朋友。當我們成功時就會停止推進，而舒適感則替我們蓋了一層天花板，將我們的領域往內縮小，而非往外延展。**企業高層很少因爲背離曾經成功的策略而受處罰，但若是背離成功策略之後卻失敗，要付出的代價可大得多。因此，我們很少冒著風險嘗試新東西，只使用「獲證實」的公式，因爲它曾經讓我們成功。

SpaceX在發射獵鷹1號時，〇比三的慘敗差點使公司無法營運下去，但是這些早期的失敗反而讓他們認清艱困的現狀，並且預防了得意忘形的可能。然而這些早期的失敗終於導向後來的一系列成功時，SpaceX依然不例外地成了驕傲自滿的俘虜。二〇一五年六月，一架獵鷹9號火箭在開往國際太空站的途中爆炸，馬斯克直接把原因歸咎於過去連續的成功：「這是我們七年來第一次失敗。也就是說，某種程度上，整間公司是有些志得意滿的。」

爲了避免自滿，你必須偶爾把自己踢下臺。

《富比士雜誌》集團總裁史提夫．富比士曾提到：「你需要打斷自己，否則他人將會樂意代勞。」**如果我們不曾經歷過高低起伏、如果我們無法在一系列的成功後，防止自己的信心悄然膨脹，那麼接下來就會有一場災難性的失敗讓我們清醒過來，更可能終結我們的企業或職涯。**「如果你不保持謙遜，」前舉重世界冠軍麥克．泰森說，「那麼生命會讓你謙遜的。」

要保持謙遜，有個好方法：對「近似差錯」保持警戒。

幸運的低空飛過

在飛行術語中，近似差錯（near miss）指的是一場原本可能會發生的意外。是你曾經非常靠近，但還沒有近到會撞上，因爲你正好非常幸運。

無論在塔臺上或機艙裡，我們都很容易忽略近似差錯。研究顯示，近似差錯常常冒充爲成功，因爲結果實際上都是好的：飛機沒有失事、生意沒有受創、經濟依然穩定。我們這麼告訴自己：一切都完美收場，沒有傷害、沒有犯規，然後繼續過生活。

但即使沒有實質傷害，卻可能已經犯規。就像前面提到的，即便配備有問題的O型環或發生泡沫散落，NASA依然成功完成無數次太空梭任務。這些早期任務便是種近似差錯，因爲**即使它們沒有失敗，卻已經站在失敗邊緣，只不過幸運之神恰巧眷顧而已**。

近似差錯促使人們犯下不智的錯誤。它往往使人志得意滿，而非警戒到事情可能出問題。在研究中，知道自己有過近似差錯的人，比那些不知道自己驚險逃過一劫者，更容易做出冒險的決定。即使實際上失敗的風險相同，但是因爲近似差錯，我們對於風險的感受力反而降低了。在NASA中，管理階層並沒有將每一次的近似差錯詮釋爲潛在的問題，反而是再次確認O型環問題或泡沫散落問題並不嚴重，不會影響任務安全。這些管理階層被一系列的成功沖昏頭，認爲拉警報的火箭科學家們只是在玩狼來了的遊戲。

直到災難發生後，對立面的資訊才眞正到達這些管理階層的腦袋裡。NASA此時才願意集結一群科學家，開始進行事後檢討，探查那些被成功隱藏的警訊。不過一切都太遲了。

事後檢討（postmortem）在拉丁文中意爲「死亡之後」。在醫學界的事後檢討就是驗屍，仔細檢查以探明死亡原因。這個詞隨著時間漸漸由醫界轉入商界，企業現在會於失敗後舉行類似驗屍的檢討會，判定失敗發生的原因，以及未來可以如何預防。

但是這個比喻有個問題。「驗屍」暗示著必須要有個已死的計畫、已死的企業或已死的職涯來進行檢討；而「死亡」這個詞，似乎意味著唯有災難性的失敗才值得這樣仔細鑽研。但是，如果等到災難來臨才檢討，那麼事前那些規模較小的失敗、那些近似差錯，就會從我們眼皮下輕鬆溜過。

從哥倫比亞號及挑戰者號的意外看來，並沒有巨大的判斷錯誤、計算錯誤或過分的瀆職。如同社會學家黛安．禾根（Diane Vaughan）說的，意外事實上是「一系列看似無害的決定，悄悄地把NASA推上災難的道路」。這些都是微小的一步，而非一大步。

而這是個再常見不過的故事。大部分企業的腐敗，都來自於對極微小步伐的輕忽，無視微弱的信號與不會造成立即損害的近似差錯。舉例來說，默克集團忽視了他們開發的止痛藥偉克適可能危害心血管系統的警訊；柯達的管理階層忽視了數位影像會影響他們的營運；百視達並未將**Netflix**的商業模式視爲威脅。甚至在次級房貸市場引爆的很久之前，早就有信號顯示危機即將發生，預示這場金融海嘯將使主要大型金融機構在二〇〇八年接連崩盤，讓美國進入史上最大的經濟衰退期之一。

有項研究收集了近地軌道四千六百次的發射數據，顯示出只有完全的失敗——也就是火箭爆炸——才可能促使系統性的學習及改善。部分或小型的失敗——也就是發射載具沒爆炸，僅是無法成功發射——卻沒有類似的效果。「沒有廣泛討論並分析小型的失敗時，就很難預防大型的失敗。」商學院教授艾美．艾德蒙森與馬克．卡農（Mark Cannon）如此解釋。

近似差錯是非常好的數據來源，因爲它比意外更常發生，成本也要小得多。藉由檢視近似差錯，我們能在不付出失敗成本的條件下，收集到關鍵的數據。

在火箭科學中，特別需要研究近似差錯。雖然一九六〇年代時火箭不斷爆炸，但現代的發射成功率大約是九〇%，失敗反而是例外。可是每次發射的風險依然是巨大的，其中包含幾百萬美元的投資，以及那些太空人的性命。另外一項特別需要研究的原因則是，在太空中發生的失敗，鮮少留下完整的證據，也很難在地面上複製。當從失敗學習的機會不多時，能從成功經驗中汲取知識就變得格外重要。

這聽起來很矛盾。

我們希望可以優雅失敗，才不須遭受巨大混亂。但是優雅的失敗常常從眼皮下溜過，得夠專注才能發現。我們必須把目標放在辨認這些鬼鬼祟祟的信號，以免哪天日積月累滾成無法控制的巨大雪球。這也就是說，**並不只是在收穫最差的日子中才需要事後檢討，無論成功或失敗都應該這麼做**。

新英格蘭愛國者隊在二〇〇〇年的美國職業橄欖球聯盟選秀大會中，就學到這寶貴的一課。選秀會是美式足球的年度大戲，由每支隊伍為接下來的球季挑選新球員。在七輪的選秀中，每支隊伍每輪可以選擇一名球員。

第六輪中，愛國者隊選中一名將來會成為史上最佳四分衛的球員——湯姆．布雷迪。他將與愛國者隊一起贏得六次超級盃，並四次獲選為最有價值球員，這可是美國職業橄欖球聯盟史上最高紀錄；布雷迪將被稱為二〇〇〇年選秀會的「最大黑馬」，而愛國者隊管理階層的選秀策略將備受好評，因為他們能在選秀快結束時，挖到布雷迪這樣優秀的人才。

但事實並非如此。

事實上，布雷迪是個近似差錯。愛國者隊其實早就看上他，卻一直等到選秀尾聲才將他選入隊中（他是兩百五十四名球員裡第一百九十九名被選走的，這跟高中體育課分組挑剩下的差不多）。在這個版本的故事裡，同樣的程序所得出的結果非常不同，因爲另一支球隊很可能搶在愛國者隊前選走布雷迪；如果不是愛國者隊的先發四分衛德魯・布萊索（Drew Bledsoe）因傷退賽，布雷迪也不會先發，更不可能充分發揮他的潛力。在這個只與現實相差毫釐的平行宇宙中，愛國者隊的管理階層可就成爲笑話而非先知。

下次當你沐浴在成功中、當你在欣賞得分板時，停下來想想看，詢問自己：這次的成功中，什麼其實是失敗的？運氣、機會與特權扮演了什麼角色？可以從中學到什麼？如果我們不問這些問題，運氣最終會離我們而去，而種種近似差錯則會將我們拖入深淵。

你或許有注意到，這一系列的問題與前一章的問題毫無二致。因爲**無論成敗都詢問同樣的問題、進行同樣的程序，將使你解除結果論的壓力，將目光放在最重要的事情上——你的輸入因子**。

讓我們將目光轉回Google的登月工廠X。即使在一項科技成功後，產品工程師們依然會將重點放在早期失敗的樣品上。例如天翼計畫（Project Wing）的團隊在開發出眞正可以獨立運送貨品的無人機之前，拋棄了無數試驗品才完成最終定案。在一次公司會議中，天翼團隊展示他們成堆的廢棄物，好的壞的都有，讓同事觀摩。看起來流暢簡單的設計，事實上立基於一連串的失敗與近似差錯。

愛國者隊的管理階層知道，他們是幸運才沒有出錯。因此他們並沒有在選秀結束後互相拍拍肩膀，感嘆得到「黑馬」，而是將布雷迪的事件當做發掘球員的失敗例子，並且努力改善錯誤。

事後檢討可以有效地發現並改正錯誤。但是它也有個缺點：當我們在成功後進行檢討時，已經知道結果了。我們傾向認爲好結果必然來自好決定，而壞結果出自壞決策。因此已經成功的話，就很難找到缺陷；已經失敗時，也很難避免四處責難。只有當我們能搗起自己的眼睛，遮住結局刺眼的光芒，才能客觀評估我們的決策過程。

遮住後果

一隻賽車隊伍的未來正在火線上掙扎。他們經歷了一系列無法查知原因的引擎故障，在過去二十四場比賽中，就故障了七次，對車子造成嚴重損害。引擎技師與總技師對於故障原因卻有截然不同的想法。

引擎技師認爲罪魁禍首是冷空氣。氣溫偏低時，汽缸蓋與汽缸會以不同速度膨脹，如此一來會造成墊片的損壞並使得引擎發生故障。但是總技師不同意這個看法，他認爲溫度不是主因，畢竟在所有溫度條件下都發生故障。總技師認爲：賽車手是拿命去冒險的，但是在賽車中就是要突破已知的極限，如果想要贏，就要冒險。他加上一句：「沒有人坐著枯等就可以獲得勝利。」

今天的比賽有很誘人的資助機會及大量的電視曝光度，但是天氣非常寒冷，再一次出現引擎故障，會讓隊伍的名聲落到谷底。

你會怎麼做？出賽？還是坐著等？

這個場景來自於布利坦（Jack Brittain）和希特金兩位商學院教授合寫的「卡特賽車隊的抉擇」案例研究，要讓學生在課堂上進行討論。學生們會先個別決定賽車隊伍該做的事情，然後在課堂上討論分析。在課堂討論開始和結束前都會投票，在他們的統計中，大約有九〇%的學生選擇繼續比賽，然後提出「不入虎穴，焉得虎子」之類的理由。

而投票後，學生們被告知：「你們剛剛決定發射挑戰者號太空梭。」引擎故障的相關數據與O型環故障的問題相似，而同樣相似的還有逼近的期限、預算壓力，以及模糊不完整的資訊等等。

宣布結果時，大多數的學生都非常震驚，有些人甚至很憤怒，覺得自己被誘導做出一個錯誤且不道德的決定。但是學生們不知道結局時，這個決定看起來卻沒有這麼黑白分明。

當然，在現實世界中的挑戰者號，與課堂案例還是有很大的差別。即使賽車引擎故障也會犧牲車手的安全，但其風險遠不像在太空梭的案例裡那麼極端。

但是我們依然要考慮道德。現在，我們可以很輕鬆地說自己會延遲挑戰者號的發射時間、會在第一輪就選擇布雷迪，或看到百視達的下場。但在不知道結局的情況下，我們不會被誤導。

在商學院教室外進行雙盲分析並不容易。現實世界不會遮蓋結局，一旦說漏嘴就很難收回。但有個好方法能將雙盲分析導入實際案例卻不顯得愚蠢：事前驗屍（premortem）。

事前驗屍法

華倫·巴菲特的投資人夥伴查理·孟格常常引用某位「鄉下人」的說法：「我希望知道自己會死在哪裡，然後永遠不去那個地方。」這個方法就稱爲事前驗屍。

亞當·斯密說過：「我們能在兩個不同情況下檢視自己的行爲，並且使用全知的第三者觀點來觀察：其一，當我們要動作前；其二：當我們動作完畢後。」事後檢討滿足了這裡提到的第二個建議，而事前驗屍則滿足前者。

在事前驗屍中，我們在動作並得到結果前——發射火箭、終止拍賣或完成收購前——

就先調查。我們時光旅行到未來，進行一場假設計畫失敗的思想實驗。「哪裡出問題？」藉著生動地設想世界末日的樣子，我們可以找出潛在的問題，並想出避免問題的辦法。**研究顯示，事前驗屍可以增加三〇%的決策準確率，讓受試者更精確地判斷結局。**

如果你是企業領導人，事前驗屍則能讓你專注在設計中的產品。你可以假設這個產品的失敗，回頭分析潛在的原因可能是沒有完整進行測試，或這個產品不適合市場。

如果你要應徵某項職缺，就可以將事前驗屍法用在面試上：你可以假設沒有得到這份工作，並盡可能爲自己的失敗想出不同的理由。或許是因爲面試遲到、說不出離開上一份工作的原因，然後你可以想像如何避開這些潛在陷阱。

你可以將事前驗屍法視爲回溯分析法的反面。在〈登月思考法〉那一章講過，運用回溯分析法，可以從想要的結果倒推出應該進行的步驟。而**事前驗屍法則是從不想要的結果倒推回去，強迫你在事情發生前，先思考如何避免錯誤。**

當你使用事前驗屍法思考時，每個潛在問題都是有可能發生的。如果你可以在事前量化不確定性（如新產品可能有五〇%的機會失敗），就比較能知道運氣在成功中所扮演的角色。

量化不確定性也可以降低失敗帶來的心理衝擊。如果我們百分百確定新產品會成功，失敗時就將遭受嚴重打擊；如果我們認爲成功機率只有二〇%，那麼失敗就不代表所有輸入因子都是不良的。你有可能做對了一切卻依舊失敗，因為運氣或其他因素跑進來攪局。

舉例來說，馬斯克創立SpaceX初期，認為成功率大約只有一〇%。他對於這個公司的信心實在太低，甚至不願意讓朋友投資。但如果他認為SpaceX有八〇%的成功率，那麼在獵鷹1號三次發射都失敗後，將很難有足夠的動能繼續前行。當SpaceX的命運終於迎來一個急轉彎時，事前驗屍法也讓馬斯克能清楚看到運氣在這一系列成功中所扮演的角色。「只要事情有一點點不是按照已經發生的那條路線走，」馬斯克說，「那麼迎接SpaceX的就是死亡。」

我們在進行事前驗屍時，必須讓所有團隊成員都可以輕鬆獲得資訊。Google的登月工廠X所進行的事前驗屍就放在網站上，讓所有人都可以加上他們的想法，說明自己認為計畫可能出錯的地方。員工可以針對某個特定企畫發表意見，或對公司整體營運提出想法。這樣做，可以建立組織內的機構知識（institutional knowledge），防止出現沉沒成本謬誤。如果我們知道某項決定中曾帶有不確定性，就比較容易去挑戰這個決策。「人們可能已經在各自的小團體中談論這些事情了，」阿斯特羅．泰勒說，「但是他們或許不會經常在公司內部大聲且清楚地說出來，因為這些行為常被視為打擊士氣或打小報告。」

NASA工程師羅德尼．羅查就曾被當成愛找麻煩的人。他不斷要求組織提供不同影像，以便調查哥倫比亞號太空梭因泡沫散落遭受的損傷，因而被管理階層認為是在找麻煩。

當哥倫比亞號還在近地軌道上時，他在電腦前坐下，開始寫一封email給他的長官，想做一次垂死的掙扎。

「從我務實的技術觀點來看，」羅查這麼寫，「這是一個錯誤（並且近乎不負責任）的答案……我必須（再一次地）強調，強度夠大的損害，有可能造成極大的災難。」他在信尾寫上：「記得NASA隨處可見的安全海報，上面寫著『如果這件事不安全，就說出來』。是的，這件事就是這麼嚴重。」

他儲存了email的草稿，卻未曾按下發送鍵。

羅查事後告訴調查人員，他沒有寄出這封信，是因爲他不希望越級報告，而且覺得他應該要「遵從管理階層的決定」。他這麼擔心是有理由的。在挑戰者號出事前寫下那張有先見之明備忘的羅傑．博喬利，就因爲吹響了哨子而付出沉重的代價。博喬利在調查委員會前做證，提供他的備忘及其他內部文件，證明莫頓．賽奧科公司內部完全無視他的警告。而他因爲把公司內部的醜聞公諸於世，遭到同事和長官責難。博喬利的前友人則說：「如果你毀了這間公司，我會把小孩放在你家門前。」

沒有人想在團體中被排擠，或成爲某種理論的孤獨支持者。先知就像信使，容易被一槍殺死。因此在一些以創意維生的公司中，依然會有團體思考的情況出現。因爲預期會出現反彈，於是進行自我審查，而非揭竿而起；選擇服從，而不是公然反對。

而**成功只會加重團體中的服從性，使我們對現狀太有自信，而扼殺了不同的意見**。尤其是這些意見能防止驕傲自滿時，更是如此。專門研究團體思維的柏克萊大學心理學家查蘭·內米斯說：「少數人的觀點是重要的，不是因爲少數人總是說出眞話，而是因爲少數觀點能激發出團體中不同的考慮與想法。即使少數人的意見是錯的，依然能爲發現新的解決方案和決定做出貢獻。因此總體來看，團體決策的品質會上升。」也就是說，提出異議者強迫我們跳脫多數觀點，而多數觀點往往是最顯而易見的觀點。

不幸的是，在挑戰者號和哥倫比亞號的案例中，不同的意見被忽略了。責任落到工程師身上，他們必須使用困難、量化的數據，來努力證明確實存在安全顧慮。與其要求證明太空梭可以安全發射（挑戰者號）或可以安全降落（哥倫比亞號），工程師卻得證明太空梭不是安全的。

哥倫比亞號意外調查委員會的一位成員羅傑·特楚爾（Roger Tetrault），這麼解釋NASA管理階層對待工程師的態度：「你必須向我證明這件事是錯的。如果能證明錯誤存在，我會願意看上一眼。」但工程師們卻在要求驗證自己的假說時遭到拒絕。比如在哥倫比亞號的任務中，工程師爲了評估損害而要求觀看其他影像時，管理階層就無情地回絕了。

事前驗屍可以自然且有效地發掘出不同的意見。因爲先假設了一個不好的結局、一個計畫的失敗，並詢問人們對失敗原因的看法，衆人就能在有心理安全的情況下，表達出眞實的批評，並往上傳達。

原因背後的原因

每次發生太空災難後，都會舉行一項儀式：召集由專家組成的事故委員會、傳喚證人、收集文件、解析飛航數據、研究殘骸，然後起草一份嚴謹的報告，陳述調查發現和建議事項。

會建立這項傳統，倒不是因爲歷史總是自我重複。事實上，歷史鮮少自我重複，再次因爲O型環或泡沫散落發生太空災難的可能性微乎其微。

會建立這項儀式，是因爲歷史能指引我們、能教育我們。如果願意小心觀察，歷史是可以提供無價經驗的。這項儀式讓我們有時間停下來喘口氣，重新評估並校準、加以學習並改變。

在挑戰者號的意外中，委員會的報告裡提出兩個主要肇事原因，其中一個是技術因素（無法密封太空艙的O型環），另一個則是人爲因素：NASA人員犯下極嚴重錯誤，在知道O型環於低溫下將失去功能，卻依然決定要發射太空梭。

也就是說，委員會將焦點放在第一級，也就是最直接立即造成問題的因素上。第一級的原因是顯而易見的，所以批評這些原因是很直覺性的舉動。而且這些也比較容易寫在投影片裡，或在記者會上發布。它們通常有個實體的存在或名稱。以O型環來說，它是可以修正的技術瑕疵。對NASA員工來說，他們可以找到代罪羔羊、可以被降職或被解雇。

但是問題是：在複雜的系統中，無論是火箭或企業，**造成失敗的原因往往是多元的**。包括技術、人員及環境層面等數個不同面向的因素，都可能糾結在一起而導致問題。**只針對第一級因素進行修正，等於是將第二級與第三級的因素置之不理，而這些正是藏在水面下的深層因素，也是第一級因素的成因。如果不根除，很可能再次誘發第一級因素的產生。**

挑戰者號意外的深層因素，就藏在NASA黑暗的肚子裡。黛安·禾根與委員會的看法正好相反，在她關鍵性的事件說明中，她解釋挑戰者號的意外會發生，正是因爲管理者做好了他們的工作，因爲他們遵守了規定，而非違反規定。

禾根使用「異常正常化」（normalization of deviance）這個名詞，來解釋這種組織內的病理現象。在NASA中的優勢文化，正常化了高風險的飛行。「過去運作良好的文化背景、規則、程序及評斷基準，這次突然不管用了，」禾根寫道，「並不是無法分辨是非的管理者違反多少規則，造成挑戰者號的災難，而是服從性造成了浩劫。」也就是說，NASA有的並不只是一個O型環的問題，還有服從性的問題。

解決這些深層原因的方案一點都不吸引人。改善NASA服從文化的過程沒辦法拍成影集，也無法變成演講中的金句。你無法在聽證會前把服從性丟進冰水裡，然後看著它瞬間脆化。更重要的是，治療第二級與第三級因素更加困難。在每一個接合處多塞一個O型環（就像NASA在挑戰者號意外後做的一樣），比矯正組織文化中的官僚風氣容易多了。

但是，如果我們不去碰觸深層的原因，這些癌細胞只會不斷捲土重來。這也是爲什麼如同太空人莎莉．萊德（Sally Ride）的警語所說，我們在哥倫比亞號的事故中看見了挑戰者號的影子。萊德是唯一參與兩件事故調查委員會的人，因此她特別有資格將兩者連結起來。兩次事故中的技術瑕疵不同，但是文化瑕疵是一樣的。即便修復技術瑕疵、替換關鍵人物，依舊沒有提及挑戰者號悲劇的深層原因。

這種做法只不過是在粉飾太平。我們假裝以爲解決第一級因素，也就能擺平第二級和第三級因素。但我們只是掩藏起深層因素，並同時將自己暴露在未來的悲劇中。處理這些顯而易見的瑕疵能帶來一種滿足感，好像我們有在針對問題進行改善。事實上，我們只是不斷進行宇宙版的打地鼠遊戲而已。當一個問題被打趴後，另一個問題又會冒出頭來。

我們在個人生活和職業生涯中也常做同樣的事。我們吃止痛藥來治療背痛、相信是因爲競爭者才失去市場占有率、假設國外的毒梟應該爲美國的毒品問題負責，以及剷平伊斯蘭國就能解決恐怖主義。

在每一個案例中，我們把症狀和原因混淆在一起，卻避而不談更深層的原因。止痛藥不會治好背痛，因爲沒有斬斷病根；競爭者不會害你失去市場占有率，但你自己的商業政策會；對毒梟趕盡殺絕，並不會解決毒品需求端的問題；剷平現有的恐怖組織，並無法預防新的恐怖組織拔地而起。

殺死壞蛋往往只會讓更大的壞蛋出現。如果我們只著手解決最明顯的原因，就僅是執行達爾文的演化論，進一步生產出更討人厭的害蟲而已。當這隻害蟲再度出現，我們只會使用同樣的殺蟲劑、增強劑量，然後在事情沒有得到改善時露出震驚的表情。

美國哲學家喬治・桑塔亞那（George Santayana）的一句名言，似乎常在描繪恐怖歷史的博物館中出現：「那些不能銘記過去的人，注定要重蹈覆轍。」但單單記住是不夠的，如果無法從歷史中得到正確的訊息，我們也只是在自我欺騙。**唯有願意往第一級因素底下深掘，尤其是害怕自己即將看到的東西時，我們才能眞正從歷史中學習。**

只針對第一級因素進行修正還有另一個問題，下一節將看到，這可能不僅無法解決問題，還會使問題惡化。

不安全的安全

我不是一個晨型人。對我來說，日出鼓舞人心的程度就跟根管治療差不多。因此，爲了讓我自己能在每天早晨準備好出門作戰，我會將鬧鐘調早三十分鐘。

然後你就知道接下來的故事了。有個東西叫貪睡功能。以經濟學家的術語來說，我可以拿這三十分鐘做些具生產力的事情，而非躺在床上不停按掉鬧鐘。

有個現象可以解釋我對貪睡按鈕那愛恨交織的複雜關係。它也解釋了爲何運動員爲了自我保護而開始戴硬式安全帽後，頭部與頸部的損傷反而增加；更說明了爲何防鎖死煞車系統（Anti-lock Braking System，ABS，用來預防打滑的老科技，於一九八〇年引進汽車工業）並沒有減少意外的發生；還告訴我們爲什麼標出斑馬線，並不一定能使過街更安全，在某些情況下，斑馬線甚至還導致更多死亡與事故。

心理學家傑拉德．魏爾德（Gerald Wilde）將這現象稱爲風險平衡（risk homeostasis）。這個名詞聽起來很酷炫，但是概念其實很簡單。就是一**些原本用來降低風險的方法，有時卻會造成反彈。人們有時會因爲想在某處降低風險，卻不經意在另外一處增加了風險**。

讓我們舉個在慕尼黑進行、爲期三年的實驗做爲例子。當地的計程車隊中，有一部分的車輛裝上ABS，另外一部分的車子則維持原狀，使用傳統的煞車。這些車子其他部分都一模一樣，每天在同樣的時間行駛，每週擁有同樣的上班日，經歷相同的天氣條件。而實驗中的計程車司機知道自己車上是否配備ABS。

這項研究沒有發現配備ABS的車輛和其他車輛之間，是否有顯著不同的事故率，但是有一項數據卻非常明顯：司機的行爲。裝有ＡＢＳ的駕駛很明顯地更加魯莽，更常緊跟前車、急轉彎及高速行駛，也更常危險超車與出現近似差錯。矛盾的是，一項因爲安全因素而引進的技術，反而造成不安全的駕駛行爲。

安全措施在挑戰者號的案例中也引起了反效果。管理階層相信Ｏ型環有足夠的「安全邊際」，能讓它們承受比當時觀察到還要嚴重三倍的侵蝕。而讓事情更糟的是，他們還安裝了一個備胎。即使第一個Ｏ型環失效，這些官員們假定第二個Ｏ型環能接手任務，密封艙體。**這些安全措施的存在，反而在人們心中種下一種不可能失敗的錯誤印象**。這些火箭科學家就像裝了ＡＢＳ的德國計程車司機，心懷僥倖地飆車。

在每一個案例中，所謂的「安全措施」聽起來比實際上還安全，但人們相應的行爲改變，卻完全抵銷了這些安全措施的作用。甚至在某些時候，鐘擺會朝向另外一邊甩去：讓這項活動比加裝安全措施前還要更不安全。

但是這個矛盾並不表示我們要停止繫安全帶、購買沒有ＡＢＳ的汽車或隨意穿越馬路。相反地，我們應該要假裝沒有斑馬線，然後以這個情況下該有的小心謹愼來穿越馬路；我們應該要假設第二個Ｏ型環或ＡＢＳ不會防止意外發生；即使戴了安全帽，我們還是應該保護頭部不受衝撞；我們應該假裝時程沒有獲得寬限，還是按照原本的時間線進行活動。

安全措施的確應該要在你落下時能接住你，但你最好還是假裝它不存在。

後記
嶄新的世界

往上，再往上，飛向那廣闊狂放的藍天
我優雅登上大風呼嘯的高處
那裡不見雲雀，甚至不見蒼鷹
而我用輕悄無聲的腳步
行走於未曾有人踏足的聖潔宇宙中
我輕輕伸出手，撫摸上帝的面頰。

——小約翰・麥基❶，《高高飛翔》（*High Flight*）

動畫《辛普森家庭》有一集是「荷馬入太空」，主角荷馬・辛普森正沉浸於他最喜歡的消遣中——坐在電視機前不斷轉臺。然後，他突然轉到正在播放發射太空梭的頻道，當兩名單調的播報員解釋太空人如何使用小螺絲釘來探索無重力狀態時，荷馬完全失去興趣。他嘗試轉臺，但是手裡的遙控器卻沒電了。他的兒子霸子開始憤怒大叫：「不要再看無聊的火箭升空了，快點轉臺！快點轉臺！」然後畫面切到NASA總部，一位憂心忡忡的火箭科學家對主管解釋，他們在任務中遇到嚴重的問題：大衆對發射火箭的節目評分是有史以來最低的。

一九九四年，播出這一集《辛普森家庭》時，人類探索宇宙的光榮時代早已成爲過往雲煙。從一九〇三年萊特兄弟的第一架馬達飛機，到人類終於在一九六九年踏上月球，中間經歷了六十五年的時間。然而在接下來的五十年，我們卻停止仰望星空。我們在月亮上插了旗子，然後就回家睡覺，之後只願意把人類送上位於低處的國際太空站，進行重複的旅程。對很多人來說，看過阿波羅號太空人們勇敢航行三百八十萬公里到達月球之後，再觀看現在的太空人飛行三百八十公里到國際太空站，就跟「看著哥倫布開船到伊比薩❷一樣刺激」。

政治人物將太空旅行拿來做爲政治手段，這等於是把斷頭臺架在NASA頭上。某位政治人物會用甘迺迪式口吻宣布一份具有野心的太空探索計畫，然後他的繼任者會取消這個計畫，因此太空計畫能得的資金隨著政治風向高低起伏。這麼做的後果是，NASA缺乏清楚的目標。

據稱，阿姆斯壯在二〇一二年離世前，曾引用傳奇棒球教練尤吉．貝拉的話來比喻NASA的尷尬處境：「你如果不知道自己正往哪裡去，那你可能無法到達目的地。」

我們不知道NASA於二〇一一年宣布太空梭的退役計畫之後，我們將何去何從。那是我們唯一能到達國際太空站的方法，沒有其他替代方案。當現存的太空梭都漸漸退役，由發射臺轉戰博物館之後，美國太空人必須要搭乘俄羅斯的火箭上國際太空站。而一張機票大約要價八百一十萬美元，這比發射獵鷹9號還要貴上大約兩百萬美元。

這眞是個諷刺的轉變。NASA當年是爲了打擊俄國人才建立的機構，現在卻必須依賴俄國的服務。二〇一四年，美國因爲克里米亞事件❸決定制裁俄國後，負責俄國太空計畫的副首相狄米崔・羅戈津（Dmitry Rogozin）揚言要報復，建議「美國人用跳床將他們的太空人送上國際太空站」。

而NASA設備的近況等於是現今局勢的化身。二〇一四年五月，NASA在推特上放了太空人在中性浮力實驗室（可以製造出微重力狀態的巨大室內水池）訓練的照片。這張照

---

❶ John Gillespie Magee, Jr.（一九二二—一九四一），生於上海的美國飛行員，少年時代便展露詩詞文采。麥基加入加拿大皇家空軍，於服役期間繼續寫詩。這首《高高飛翔》是他寄給住在華盛頓雙親的詩作之一，後來成為美國空軍學院入校新生的必背課文。一九四一年十二月，麥基在一次飛行事故中殉職，得年十九歲。去世四十五年後，美國總統雷根於挑戰者號太空梭發生爆炸意外時，引用這首詩表達對挑戰者號機組人員的讚頌：「他們正準備飛行，『以掙脫地球的桎梏——觸摸上帝的臉』。」

❷ Ibiza，西班牙屬地中海島嶼，離海岸最近處大約一百三十公里，哥倫布首航艦隊則航行了一萬六千公里。

❸ 俄羅斯於二〇一四年三月藉由克里米亞的「脫烏入俄」公投，併吞克里米亞。西方各國領導人和北約予以譴責，指稱這是非法併吞烏克蘭領土。美國採取禁發簽證、凍結資產和經貿制裁，使得俄羅斯經濟下滑。

片沒拍到的地方更值得注意：一塊租賃給原油鑽探公司的大型封鎖區域，讓他們對油井工人進行逃生訓練；一樣前晚企業派對遺留下來的東西，因爲這個泳池是這場派對的布景。甘迺迪太空中心的39A發射臺曾是阿波羅任務太空梭起飛航向月球的兩個發射臺之一，現在被棄置並等待出租。原本預計在二〇一九年三月進行的任務，將會是史上第一次只有女性成員的太空漫步，卻因爲沒有合適的太空裝給入選的兩位女性太空人穿而遭到取消。

在電影《阿波羅13號》中，一位國會議員問此次任務的指揮官吉姆·洛維爾：「爲什麼在已經贏過俄國人搶先登月後，我們還要繼續資助這個計畫？」湯姆·漢克斯飾演的洛維爾回答：「請想像如果哥倫布從新大陸回到歐洲，然後沒有人遵循他的腳步回到新大陸上。」

NASA是我（以及很多人）對太空探索著迷的理由。幾十年來，NASA這幾個字母代表的是火箭科學思維的金字招牌。但是在它開拓了通向新世界的航道之後，NASA卻幾乎將載人太空飛行的這支接力棒交到他人手中。二〇〇四年，當太空梭計畫因爲前一年的哥倫比亞號災難而暫時被凍結，伯特·魯坦（Burt Rutan）的太空船1號（SpaceShipOne）成爲第一架進入太空的私人載具。然後在正式宣布太空梭將陸續退役之後，NASA與SpaceX都和波音公司簽下合約，讓他們建造火箭，帶美國太空人上國際太空站。

事情的轉折很有趣：SpaceX搬進39A發射臺，並開始從這裡發射他們的火箭；藍色起源也在努力打造自己的火箭，開出通往太空的道路。他們現在有兩架火箭，以早期的美國太空人先鋒命名：新雪帕德火箭和新葛倫火箭（New Glenn），以紀念水星任務的太空人艾倫·雪帕德（Alan Shepard）以及約翰·葛倫。他們同時也在建造一部名爲藍月（Blue Moon）的月球著陸器，準備將貨物運輸到月球。

儘管NASA正在打造一架稱爲太空發射系統（Space Launch System，SLS）的運載火箭，能將人類送到近地軌道以外的地方。但他們卻嚴重缺乏資金，並且在進度上遠遠落後。因此評論家們將SLS稱爲「哪裡都去不了的火箭」。

電影《綠野仙蹤》中有一幕是這樣的：桃樂絲生下來就活在黑白世界中，而後她生平第一次踏出家門，看到全彩的世界。當她看到這些鮮明的顏色時，完全無法無視色彩的存在，對她來說，世界再也不可能回到原來黑白的樣貌。

但是我們的世界並不是這樣運作的。我們的天性就是回歸原始，而非不斷進步。失去鞭策的力量，可以自己決定未來時，NASA就退步了。作家會枯竭、演員會失色、網路大亨會被自尊壓垮，而方興未艾的年輕企業，則成爲那些他們原本想要取代的殭屍企業，充滿不知所云的縮寫和膨脹過頭的官僚主義。我們又回到黑白世界裡。

即使任務成功了，我們的旅途依然不能停止。這反而是該開始眞正工作的時候。當成功養成了自滿傲慢；當我們告訴自己因爲已經完成發現新世界的任務，所以可以不用再回去的時候，我們就成了過去自己的影子。

在每一封寄給亞馬遜股東的年度信函中，貝佐斯都會放上他的箴言：「我們的心態永遠保持在第一天（It remains Day 1.）。」在數十年如一日重複這句話之後，有人問貝佐斯第二天會是什麼樣子。他回答：「第二天是停滯，接著會是疏離，然後是令人難以忍受的痛苦衰退，最後就是死亡。這就是我們永遠保持在第一天的原因。」

火箭科學的思維也需要永遠保持在第一天，並且不斷將色彩帶入黑白的世界中。我們必須透過實驗不斷創新、不停登陸月球、持續證明自己是錯誤的、連續與不確定性共舞、繼續重新定義問題、接連在飛行狀態下測試，以及總是回到基本命題思考。

我們必須不斷在未涉足的領域中探索、陸續航行在難馴的大海上，並且接續在無人的天際翱翔。詩人華特．惠特曼寫道：「即使這裡的糧草如何甜美充足，住所如何便捷舒適，我們都不能在此停留。即使這個港口如何遮風避雨，這個水域如何風平浪靜，我們都不能在此下錨。」

世上終究沒有預先寫好的劇本，也沒有祕傳醬汁。但只要願意伸手攫取，力量就在你的面前。**一旦你學會如何像火箭科學家一樣思考，並且長期培養這樣的思維模式，你就能將無法想像的事變成可以想像的事、將科幻小說轉化爲事實，並伸出你的手，撫摸上帝的面頰。**

讓我再引用一次惠特曼：「這齣充滿力量的戲劇仍未謝幕，而你有幸能貢獻自己的詩節。」

一節全新的詩。
甚至一個全新的故事，你的故事。
你會告訴我們什麼呢？

一起來翻轉事業與人生，
把不可能化爲可能吧！

讀完本書，
你是否想立即應用書中談的九大策略到生活與職場中？

隨書超值好禮送給你！

購書即可上網下載《火箭科學思維數位練習本》
不僅有完善的重點整理，更有實用練習幫助你馬上運用

請上圓神書活網
（https://www.booklife.com.tw），
搜尋《像火箭科學家一樣思考》，
進入書籍介紹頁直接下載。

Eurasian Publishing Group
圓神出版事業機構
用心與你對話・網野無限寬廣
究竟出版社
Athena Press

www.booklife.com.tw reader@mail.eurasian.com.tw

New Brain 031

像火箭科學家一樣思考：9大策略，翻轉你的事業與人生

Think Like A Rocket Scientist: Simple Strategies for Giant Leaps in Work and Life

作　　者／歐贊・瓦羅（Ozan Varol）
譯　　者／Geraldine LEE
發 行 人／簡志忠
出 版 者／究竟出版社股份有限公司
地　　址／臺北市南京東路四段50號6樓之1
電　　話／（02）2579-6600・2579-8800・2570-3939
傳　　真／（02）2579-0338・2577-3220・2570-3636
總 編 輯／陳秋月
副總編輯／賴良珠
責任編輯／蔡緯蓉
校　　對／蔡緯蓉・林雅萩・賴良珠
美術編輯／蔡惠如
行銷企畫／詹怡慧・陳禹伶
印務統籌／劉鳳剛・高榮祥
監　　印／高榮祥
排　　版／杜易蓉
經 銷 商／叩應股份有限公司
郵撥帳號／18707239
法律顧問／圓神出版事業機構法律顧問　蕭雄淋律師
印　　刷／祥峯印刷廠
2020年11月　初版
2021年2月　3刷

定價 450 元　　ISBN 978-986-137-306-5　

在學習上，勝利真的是一大敵人，災難才是良師。
災難會帶來客觀。
災難是最大錯覺——過度自信的解藥。
到最後，勝利與災難都是假冒者，都是由運氣來決定的結果。
只是其中之一是較好的學習工具。

——瑪莉亞 柯妮可娃，《人生賽局》

國家圖書館出版品預行編目資料

像火箭科學家一樣思考：9大策略，翻轉你的事業與人生／
歐贊．瓦羅（Ozan Varol）著；Geraldine LEE 譯.
-- 初版 -- 臺北市：究竟，2020.11
400面；14.8×20.8 公分 --（New Brain；31）
譯自：Think Like A Rocket Scientist: Simple Strategies for Giant Leaps in Work and Life
ISBN 978-986-137-306-5（平裝）

1. 職場成功法 2. 創造性思考

494.35 109014628